Sven Breitung

Peptidomimetyczne bloki konstrukcyjne

Sven Breitung

Peptidomimetyczne bloki konstrukcyjne

dla syntetycznych ligandów RNA

Wydawnictwo Bezkresy Wiedzy

Imprint
Any brand names and product names mentioned in this book are subject to trademark, brand or patent protection and are trademarks or registered trademarks of their respective holders. The use of brand names, product names, common names, trade names, product descriptions etc. even without a particular marking in this work is in no way to be construed to mean that such names may be regarded as unrestricted in respect of trademark and brand protection legislation and could thus be used by anyone.

Cover image: www.ingimage.com

Publisher:
Wydawnictwo Bezkresy Wiedzy
is a trademark of
International Book Market Service Ltd., member of OmniScriptum Publishing Group
17 Meldrum Street, Beau Bassin 71504, Mauritius

Printed at: see last page
ISBN: 978-620-2-44656-3

Zugl. / Approved by: Frankfurt, Uniwersytet Goethego, praca dyplomowa, 2009 r.

Peptidomimetyczne bloki konstrukcyjne

Wersja skrócona

Peptydomimetyczne bloki konstrukcyjne do syntezy ligandów RNA

Sven Thomas Breitung.

Znanym przykładem interakcji regulacyjnej RNA-białko jest kompleks TAR-RNA HIV-1 i białko wirusowe Tat. Ten kompleks jest ważny dla skutecznej transkrypcji genomu wirusa. Zasadnicze znaczenie dla rozpoznania struktury pętli macierzystej ma interakcja białka tatrzańskiego z wybrzuszeniem trzech nukleotydów TAR RNA. Znajomość zasad rozpoznawania Tat to TAR RNA powinna umożliwić projektowanie konkretnych ligandów, które mogą atakować jako antiviralni antagoniści Tat. Celem pracy była synteza ligandów RNA do syntezy peptydów fazy stałej (FPPS) w oparciu o heteroaromatyczne bloki konstrukcyjne. Wybrano strategię polegającą na wprowadzeniu pozostałości heteroaromatycznych poprzez wiązania amidowe do chronionego przed Fmoc (2-aminoetylo)glicynowego kręgosłupa. Budulce peptydomimetyczne X mogą być wykorzystywane w FPPS do syntezy tripeptydów o ogólnej strukturze Arg-X-Arg oraz modyfikacji lizyną. Podobieństwa trójpeptydów i małych cząsteczek do TAR RNA HIV-1 oznaczono metodą fluorescencyjną. W teście wykorzystano podwójnie oznaczony peptyd tatrzański z fluoresceiną i rodaminą jako barwnikiem. Przemieszczenie peptydu tatrzańskiego przez konkurencyjny ligand powoduje konformacyjną zmianę peptydu, co prowadzi do wygaszenia emisji światła. Tripeptydy H2N-(D)Arg-Lactam-(D)Arg-CONH2 (**154**) i H2N-(D)Arg-Amidin-(D)Arg-CONH2 (**158**) wykazują wartości IC50 wynoszące 2-3 µM, które potwierdzono również metodą fluorescencyjnej spektroskopii korelacyjnej (FCS). W badaniach spektrometrycznych masowych**158** lub białka tatrzańskiego z TAR RNA, w obu peptydach obserwowano kompleksy 1:1 i 1:2. **158** wykazuje właściwości przeciwwirusowe (IC50 = 10-50 µM) w testach na komórkach HeLa P4. Badania NMR i dynamiczne obliczenia molekularne pozwoliły na określenie konformacyjnej zmiany w TAR RNA poprzez oddziaływanie z grupami guanidynowymi. Kolejnym celem pracy było zatem zbadanie wiążącej koncepcji diaminopyrazoli i indazoli na podstawie uzyskanych danych. Diaminopyrazole z niewielkimi pozostałościami i triaminopyrazol przewyższają ligand kwasu argininowego w stanie protonowanym. Zgodnie z modelem wiążącym protonowane aminopyrazole zachowują się następująco .

"Super Guanidine" na TAR RNA. Wprowadzenie triaminopyrazolu do szkieletu fenazyny prowadzi do powstania związków, które mogą tworzyć dodatkowe wiązania wodorowe w stanie protonowanym i zredukowanym i nie są planarne, ale lipofilowe. Wymiana azotu na tlen w pierścieniu fenazynowym powinna ustabilizować stan zredukowany. Wynikająca z tego struktura jest jednak zdatna do rozkładu, w związku z czym nie prowadzono dalszych dochodzeń.

1. UWAGI WSTĘPNE

We wcześniejszych latach RNA uznawano za nośnik informacji genetycznej od DNA do białka. Po uznaniu, że RNA nie tylko przekazuje informacje, ale ma również właściwości katalityczne i funkcję regulacyjną, enzymatyczna odwrotna transkryptaza została odkryta w wirusach. Przepisuje RNA w DNA, tzn. przekazuje informacje w przeciwnym kierunku, który wcześniej uważano za niemożliwy. W 1983 r. Robert C. Gallo[1] i grupa wokół Francoise Barré-Sinoussi i Luc Montagnier[2] (obaj laureaci Nagrody Nobla w dziedzinie fizjologii lub medycyny w 2008 r.) niezależnie odkryli HIV-1 (ludzki wirus niedoboru odporności) jako wirus soczewicowy z cylindrycznym jądrem jako czynnik wyzwalający AIDS (zespół nabytego niedoboru odporności) w wyniku ataku na komórki T CD4+.

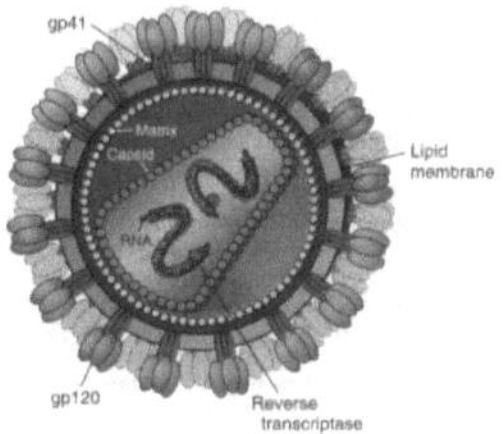

Rysunek 1: Struktura HIV-1[3].

Całkowita liczba osób zakażonych wirusem HIV-1 od początku pandemii przekracza obecnie 60 milionów. Od tego czasu 25 milionów ludzi zmarło na skutek AIDS. WHO szacuje, że w 2007 r. 33,2 mln osób będzie żyło z wirusem HIV-1, a 2,5 mln zostanie nowo zakażonych. Tylko w 2007 r. na chorobę zmarło 2,1 mln osób. [4]

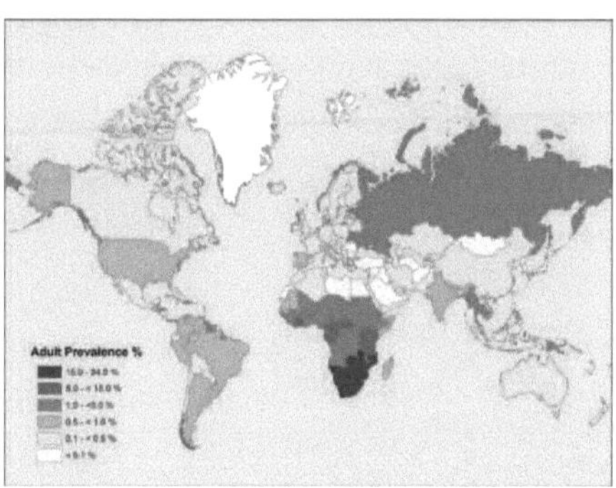

Rysunek 2: Wykres ilustruje rozkład 33,2 mln osób zakażonych wirusem HIV-1 według UNAIDS[4].

Leczenie pacjentów z HIV opiera się na terapii skojarzonej, w której kilka leków ingeruje w różne procesy replikacji wirusa. Równocześnie stosowane są inhibitory odwrotnej transkryptazy, proteazy i integracji oraz inhibitory wejścia, takie jak inhibitory fuzji i antagoniści receptora CCR5. Zawsze istnieje niebezpieczeństwo, że pomimo terapii skojarzonej wirus rozwija odporność poprzez mutację. [5] W związku z tym poszukuje się nowych punktów ataku, z których wirus z trudem może uciec przez mutacje. Badania genetyczne wykazały, że niektóre segmenty RNA są niezbędne do transkrypcji i tłumaczenia. Ponieważ RNA, w przeciwieństwie do DNA, nie ma mechanizmów naprawczych, mutacje występują często. Mutacje w silnie zachowanych strukturach prowadzą do błędnego złożenia RNA, co ostatecznie prowadzi do awarii i inaktywacji. Minimalizuje to powstawanie odporności na inhibitory. Jedną z takich zachowanych struktur jest TAR-RNA (Trans-Activating Region), która posiada odrębną strukturę wtórną pętli wybrzuszeniowej składającą się z 59 nukleotydów. HIV-1 TAR RNA jest jedną z najczęściej badanych struktur z rybosomem i tRNA. Ten region w LTR (Long Terminal Repeat) wchodzi w interakcję białka RNA z białkiem Tat (Transactivator transkrypcji). [6] Ta interakcja prowadzi do procesu transakcyjnego, który zwiększa udaną replikację wirusa. Celem niniejszej pracy było opracowanie ligandów o wysokim powinowactwie do TAR-RNA w oparciu o konstrukcję opartą na konstrukcji, co powinno zahamować interakcję Tat-TAR. Interakcje małych cząsteczek z RNA powinny umożliwiać wpływ na funkcję biologiczną. Na podstawie modelu wiązania arginineamidu (**21**) do TAR-RNA należy zsyntetyzować analogowe struktury guanidyny[7-11], które oddziałują z TAR-RNA w stanie protonowanym. Potencjalne ligandy RNA powinny być w stanie tworzyć wiązania wodorowe i posiadać podstawowe właściwości, ponieważ wynikający z tego dodatni ładunek w środowisku fizjologicznym przyciąga ujemnie naładowany szkielet diestera fosforowego. Ligandy o strukturze aromatycznej tworzą oddziaływania hydrofobowe, dzięki czemu mogą oddziaływać z nukleobazami π-π . [12] Ponieważ natura posiada tylko cztery aminokwasy aromatyczne (Jego, Trp, Phe i Tyr),[13] heteroaromatyczne łańcuchy boczne (Rysunek 3i Rysunek 4) zostały wprowadzone poprzez chemię analogową PNA do peptydomimetycznych bloków konstrukcyjnych, które można było następnie wykorzystać w FPPS.

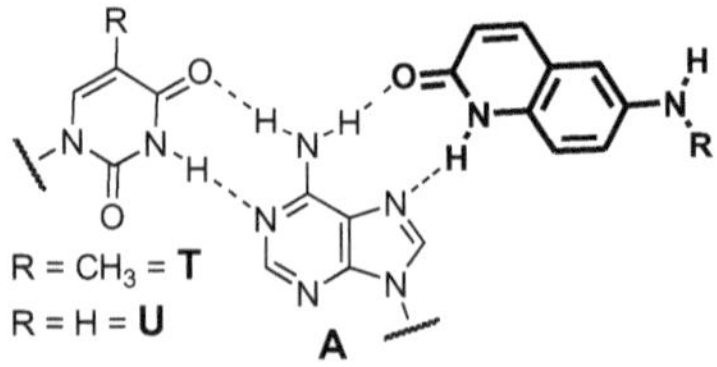

R = CH_3 = **T**

R = H = **U**

A

Rysunek 3: Model wiążący chinoliny z parą bazową A(T/U)

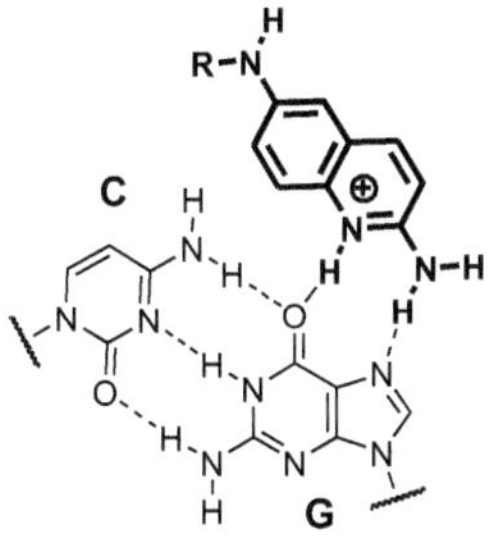

Rysunek 4: Model wiążący amidyny z parą podstawową GC

Potencjalne ligandy RNA badano w opartych na fluorescencji badaniach *in vitro* TAR-RNA oraz w różnych testach komórkowych pod kątem ich właściwości przeciwwirusowych, przeciwbakteryjnych i cytotoksycznych. Istniejące stechiometrie zostały sklarowane za pomocą spektrometrii masowej i NMR.

2. LUDZKI WIRUS NIEDOBORU ODPORNOŚCI HIV

Ludzki wirus niedoboru odporności (HIV) należy do limfotropowych ludzkich patogennych retrowirusów, których głównymi przedstawicielami są HIV-1 i HIV-2. HIV-1 został wyizolowany w 1983 roku niezależnie od R. C. Gallo[1] i L. Montagnier[2] i został zidentyfikowany jako główna przyczyna zespołu nabytego niedoboru odporności (AIDS). HIV-2, który odkryto w 1985 roku, może również powodować AIDS, ale jest mniej patogeniczny niż HIV-1. HIV-1 ustanawia trwałą infekcję u żywiciela ludzkiego, w której limfocyty CD4+ T ulegają zakażeniu i tym samym zdziesiątkowaniu, co prowadzi do ograniczenia odporności komórkowej. [13-15] Limfocyty CD4+ T należą do białych krwinek (leukocytów), które są zaangażowane w nabytą odpowiedź immunologiczną wraz z limfocytami B. Limfocyty T mogą być różnicowane w zależności od ich receptorów w komórkach T-killer z receptorami CD8 i komórkach T-helper z receptorami CD4. Komórki T-killera mogą walczyć z intruzami niezależnie od siebie. Komórki T-helper uwalniają rozpuszczalne substancje pośredniczące do swojego środowiska, cytokiny (glikoproteiny), które aktywują dodatkowe komórki immunologiczne i ostatecznie eliminują patogeny. [16] Aby połączyć HIV z komórką gospodarza, białko powierzchniowe gp120 wiąże się z receptorami CD4 limfocytów T, prowadząc do zmiany konformacyjnej w białku transmembranowym gp41. W wiązanie zaangażowane są również współreceptory CXCR4 i receptor chemokinowy CCR5 komórek T. Po połączeniu cząsteczki wirusa z błoną plazmową komórki gospodarza, retrowirus uwalnia swoje RNA do cytoplazmy. [17] Jak wszystkie retrowirusy, wirus HI zawiera dwie identyczne cząsteczki RNA jako nośniki, które noszą 7-metylguanine cap na 5` końcu i poly(A)-tail na 3` końcu. Cząsteczki RNA zawierają trzy różne regiony genowe: *gag*, *pol* i *env*. *Sekwencja genu env* koduje polipeptyd, który jest rozszczepiany na dwa białka, które pozostają połączone mostem dwusiarczkowym. Zakończone cząsteczki wirusa są wytwarzane przez przyłączenie jądra wirusa do wnętrza błony cytoplazmatycznej komórki gospodarza (Rysunek 7). Prowadzi to do wypukłości segmentu membranowego, w którym przechowywane są *białka Env*, który całkowicie otacza jądro wirusa i służy jako nowa otoczka lipidowa wirusa. *Sekwencja genu gagu* koduje również polipeptyd, który jest rozkładany przez proteazę na cztery białka o różnych masach cząsteczkowych (p10, p12, p15 i p30), które wywierają decydujący wpływ na wewnętrzną strukturę wirusa. [13-15] Sekwencja genów *pol* przekłada się na proteazę, odwrotną transkryptazę z enzymem degradującym RNA RNase H oraz integrację odpowiedzialną za integrację DNA wirusa z genomem komórkowym. [15] W cytoplazmie RNA służy jako matryca dla własnej, zależnej od RNA polimerazy DNA wirusa (odwrotna transkrypcja) w celu wytworzenia kopii DNA. W jądrze komórkowym dwuniciowe DNA, otoczone po obu stronach przez bezpośrednie powtórzenia sekwencji (LTR), jest zintegrowane z genomem komórki gospodarza przez własną integrację białek wirusa. Wirusowe DNA jest transkrybowane jak gen komórkowy z polimerazy RNA II, a sekcje działają jak promotory w LTR. [13, 14] Ogólne **czynniki transkrypcyjne** polimerazy RNA **II** TFII pomagają w dokładnym i skutecznym rozpoczęciu polimerazy RNA II. Pierwszym krokiem jest dołączenie kompleksu TFIID do skrzynki TATA w sekwencji porozumienia w sprawie AT-rich (Rysunek 6). Kompleks jest stabilizowany przez białka TFIIA i TFIIB i tworzy teraz kompletną platformę do wiązania polimerazy RNA II z promotorem, gdzie jest prowadzony przez białko TFIIF, które łączy się z polimerazą i kieruje ją do promotora (Rysunek 6). Domena karboksyterminalna (CTD) polimerazy II RNA jest fosforylowana przez kinazę CDK-7 (kinazę zależną od cykliny) TFIIH, która uwalnia polimerazę z tworzonej platformy. TFIIH służy również jako helikaza DNA, która rozwija podwójne pasmo DNA na początku transkrypcji, dzięki czemu polimerazy RNA II mogą rozpocząć transkrypcję RNA reagującego na transakcje (TAR) (Rysunek 6). [15, 18] Nowo utworzony TAR-RNA (patrz: Rysunek 5) tworzy charakterystyczną sześciostopniową pętlę nukleotydową oraz trzy wybrzuszenie podstawy pirymidynowej (UCU) nukleotydu +19 do +42 na końcu 5`, które wiąże się z polimerazą RNA II (Rysunek 6). [19]

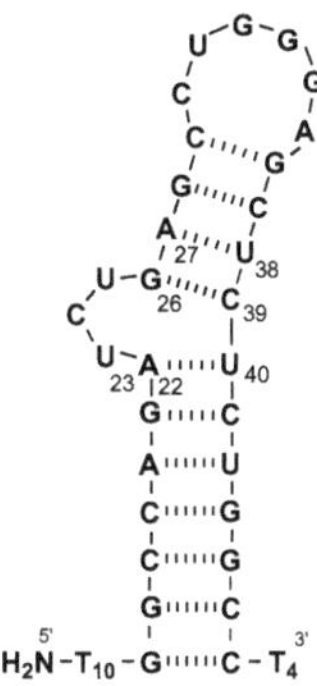

Rysunek 5: Część modelowa systemu TAR-RNA HIV-1

W przypadku braku białka tatrzańskiego, promotor HIV-1 generuje tylko małe lub nieprzetworzone transkrypty z nukleotydami o długości 60 baz, które po przetworzeniu przekładane są na odpowiednie peptydy Tat i Rev na rybosomie (Rysunek 7). Obszar wybrzuszenia wydłuża spiralę w kształcie litery A, co umożliwia wiązanie peptydu tatrzańskiego (Rysunek 6). Złożona formacja pomiędzy aktem prawnym a systemem TAR odbywa się w dwuetapowym procesie. Pierwszy krok rozpoczyna się od wykrycia pozostałości argininy na U23 w obszarze wybrzuszenia, co stymuluje transformację TAR Major Groove. [20] Zmiana konformacyjna prowadzi do zmiany położenia grup fosforanowych z A22, U23 i U40 na główny rowek, co prowadzi do dalszych interakcji z Tatami i jest ważne dla wysokiego powinowactwa Tat do TAR. Wiążąc Tat z TAR-RNA, zachodzi specyficzna interakcja pomiędzy Tat i ludzką cykliną T1 (hCycT1), czynnikiem regulacyjnym CDK-9 w kompleksie dodatniego czynnika rozszerzenia (P-TEFb) (Rysunek 6). Utworzony na promotorze HIV kompleks Tat/TAR-RNA/P-TEFb aktywuje CDK-9, co prowadzi do autofosforylacji P-TEFb i fosforylacji C-końcowej domeny polimerazy RNA II, a tym samym do powstania kompleksu wydłużenia, czego wynikiem jest synteza kompletnego mRNA HIV (Rysunek 6). [18, 21]

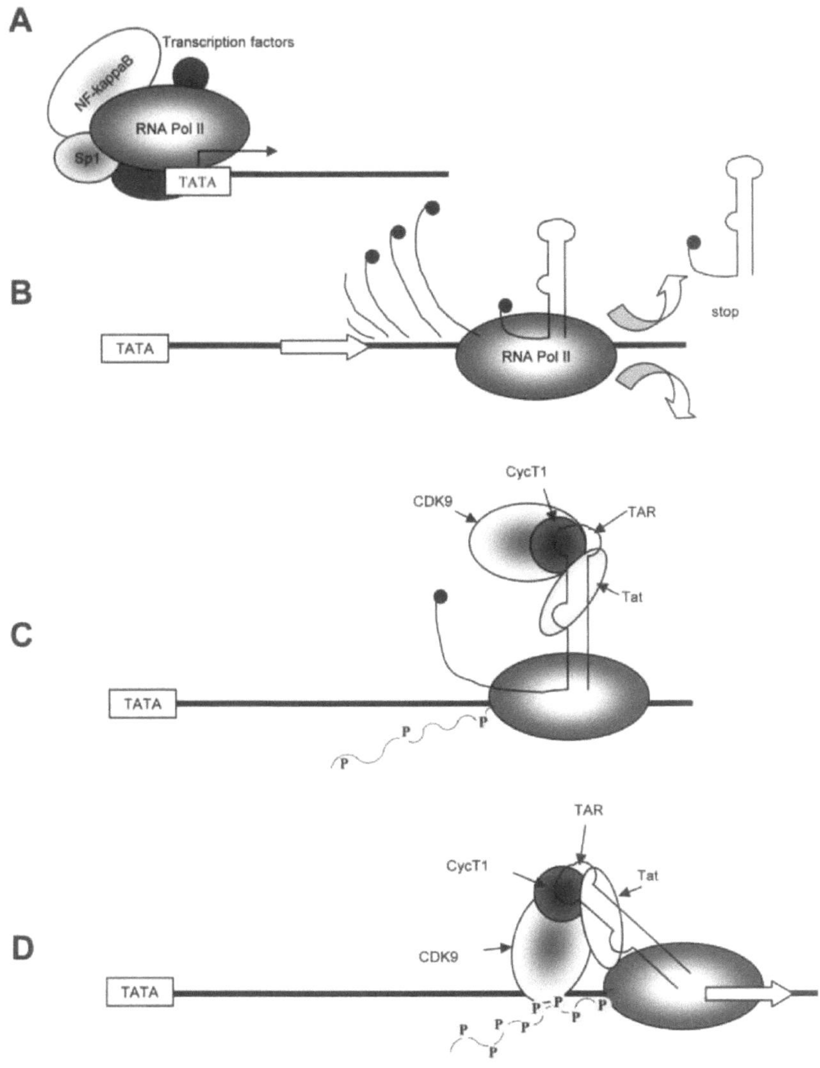

Rysunek 6: Model transakcji zawieranej za pośrednictwem działań. [18]

Szybkość transkrypcji poprzez komplikację z działaniem zwiększa się stukrotnie. Dzięki eksperymentom mutacyjnym z białkiem tatrzańskim znaleziono dwie ważne dziedziny funkcjonalne: region bogaty w argininę (pozostałości 49-57), który jest niezbędny i wystarczający do związania się z TAR RNA, oraz obszar aktywacji, który pośredniczy w interakcji z P-TEFb. [22, 23]

Wiążąc Rev do RRE (Rev Response Element), tworzy się agregat, który umożliwia RNA opuszczenie jądra komórki (patrz Rysunek 7) i ochronę przed własnym przetwarzaniem komórki. Białka wirusowe są wyrażone w cytoplazmie, a wszystkie składniki wirusowe są łączone w celu utworzenia nowego wirusa. [24]

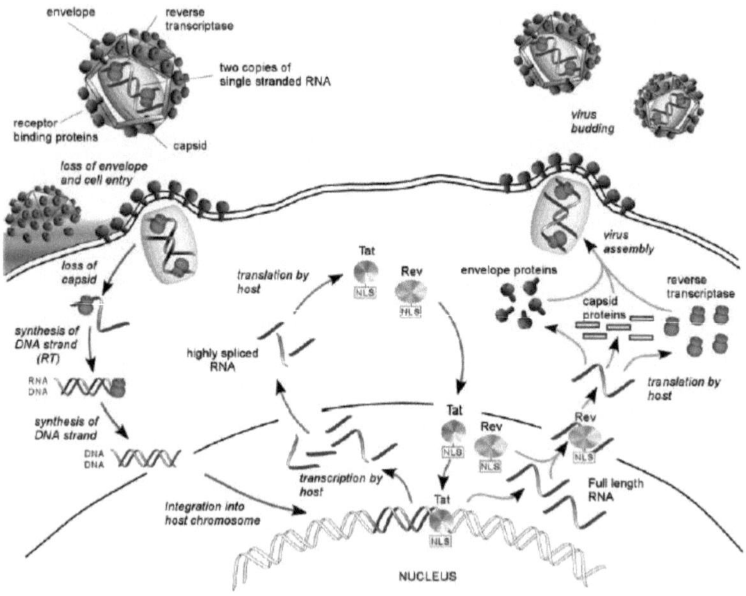

Rysunek 7: Cykl życia wirusa HIV-1[6]

2.1 leki anty-HIV

Obecnie istnieją 33 leki przeciw HIV zatwierdzone przez FDA, US Food and Drug Administration. Leki te można podzielić na pięć kategorii: (1) inhibitory nukleozydowe, (2) lub nienukleozydowe odwrotnej transkryptazy, (3) inhibitory proteazy, (4) inhibitory syntezy jądrowej (inhibitory wejścia) oraz (5) inhibitory integracji. 25] Jednoczesne stosowanie leków przeciwwirusowych różnych kategorii (Highly Active Anti-Retroviral Therapy, HAART) radykalnie zmniejsza zachorowalność i śmiertelność związaną z AIDS. [26]

2.1.1 Nowy cel: Transaktywacja

Jednym z największych wyzwań związanych z terapią przeciwwirusową w HIV jest rozwijanie odporności wirusa na stosowane leki. Jednym z powodów rezystancji jest odwrotna transkrypcja, ponieważ nie posiada ona funkcji korekcyjnej exonuclease i dlatego jest podatna na błędy w prezentacji kopii DNA. [27] Jednym ze sposobów rozwiązania problemu jest zidentyfikowanie nowego celu, który jest niezbędny do replikacji wirusów, a tym samym mniej podatny, ponieważ partnerami są białka ludzkie. Mechanizm transakcyjny zainicjowany przez Tat jest szczególnie atrakcyjnym celem dla rozwoju nowych leków antyretrowirusowych, ponieważ Tat jest wymagany dla ekspresji genów wirusowych nie tylko podczas wykładniczego wzrostu wirusa, ale także w krytycznej fazie aktywacji zintegrowanego genomu prowirusowego. [28] Opracowane dotychczas inhibitory można podzielić na trzy różne klasy w zależności od celu molekularnego: (1) Anti TAR RNA, (2) Anti Tat Protein i (3) Anti Tat/P-TEFb Complex

2.1.1.1 Inhibitory na bazie peptydów

Region bogaty w argininę (YGRKKRQRRRRP) peptydu tatrzańskiego wiąże się z wybrzuszeniem trzech nukleotydów TAR RNA. Eksperymenty *in vitro* wykazały, że syntetyczne peptydy zawierające domenę wiązań peptydów tatarskich konkurują z kompletnym peptydem tatarskim o stronę wiązań TAR RNA. TAR-RNA wchodzi w interakcję z Tat poprzez dwustopniowy mechanizm. Pierwszym krokiem jest interakcja łańcucha bocznego argininy poprzez stronę Hoogsteena przy G26 i interakcja układania w stosy z U23. Prowadzi to do zmian konformacyjnych w fosforanach A22, U23 i U40, które z kolei oddziałują na Tatry. [29] Analogowe peptydy tatrzańskie o podobnym powinowactwie i selektywności do pełnego peptydu tatrzańskiego były stosowane jako inhibitory oparte na peptydach i takie analogi były związane z domeną RiboNuclease H odwrotnej transkryptazy HIV-1, tak że takie chimery szczególnie rozpoznają i degradują TAR RNA. [30-34] Aby być odpornym na niebezpieczeństwo enzymatycznej degradacji peptydów 1 sztuczne peptydy. Peptoidy 2 to peptydomery, przy czym wszystkie łańcuchy boczne są związane z azotem z grzbietu peptydowego, tak aby zachować odległość łańcucha bocznego od grupy karbonylowej, tak jak w przypadku naturalnego peptydu.

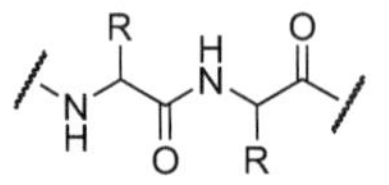

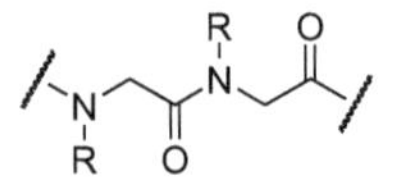

1 2

Peptoid CGP 64222 (3) z dziewięcioma analogami aminokwasów, czterema argininninami i dwiema lizynami wykazywał lepsze powinowactwo do TAR-RNA (IC50 = 12 nM dla zahamowania kompleksu Tat/TAR-RNA i 10-30 µM w teście komórkowym) niż analog peptydowy. Eksperymenty NMR wykazały, że miejsce wiązania peptoidu3 znajduje się w rejonie wybrzuszenia TAR-RNA. [35]

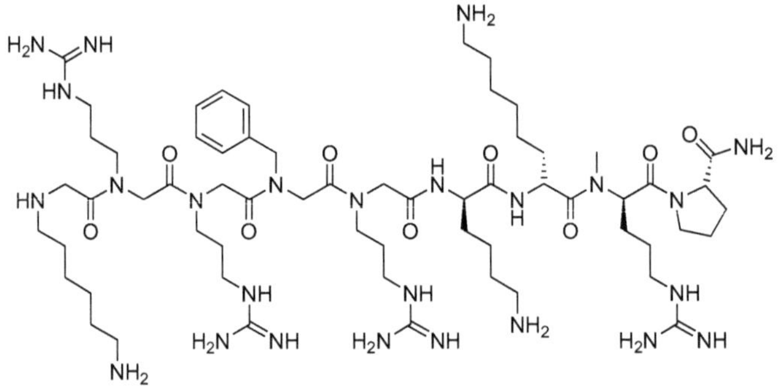

3

Modyfikacje łańcucha bocznego peptoidów poprzez wprowadzenie estrów 4 i amidów 5 zmieniają właściwości chemiczne i fizyczne, co skutkuje większą biodostępnością i stabilnością *in vivo.* Peptoidy estrowe i amidowe posiadające motyw strukturalny segmentu tatrzańskiego (47-57) wykazują niską wartość KD (~ 68 nM) w teście opartym na wygasaniu fluorescencyjnym. [36]

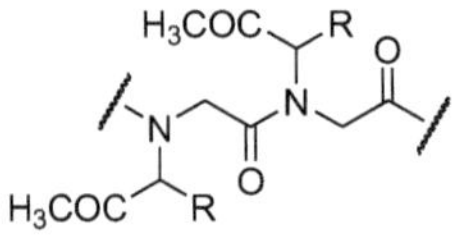

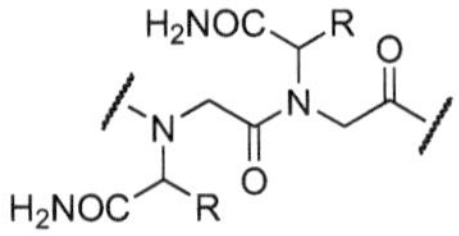

4 5

Wpływ stereochemii na wiązanie RNA badano za pomocą peptydu tatrzańskiego 37-72 wytwarzanego z aminokwasów D-α, który wiąże się z TAR RNA w przedłużonym rowku głównym o tej samej stałej równowagi [peptyd tatu (KD = 0,22 µM)] co ten sam peptyd z *aminokwasów L-α L-Tat* (KD = 0,13 µM)]. Przy użyciu biblioteki kombinatorycznej składającej się z 24389 tripeptydów syntetyzowanych z aminokwasów D i L-α, znaleziono osiem obiecujących peptydów z motywem X-Lys-Asn.

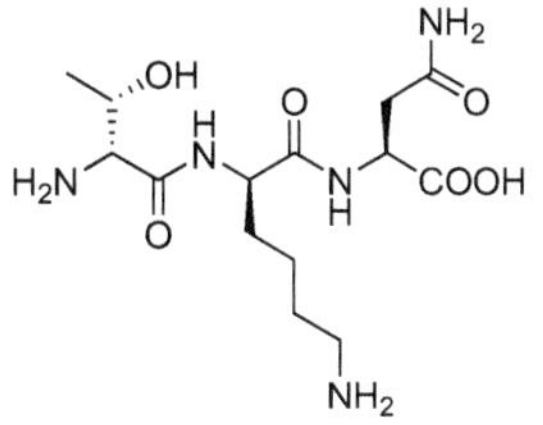

6 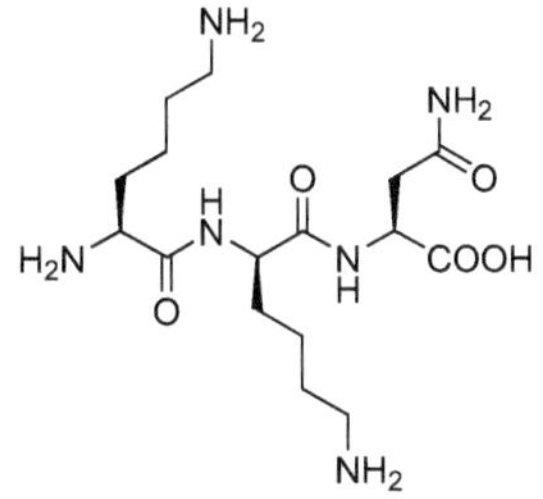 7

Dwa tripeptydy o najwyższym powinowactwie do TAR-RNA to H2N-(L)Lys-(D)Lys-(L)Asn-OH (6) (KD = 420 nM) i H2N-(D)Thr-(D)Lys-(L)Asn-OH (7) (KD = 560 nM), z 6 tłumiącą aktywacją transkrypcji za pośrednictwem TAT (IC50 = 50 nM) w dalszych doświadczeniach hodowli komórkowych. [37] Ponadto wiadomo, że analog peptydu tatrzańskiego (47-57), składający się z aminokwasów β 8, wiąże element RNA transakcji w stężeniach nanomolarnych. [38]

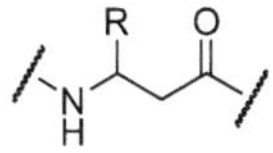

8

Inne peptydomimetyki to oligokarbamid 9 pochodzenia tatarskiego, pochodna mocznikowa i oligocarbaminian **10** stabilne wobec degradacji proteazy *in vitro* i mogą hamować replikację HIV-1 w systemach komórkowych. Takie same wyniki uzyskano za pomocą elektroforetycznego testu mobilności. Oligocarbamidy 9 (KD = 0,11 µM) mają większe powinowactwo wiążące niż oligocarbaminiany **10** (KD = 1,1 µM) i naturalny peptyd L-tat (KD = 0,78 µM) z analogicznymi sekwencjami. [39]

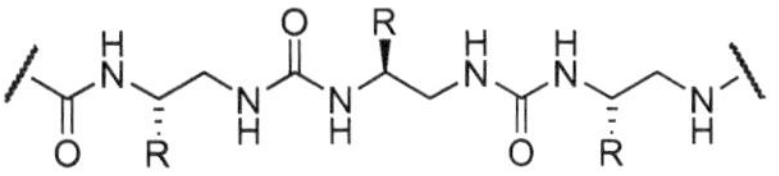

9 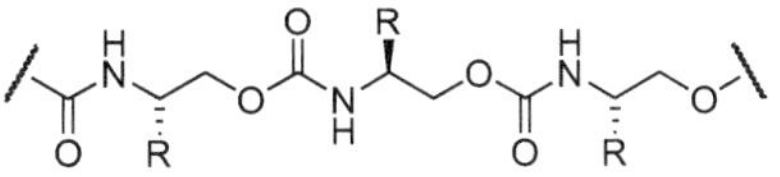 10

2.1.1.2 Inhibitory oligonukleotydowe

Oligonukleotydy badano pod kątem ich właściwości jako potencjalnych inhibitorów transakcji, ponieważ specyficzne oddziaływania sekwencyjne z TAR-RNA mogły doprowadzić do tego, że Tat i inne czynniki komórkowe nie będą już z nimi związane. Jednym z nich była prezentacja małych odcinków TAR RNA, które miały być wykorzystane jako przynęta na peptyd tatrzański. Jednak obserwowano jedynie umiarkowane zahamowania replikacji HIV-1. 40] Uzupełniające antysensowne oligonukleotydy oligonukleotydów do struktury pętli macierzystej TAR RNA powinny mieć możliwość zahamowania transakcji. Opracowano domenę antysensowną w stosunku do LTR HIV-1, która została połączona z rybonukleazami swoistymi dla sekwencji (rybozymem z młotkiem i szpilką do włosów). Replikacja HIV-1 w eukarionotach może zostać zahamowana do 90 % dzięki takiemu podejściu. 38, 41] Problemem ze stosowaniem antysensownych oligonukleotydów jest ich rozkład przez nukleazy, w związku z czym stosuje się 2`O-Metylo (**11**), kwas nukleinowy zablokowany (LNA) (**12**), N3`→P5` Fosforoamidat (**13**), kwasy nukleinowe poliamidowe (PNA) (**14**) (patrz rozdział 4) i kwas nukleinowy heksitolowy (HNA) (**15**), ponieważ są one stabilne w stosunku do nukleaz (**15**), ponieważ są one stabilne w stosunku do nukleaz. [42-44]

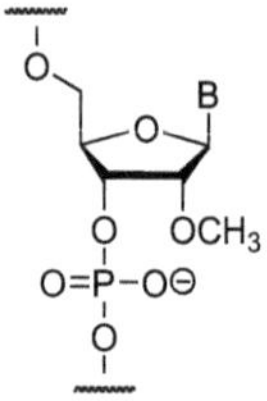

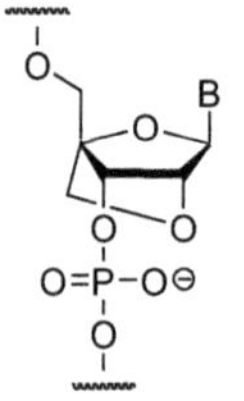

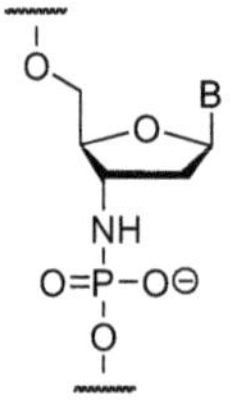

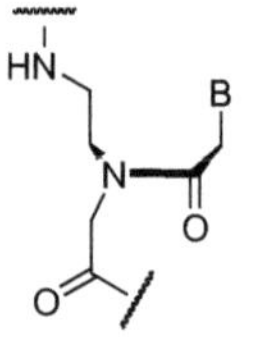

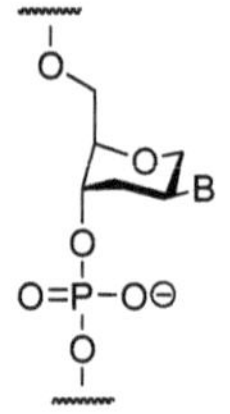

O B O OCH3 O=P-O⊖ O | O B O O O=P-O⊖ O | O B O NH O=P-O⊖ O | HN B N O O | O O B O O=P-O⊖ O

11 **12** **13** **14** **15**

Nawet mieszaniny (chimery) pomiędzy nukleazo-stabilnymi nukleotydami i niemodyfikowanymi nukleotydami wykazują zwiększoną stabilność wobec nukleaz. Wadą zmodyfikowanych oligonukleotydów naładowanych ujemnie jest to, że nie są one komórkowe. Dzięki kompleksowaniu z kationowymi lipidami, możliwe jest wchłanianie do komórek. Dalsze metody wychwytywania zmodyfikowanych oligonukleotydów w komórkach (również w sensie zastosowania terapeutycznego) to koniugacja z **peptydami** penetrującymi komórki (CCP), transportanem, penetratyną i tatptydami. [45]

2.1.1.3 Zakłócenia RNA (RNAi)

RNAi to 21-23meryczne podwójne pasma RNA, które indukują specyficzny dla sekwencji rozkład mRNA. Dochodzenie w sprawie RNAi przeciwwirusowego jest zupełnie nową dyscypliną. Wykazano, że siRNA stosowane do TAR prowadzą do zmniejszenia produkcji wirusa. [46, 47]

2.1.1.4 Małe cząsteczki

Pierwsze podejście do reprezentacji małych cząsteczek, które mogą dotyczyć TAR-RNA, wykorzystało ustalenie, że pojedyncza pozostałość argininy pośredniczy w wiązaniu z Tat do TAR-RNA. Przygotowano różne koniugaty z pozostałościami argininy, np. etidium (**16**) (interkalator), aminoglikozydy (neomycyna (**17**), streptomycyna (**18**), kanamycyna (**19** i gentamycyna (**20**)), w wyniku czego ustalono, że miejsce wiązania koniugatów znajdowało się w przedłużonym głównym rowku wybrzuszenia UCU i łodydze bocznej, gdzie znajdowało się również miejsce wiązania peptydu tatrzańskiego. [48, 49]

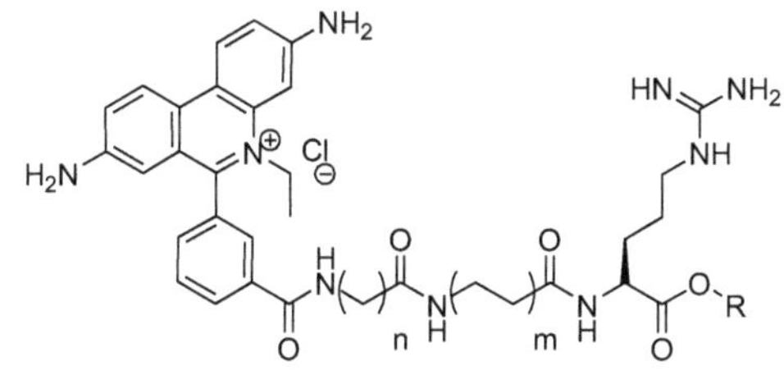

16

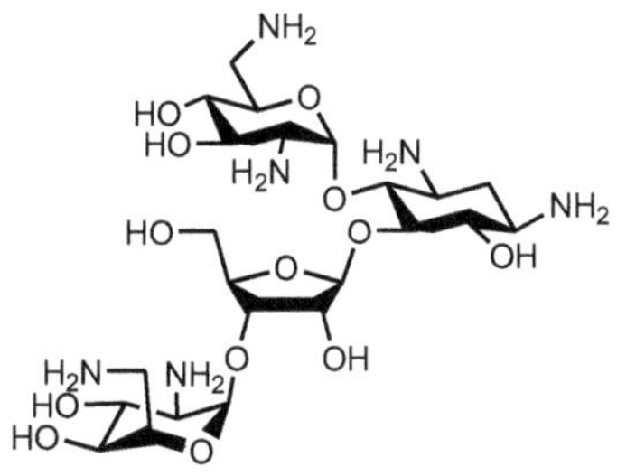

17

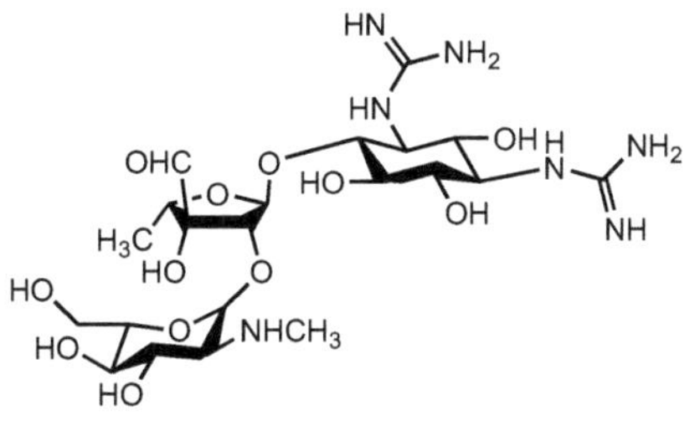

18

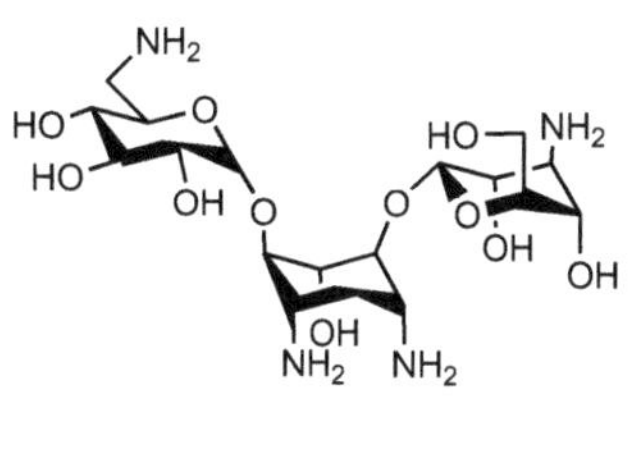

19

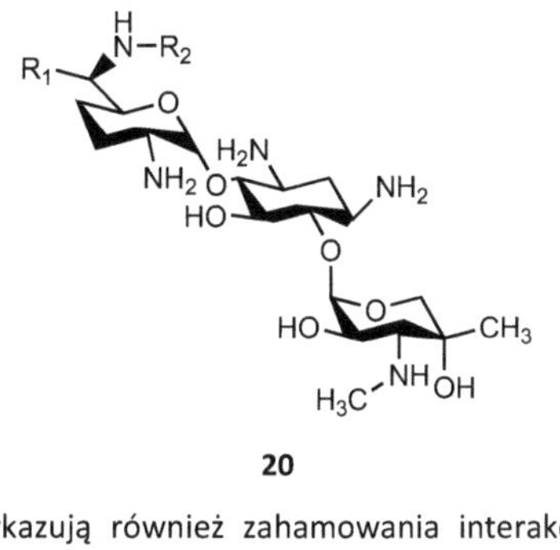

20

Aminoglikozydy bez koniugacji z argininą wykazują również zahamowania interakcji Tat/TAR. Analizy przesunięcia mobilności wykazały, że powinowactwo polikacji nie zależy wyłącznie od liczby ładunków dodatnich. Streptomycyna (**18**) wykazuje pięciokrotnie większe powinowactwo z trzema ładunkami dodatnimi niż gentamycyna (**20**) z pięcioma ładunkami dodatnimi. Do wyznaczenia miejsca wiązania aminoglikozydów wykorzystano metody analizy odcisku stopy *w eksperymentach silikonowych* i badaniach spektroskopowych NMR. Na przykład dla aminoglikozydowej neomycyny (**17** znaleziono inne miejsce wiązania niż dla peptydu tatrzańskiego. Spektrometria mas pozwoliła na określenie zależności pomiędzy TAR RNA a ligandem, np. do trzech cząsteczek neomycyny (**17**) wiążących się z TAR RNA. Dodatek peptydu tatrzańskiego utworzył kompleks Tat/Neomycyna (**17**)/TAR-RNA w stosunku 1:2:1.[50] Neomycyna (**17**) wchodzi w interakcje z innymi RNA, takimi jak 16S rRNA, 23S rRNA, intron grupy I i rybozym młotkowy. Ponieważ żadna wspólna sekwencja struktur docelowych nie jest rozpoznawalna, zakłada się, że obecne są wspólne struktury trzeciorzędowe, które reprezentują porównywalny mechanizm rozpoznawania aminoglikozydów. [24, 51] Najczęściej badanym kompleksowaniem cząsteczek z TAR-RNA jest peptydowy mimetyczny arginineamid (**21**). Na podstawie doświadczeń NMR i danych biochemicznych stwierdzono, że arginineamid (**21**) wiąże strukturalnie w ten sam sposób i wywołuje te same zmiany konformacyjne RNA co peptyd tatrzański. Williamson et al. byli w stanie wykazać w eksperymentach NMR, że grupa guanidynowa arginamidu (**21**) wchodzi w interakcję w postaci wiązań wodorowych ze stroną Hoogsteena G26 oraz fosforanów P22 i P23 (Rysunek 8). [8] Ten "model widelca argininy" został obalony przez Varani et al. który stwierdził, że wiązanie jest tworzone albo do G(26) albo do fosforanów P(22) i P(23). [9] Dodatkowo, zachodzą interakcje układania arginineamidu (**21**) do U23, prowadzące do konformacyjnych zmian grup fosforanowych A22, U23 i U40 (Rysunek 9). [52]

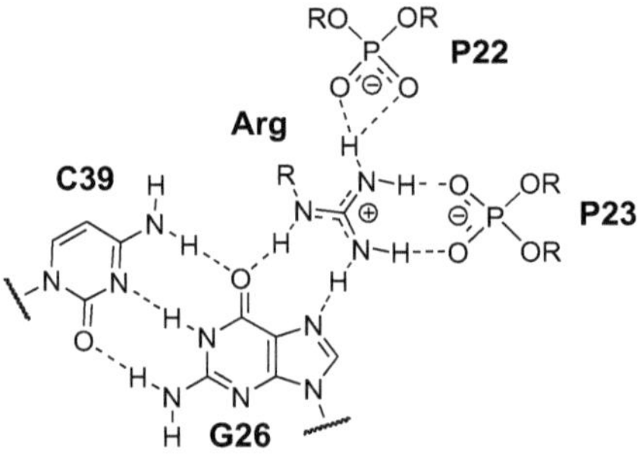

Rysunek 8: Interakcja z RNA i argininą lub amidem argininy (**21**) w "modelu widelca argininy".

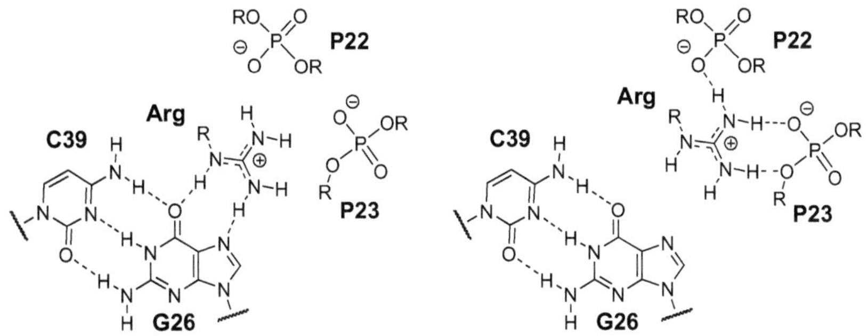

Rysunek 9: Interakcja RNA i argininy lub amidku argininy (**21**)

Podejrzewa się również powstawanie trójkąta bazowego (Rysunek 10) pomiędzy U23 i parą bazową A27-U38, co zostało potwierdzone obserwacją NOEs pomiędzy U23 i protonami iminowymi A27. 53] F. Aboul-ela i wsp. stwierdzili, że po związaniu amidem argininy (**21**) C24 i C25 wystają do rozpuszczalników, podczas gdy U23 występuje w pobliżu A27. Ze względu na odległość między nukleobazami, nie tworzy się tryplet bazowy, a jedynie stan podobny do trójkąta bazowego. [7, 9, 10, 54, 55]

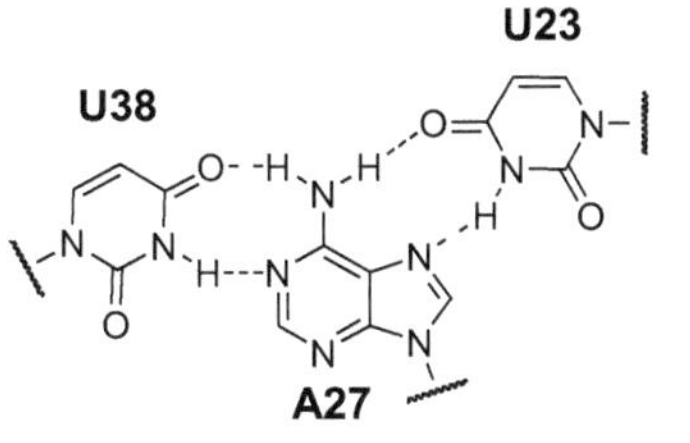

Rysunek 10: Potrójna podstawa U38-A27-U23

W przypadku HIV-2 TAR RNA, który różni się od HIV-1 brakującym nukleotydem w wybrzuszeniach, bezsporne jest tworzenie się trójkąta zasadowego (Rysunek 10) po interakcji z arginineamidem (**21**). Arginamid (**21**) wchodzi również w interakcje z U23 i A22 π-π. [54]

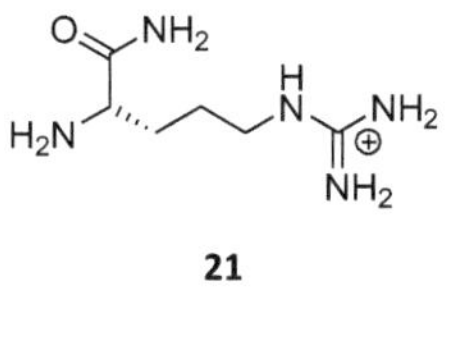

21

W oparciu o wiedzę, że do stabilizacji konformacji RNA niezbędne są dwa oddziaływania elektrostatyczne, przygotowano związki bisguanidyny, które miały IC50 w niskim zakresie μM. Chociaż długość łańcucha alkilowego można zmieniać bez wpływu na aktywność, wymagana jest tylko minimalna długość. Eksperymenty NMR wykazały, że bisguanidyna **22** powoduje takie same zmiany pokrojowe jak arginamid (**21**). W celu zwiększenia potencjału wiązania usunięto pozostałości guanidynu i przygotowano serię substancji zawierających indol jako jeden z trzech podstawników kręgosłupa benzyliowego. Pochodna indoleniowa **23** (Ki = 0,051 μM) ma 25-krotnie większą aktywność w porównaniu z bisguanidyną **22** (Ki = 1,3 μM). Oznaczenia strukturalne **23** wskazują, że pierścień nastolatek interkaluje między parami podstawowymi A22-U40 i G26-C39, podczas gdy podstawniki aminowe oddziałują z kręgosłupem. [6, 56]

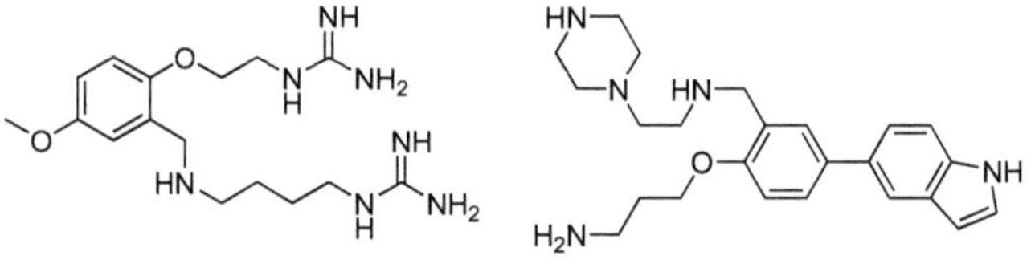

NH O N H NH2 O HN NH N H NH2

HN N HN O H2N NH

22 **23**

Wykazano, że chinolin-4(*1H*) na pochodnych mają właściwości przeciwwirusowe, w których WM5 (**24** tłumi transakcję pośredniczącą w zakresie nM. Stwierdzono, że mechanizm działania substancji wynika z chelatowania jonami magnezu, które są szczególnie obfite w wybrzuszenie UCU w celu ustabilizowania budowy TAR RNA. Testy selektywności, które opierają się na dodaniu tRNA i DNA, nie wykazują zmniejszenia powinowactwa pomimo nadmiaru konkurenta. [57]

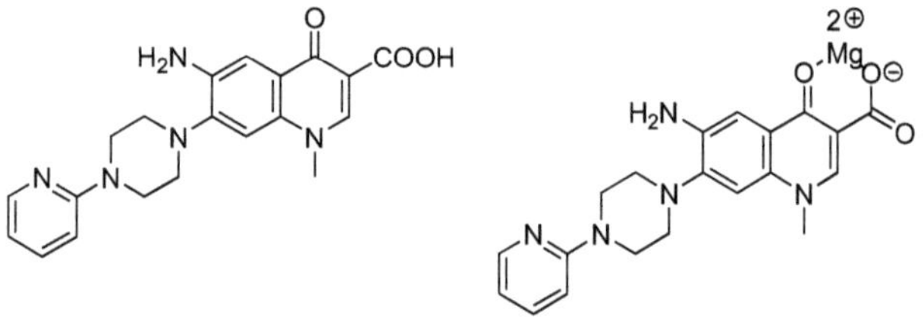

O H2N COOH N N N N

2⊕ O Mg O⊖ H2N O N N N N

24

W przypadku substancji Hoechst 33258 (**25**) analiza powierzchni postojowej wykazała, że region bogaty w GC (G36-U40) jest preferowanym punktem kontaktowym (Rysunek 11). Porównując TAR-RNA bez wybrzuszenia z dzikim typem TAR-RNA, eksperymenty z dichroizmem okrężnym wykazały, że Hoechst 33258 (**25**) wykazuje większe powinowactwo do dzikiego typu TAR-RNA. [58, 59]

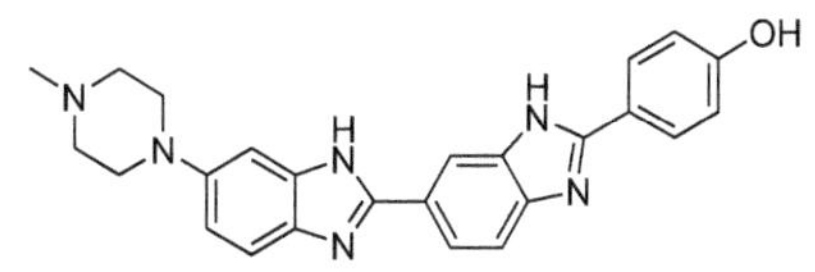

25

Dzięki wysokowydajnym badaniom przesiewowym *in vitro* 150000 substancji, Mei i wsp. znaleźli dwie cząsteczki, które hamują interakcję Tat-TAR: Quinoxalin **26** i tetraaminoquinozalin **27**. Quinoxalin **26** wiąże się z regionem wybrzuszenia (Rysunek 11) zgodnie z ESI-MS ze stechiometrią 1:1. Dodatek tRNA i cielęcego DNA grasicy w testach prowadzi do silnego zmniejszenia powinowactwa, wskazując, że chinoksalina **26** nie wiąże się selektywnie z TAR-RNA i RNA w ogóle. Tetraaminokwinozyna **27** wiąże się zarówno z wybrzuszeniem, jak i 3` końcem pętli TAR (Rysunek 11). [60]

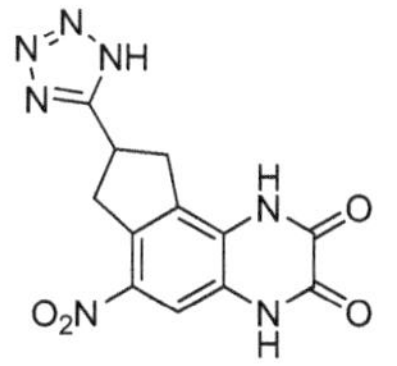

26 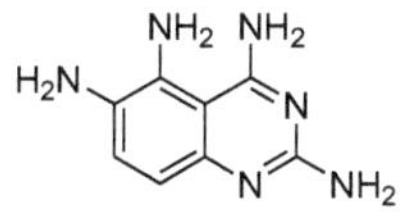 **27**

Hamy et al. zsyntetyzowali klasę antagonistów TAR z trzema różnymi podbudowami:

1. Pozostałość aromatyczna lub heteroaromatyczna z możliwością interakcji piętrowych w wybrzuszeniach.
2. Pozostałości kationowe, które mogą wchodzić w interakcje elektrostatyczne z kręgosłupem fosforanowym RNA.
3. Łącznik pomiędzy obydwoma pozostałościami.

Najbardziej aktywnym antagonistą TAR jest związek CGP 40336A (**28**) (*in vitro*: IC50 = 22 nM, oznaczenie komórek: IC50 = 1,2 μM), który wchodzi w interakcję z parą zasad G26-C39 (**31**) (Rysunek 11) i tworzy wiązanie wodorowe między grupą NH akrydyny a N7 pozostałości guaniny. Kolejne wiązanie wodorowe powstaje pomiędzy grupą metoksy 40336A (**28**) i grupą aminową pozostałości cytozyny. 61] W celu wyjaśnienia ogólnej ważności tych podbudów, plemniki połączono z mitonafidem. Związek **30** silniejsze zahamowanie kompleksu Tat/TAR-RNA niż sam mitonafid. Poprzez zmianę pozycji linkera i jego składu można pokazać wpływ na skuteczność. Na przykład, 9-położenie systemu akrydynowego jest tolerowane jako miejsce łączenia, a w 4-położeniu występuje zmniejszona skuteczność związku. Powiązanie pozostałości elektrostatycznej z heterocyklem poprzez wiązanie amidynowe prowadziło we wszystkich przypadkach do mniej aktywnych pochodnych **29**.

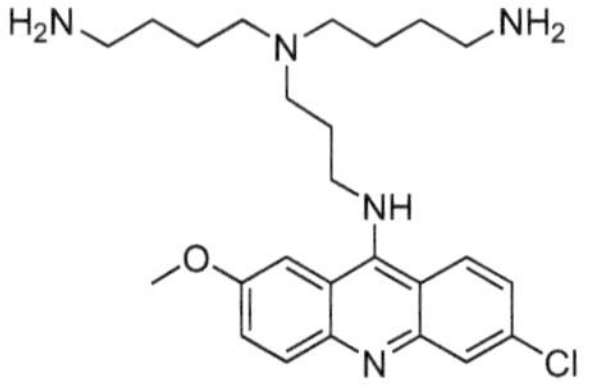

28

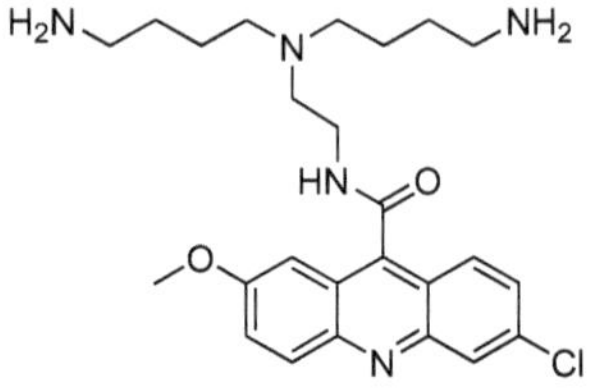

29

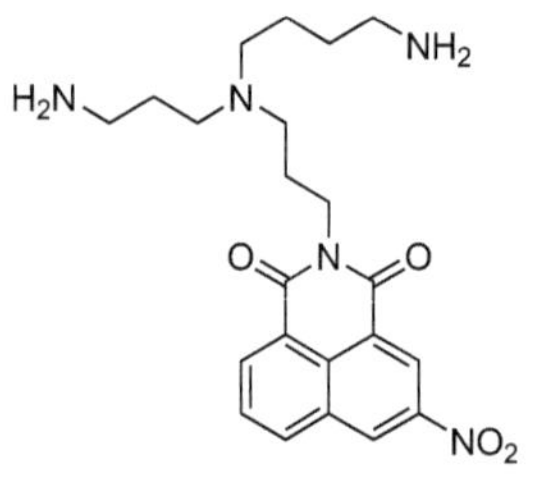

30

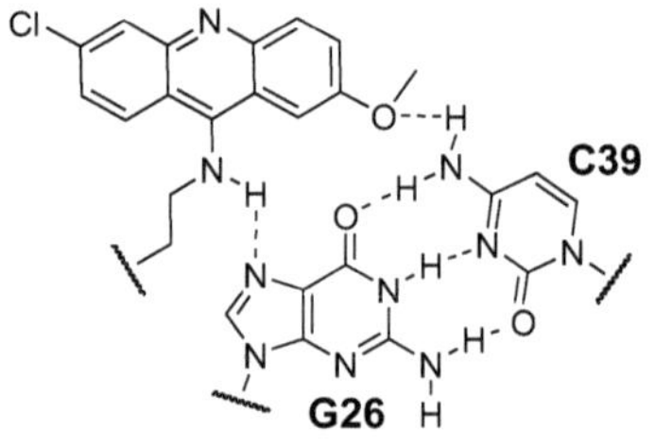

31

W modelowych układach eksperymentalnych z liniami komórkowymi HL3T1, aromatyczne poliamidyny, takie jak TAPP (**32**) i TAPB (**33**) wykazują zahamowania transkrypcji HIV-1 w stężeniach odpowiednio 18 i 22 μM. Włączenie atomów halogenu do pierścienia benzamidynowego jeszcze bardziej zwiększyło aktywność związków. [51]

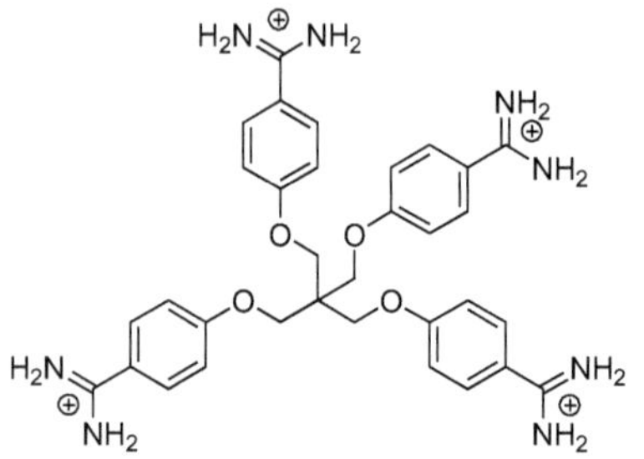

32

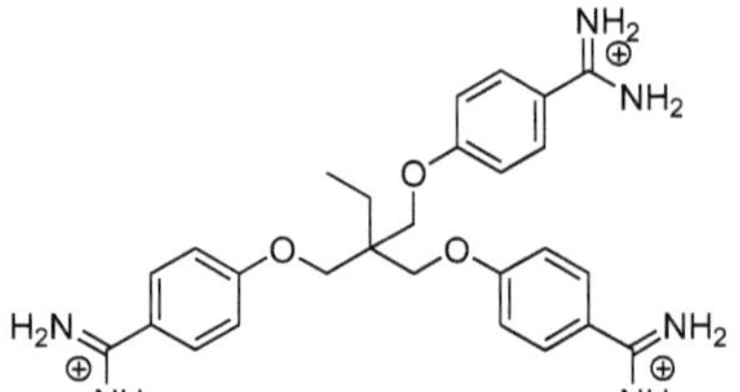

33

Do identyfikacji ligandów peptydowych od dłuższego czasu stosuje się *metody silico.* Aplikacja do ligandów TAR została uruchomiona w 2000 roku przez grupę wokół James et al. z szybkim, nieruchomym dokowaniem (DOCK) na TAR RNA. Po trzech elastycznych etapach dokowania (ICM) można było wybrać 350 cząsteczek z biblioteki 153000 substancji zawierających wszystkie znane ligandy TAR klasy aminoglikozydowej. Nowe struktury, takie jak **34** i **35**, mają IC50 o wartości około 1 μM. [62]

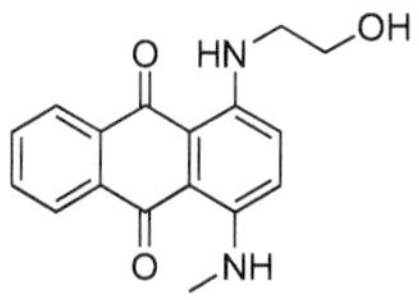

34 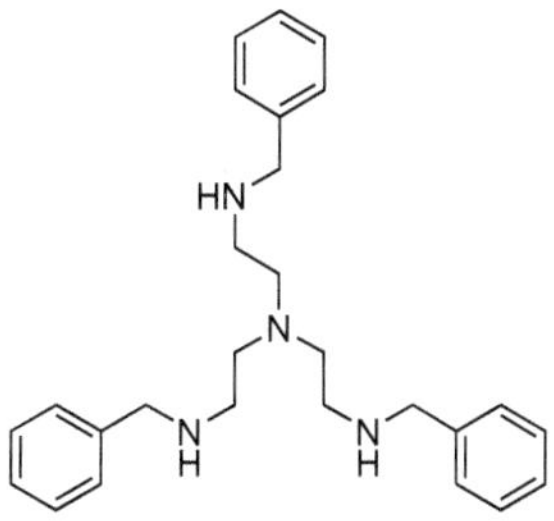 35

Tą samą metodą znaleziono 500 potencjalnych ligandów TAR z biblioteki 181000 substancji, z czego 50 cząsteczek poddano analizie *in vitro.* Acetylpromazyna (**36**) wykazywała substancję o dobrej biodostępności i znanym profilu farmakologicznym - nanomolarne powinowactwo wiążące. Jednosymiarowe eksperymenty NMR wykazały powiązanie z wybrzuszeniem z heteroaromatycznym pierścieniem stosującym interakcje między parami podstawowymi G26-C39 i A22-U40 (Rysunek 11). [63] Doświadczenia NMR wykazały, że acetylopromazyna (**36**) wchodzi w interakcję z TAR-RNA (KD = 270 μM), 16S A-Site RNA (KD = 360 μM), dwa wybrzuszenia nukleotydowe wirusa Coxsackie B3 RNA (KD = 330 μM) oraz obszar pętli włoskowatej wirusa Polio (KD = 1800 μM). Al-Hashimi i wsp. stwierdzili, że acetylopromazyna (**36**) nie jest w stanie zakłócić elastyczności RNA, co jest ważne dla skojarzenia peptydu tatrzańskiego z RNA. [64]

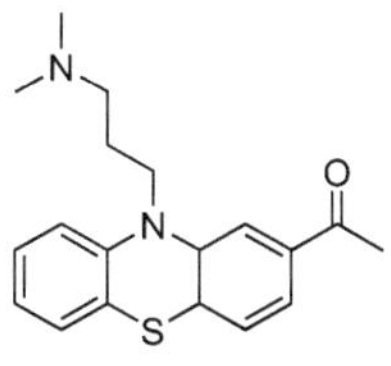

36

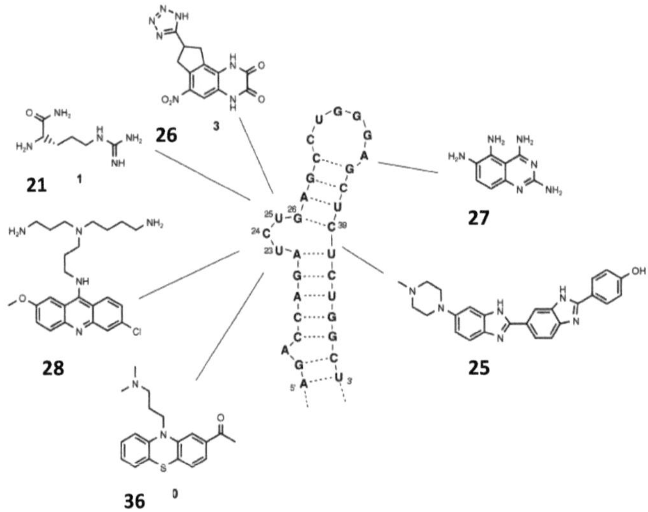

Rysunek 11: Miejsca interakcji poszczególnych ligandów RNA[51]

Nowe struktury substancji wiążących TAR-RNA uzyskano poprzez wirtualne przesiewanie komercyjnej bazy danych 229659 cząsteczek. W procesie tym wybrano 20000 cząsteczek jako możliwych leków za pośrednictwem sztucznie neutralnej sieci, które następnie przeanalizowano za pomocą rozmytego podejścia farmakoperowego (SQUID) i nieujednoliconej metody farmakoforycznej (CATS3D). Jako ligandy modelowe do obliczania modeli SQUID i CATS3D wykorzystano acetylpromazynę (**36**) i CGP 40336A (**28**). Nowo uzyskane 19 struktur zostało przebadanych pod kątem ich własności jako ligandy TAR przy użyciu metody opartej na metodzie FRET. Oba modele doprowadziły do powstania cząsteczek o porównywalnej aktywności TAR, takich jak acetylopromazyna (**36**) i chloropromazyna. Przy użyciu metody CATS3D znaleziono cząsteczkę **37** wartości IC50 500 μM. Struktura **38** oparta na metodzie SQUID wykazała najlepsze powinowactwo wiążące do TAR RNA z dziesięciokrotnie lepszym zachowaniem wiążącym (IC50 = 46 μM). [65]

37 **38**

Niezależny od tioła rozkład chromoforu neokarzinostatyny prowadzi do **39** który zawiera dwa układy aromatyczne połączone za pomocą związku spiro. **39** jest znany z interakcji z wybrzuszeniem DNA. Niektóre pochodne tzw. piętrowych interkalatorów (**40**) (DDI) wykazują nanomolarne powinowactwo do TAR-RNA. Do pomiaru powinowactwa interkalatorów (**39** podstawowe struktury spirocykliczne posiadają własną fluorescencję. Hartowanie tej fluorescencji umożliwia zatem wyznaczenie wartości KD. **40** okazało się najbardziej uniwersalnym spoiwem wybrzuszającym RNA, ponieważ wiąże wybrzuszenia składające się z jednego do trzech nukleotydów o średniej wartości KD 20 μM. Związki **41** i **42** wykazują najwyższe powinowactwo do wybrzuszeń składających się z dwóch nukleotydów (KD = 1,3 μM, a KD = 1,1 μM). W wybrzuszeniach TAR-RNA HIV-1 nie stwierdzono wiązania **41** i **42**, a w wybrzuszeniach TAR-RNA HIV-2 można było zmierzyć powinowactwo średnio 10 μM. Ogólnie rzecz biorąc, można powiedzieć, że zachowanie wiążące DNA jest dalekie od bycia wystarczającym do wyciągnięcia wniosków na temat ogólnego zachowania wiążącego wobec RNA. [66]

O

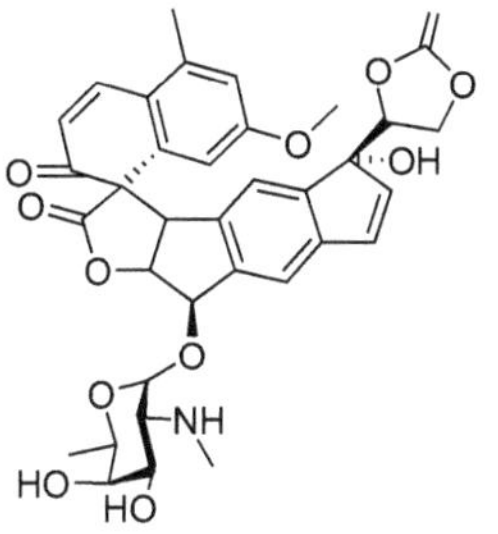

39 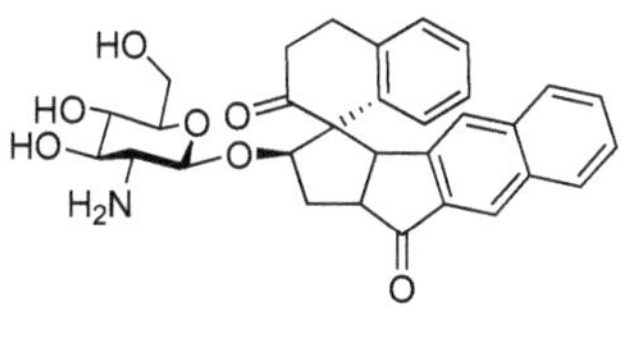 **40**

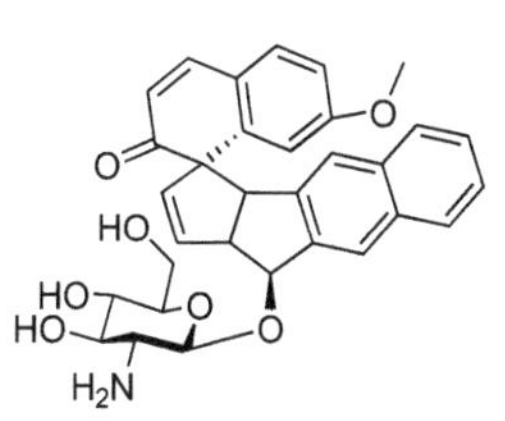

41 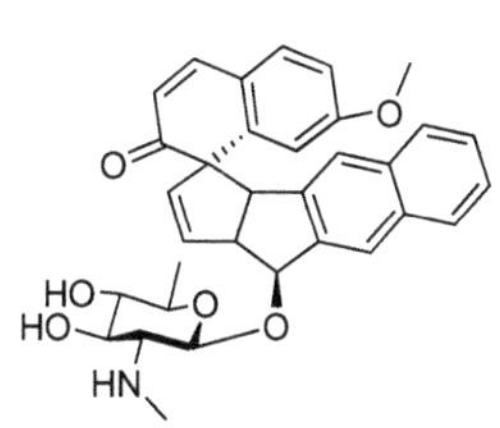 **42**

2.1.1.5 Składniki aktywne antytłuszczowo-białkowe

Inną metodą zahamowania aktywności transakcji LTR HIV jest stosowanie antytatowych środków białkowych. Do tego celu stosuje się głównie biopolimery anionowe, ponieważ działanie pozakomórkowe wykazuje wysokie powinowactwo do poli(ysiarczanu pentozanu (**43**),[67] heparyny (**44**), suraminy (**45**)[68] i kwasu poliakrylowego (**46**Negatywnie naładowane małe cząsteczki, takie jak pochodne stilbenu CGA137053 (**47**)[69] i specyficzne ludzkie przeciwciała monoklonalne (HMAbs) bezpośrednio wiążą białko tatrzańskie, ale nie TAR RNA. [70]

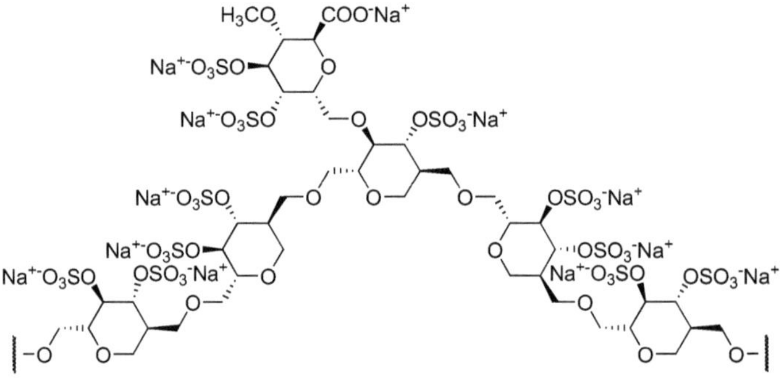

43

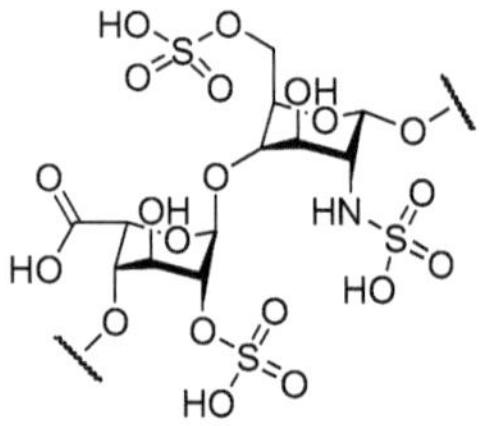

44

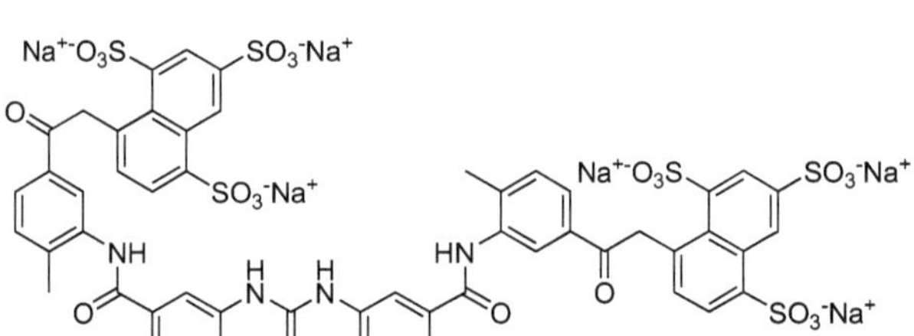

45

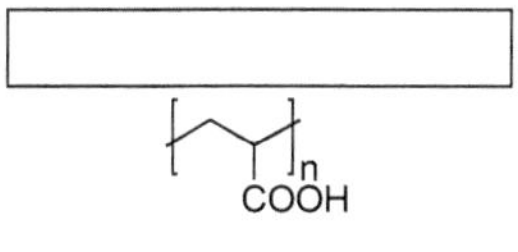

46 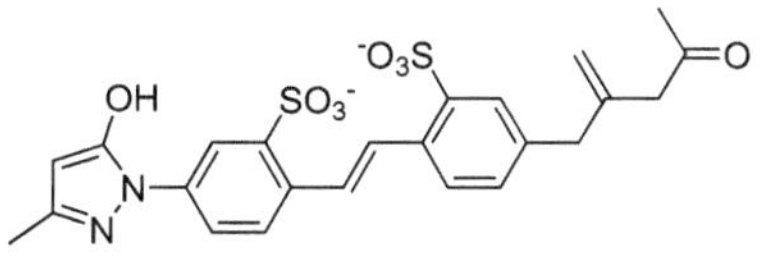 47

Małe cząsteczki, takie jak 1,4-benzodiazepina (**48** zawiera podstawową strukturę serii środków uspokajających, oraz sterydy epoksydowe znane są z hamującego wpływu na replikację wirusową, przy interakcjach występujących tylko z białkiem tatrzańskim. [71, 72]

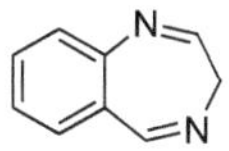

48

Obiecującym podejściem jest zahamowanie interakcji pomiędzy Tat i hCycT1 bez wpływu na funkcję kompleksu P-TEFb, który jest niezbędny do transkrypcji komórkowej. Zahamowanie kompleksu Tat/P-TEFb uzyskano za pomocą zależnego od cykliny inhibitora kinazy flawopirydolu (**49**), który zmniejszył fosforylację polimerazy II RNA. [73]

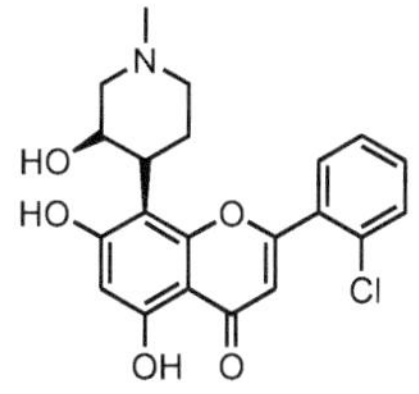

49

Przeciwciała, takie jak jednołańcuchowe ludzkie przeciwciało anty-CycT1, prowadzą do zahamowania replikacji HIV-1.

Znane są również dwa białka wewnątrzkomórkowe, które hamują kompleks Tat/P-TEFb: HEXIM1 hamuje aktywność kinazową P-TEFb i granuliny/epiteliny protagonisty (GEP), która wiąże się z cykliną T1 i tym samym tłumi funkcję P-TEFb.

Poprzez połączenie ludzkiego CycT1 z zmutowanym białkiem Cdk9, które utraciło zdolność autofosforylacji, można było zahamować transakcję, a tym samym ekspresję genu HIV-1. [74]

Ogólnie można stwierdzić, że wszystkie klasy związków przedstawianych w celu zahamowania transakcji nie mają wystarczającej specyfiki i słabych właściwości farmakokinetycznych, np. absorpcji i stabilności komórek. Jedną z przyczyn ograniczonej aktywności inhibitorów jest fakt, że wiedza na temat struktury kompleksu TAR/Tat/P-TEFb nie jest jeszcze wystarczająco zrozumiała.

Chociaż RNA ma zdolność do składania się w złożone struktury trzeciorzędowe, różnice w konformacjach wynikają z wiązania peptydu tatrzańskiego i innych czynników komórkowych. [75, 76]

3. WPROWADZENIE LIGANDÓW RNA

Nowoczesne poszukiwanie środków farmakologicznych jest procesem wysoce uprzemysłowionym, w którym prawdopodobieństwo znalezienia podejścia do potencjalnych leków ma być zwiększone poprzez przesiewanie dużej liczby białek docelowych przeciwko dużej kumulacji cząsteczek syntetycznych. W celu zminimalizowania ryzyka wystąpienia błędów w badaniach przesiewowych o dużej wydajności (HTS), do tej pory skupiono się na niektórych rodzinach białek jako strukturach docelowych, np. receptorach sprzężonych z białkami G (GPCR), receptorach jądrowych, kanałach jonowych i enzymach. [77] Od czasu wprowadzenia HTS na początku lat 90-tych, wydajność nowych leków i kandydatów na składniki aktywne była bardzo niska. [78] Około dziesięć lat temu, przemysł farmaceutyczny i firmy biotechnologiczne uznały, że adresowanie RNA jest alternatywnym podejściem do koncentracji na białkach. Ponieważ około połowa wszystkich znanych antybiotyków działa również poprzez wiązanie z rybosomalnym RNA. RNA jest adresowane przez antysensowne oligonukleotydy, małe hamujące RNA (siRNAs) lub enzymy RNA (rybozymy), przy czym podejście specyficzne dla sekwencji było dotychczas ograniczone do zatwierdzonego przez FDA leku Vitravene® (Fomivirsen) przez Isis Pharmaceuticals przeciwko cytomegalovirusowemu (CMV) zapaleniu siatkówki u pacjentów z AIDS. [79] Kluczową cechą RNA jest fakt, że RNA składa się w trójwymiarowe struktury złożone, obejmujące pętle, wybrzuszenia, pseudonody i obroty. [80] Struktury te są odpowiedzialne za różne działania cząsteczek RNA w komórkach. Z tego punktu widzenia RNA jest bardziej podobne do peptydów niż do DNA, które ma mniej elastyczne i różne struktury trzeciorzędowe. [81] Unikalny kształt różnych RNA oferuje potencjalne miejsca wiązania małych cząsteczek. [80]

Jednak podejście do kwestii RNA zostało praktycznie zarzucone przez przemysł farmaceutyczny i firmy biotechnologiczne.

3.1 Które miejsca są adresowane przez małe cząsteczki

Optymalnym rozwiązaniem w odniesieniu do RNA są zaburzenia w helisie formy A RNA, które prowadzą do powstawania struktur wtórnych, takich jak pętla szpilki do włosów "hairpin loop", pętla pasm "stem loop", pseudoknots "pseudoknots" i wybrzuszenie "bulge". Podwójne domeny helikalne konstrukcji drugorzędnych są połączone za pomocą pary podstaw Watsona-Cricka. W przeciwieństwie do głównych i drobnych rowków DNA, gdzie możliwe jest wiązanie małych cząsteczek, główne i drobne rowki RNA nie oferują optymalnego miejsca wiązania. [82] W spirali w kształcie litery A, nukleobazy są przesuwane z osi spirali na zewnątrz do rowka mniejszego i znacznie nachylone do osi spirali. Główny rowek RNA jest głęboki i wąski, podczas gdy drobny rowek ma płaską i szeroką strukturę, dzięki czemu RNA w swojej unikalnej geometrii helisy w kształcie litery A jest mniej sprzyjający wiązaniu małych cząsteczek. Obecność grupy 2'-hydroksylowej w pierścieniu pentozowym umożliwia składanie RNA a C3'-endo jednostki rybozy, co prowadzi do jednoczesnej zmiany nachylenia i rotacji zasad oraz do niewielkiej odległości ~5,9 Å pomiędzy dwoma fosforanami. [13]

RNA Major Groove jest bogata w informacje, ponieważ pary bazowe projektują swoje charakterystyczne krawędzie w Major Groove. [82, 83] Badania komputerowe wykazały, że dodatnio naładowane cząsteczki mają tendencję do wiązania się z głównym rowkiem, który ma większą gęstość elektronów niż mały rowek. [84] Według badań, główny rowek spirali w kształcie litery A ma tylko 4 A szerokości, co wyklucza wiązanie małych cząsteczek z przyczyn sterycznych. [82] Jedynymi zdefiniowanymi funkcjami w płaskim rowku o mniejszym znaczeniu są grupy 2'-hydroksylowe. [85] Niemniej jednak niektóre ligandy wiążą się z głównym rowkiem dupleksu RNA. [86] Zaburzenia spowodowane niedopasowaniem nukleobaz prowadzą do poszerzenia głównego rowka, co prowadzi do powstania wiążącej kieszeni, która stanowi podstawę do adresowania RNA z białkami i małymi cząsteczkami. Te kieszenie wiązań mają różne stopnie potencjału ujemnego. Różni się to od wiążących kieszeni białek, w których występują potencjały ujemne i dodatnie. [84]

Struktury trzeciorzędowe w obrębie RNA są tworzone przez nie-Watson-Crick - pary bazowe pomiędzy nukleobazami, pomiędzy nukleobazami i kręgosłupem fosforanowym oraz pomiędzy pozostałościami szkieletu. [12]

3.1.1 Cel antybakteryjny: Ribosom

Rybosom składa się z rybosomalnego RNA (rRNA) i białek rybosomalnych. Rybosomy prokariotyczne 70S składają się z dwóch podjednostek. Mała podjednostka (30S) jest odpowiedzialna za to, że tylko prawidłowy tRNA może włączyć związany z nim aminokwas do powstałego polipeptydu. Korekta odbywa się na terenie 16S rRNA A (aminoacyl), stanowiącym część podjednostki 30S. Prawidłowe połączenie kodon-antodonowe mRNA z odpowiednim tRNA prowadzi do pozasłonecznej konformacji pozostałości A1492 i A1493. Nieprawidłowe parowanie tRNA nie powoduje zmian konformacyjnych. [87] Duża podjednostka (50S) pełni funkcję katalityczną w tworzeniu wiązań peptydowych. Poszczególne funkcje podjednostek, takie jak korekta poprawności i katalizowanie, zostały wykonane przez rRNA, w działania te nie jest bezpośrednio zaangażowany żaden peptyd rybosomalny. 88] Spośród około połowy wszystkich znanych antybiotyków znane jest pokrewieństwo do rybosomów, z których najściślej badaną klasą są aminoglikozydy, grupa antybiotyków oligosacharydowych. Największa liczba aminoglikozydów, takich jak 4,5- i 4,6-zastąpione deoksystreptaminy, wiąże się z miejscem A podjednostki 30S i zakłóca korektę, co prowadzi do nieprawidłowego włączenia aminokwasów. [89, 90] Linezolid firmy Pfizer (**50**) (Zyvoxid®) jest antybiotykiem klasy oxazolidinone stosowanym w leczeniu zakażeń bakteriami wieloopornymi, takimi jak Streptococcus i metycylinooporny Staphylococcus aureus (MRSA). [88]

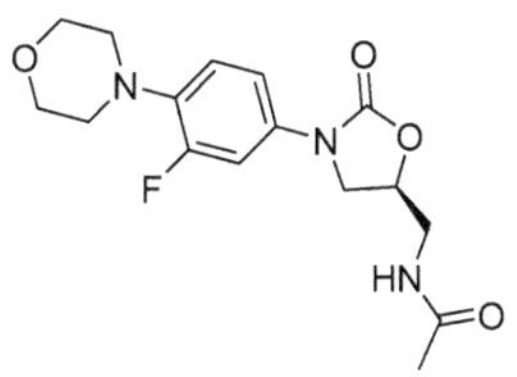

50

Punktem wyjścia tego syntetycznego antybiotyku jest początek syntezy białek. Zapobiega to wiązaniu dwóch podjednostek 30S i 50S. Linezolid (**50**) wiąże się z 23S rRNA w podjednostce 50S, gdzie wiążą się również antybiotyki: linkomycyna (**51**) i chloramfenikol (**52**). [91]

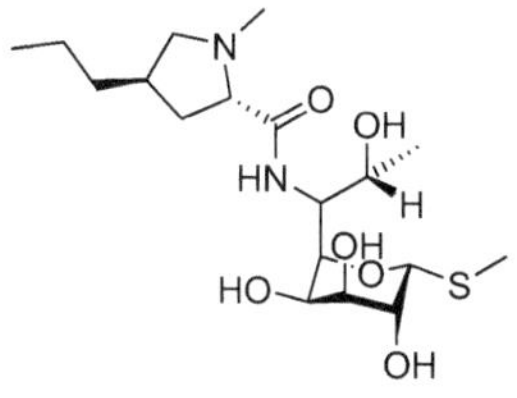

51 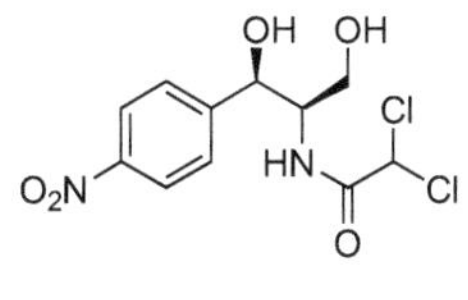 **52**

Ostatnio wykazano, że wiązanie fMet-tRNA (start-tRNA) z miejscem P podjednostki rybosomalnej 50S jest uniemożliwiane przez oksazolidynony, dzięki czemu pominięto tworzenie pierwszego wiązania peptydowego. [92]

3.1.2 Cel antybakteryjny: tRNA

Strategia antybakteryjna polega na hamowaniu syntaz aminoacylo-tRNA, które są odpowiedzialne za sprzężenie ("ładowanie") aminokwasu do odpowiedniego tRNA. Tylko dzięki temu procesowi możliwe jest, aby obciążony obecnie tRNA uczestniczył w procesach inicjowania i wydłużania biosyntezy białek. [93] Przykładem jest neomycyna aminoglikozydowa, która hamuje ładowanie tRNAPhe (*Ki* ~ 300 µM), w której miejsce wiązania neomycyny leży w obszarze zmiennej pętli. [94]

3.1.3 Cel antybakteryjny: T-Box

T-box jest elementem regulacyjnym RNA zlokalizowanym w regionie 5'-nietłumaczonym (UTR). T-Box reguluje ekspresję syntetazy aminoocylo-tRNA i innych białek biorących udział w biosyntezie aminokwasów. T-box, składający się z 14 nukleotydów, może przyjmować różne konformacje i wiąże się konkretnie poprzez cztery pary bazowe z 3' końcówką nieobciążonych tRNA, co prowadzi do stabilizacji struktury antyterminalnej T-box i tym samym do ekspresji regulowanych białek. [95] Struktura wtórna struktury przeciwnowotworowej zawiera wybrzuszenie składające się z siedmiu nukleotydów, które przerywa dwa segmenty spiralne. Niska dostępność aminokwasów prowadzi do dużej liczby nieobciążonych tRNA, co prowadzi do zwiększenia ilości enzymów potrzebnych do biosyntezy białek w wyniku oddziaływania T-box/tRNA. [96] Struktura celu antybakteryjnego byłaby zatem zahamowaniem oddziaływania T-box/tRNA. Eksperymenty NMR wykazały, że region wybrzuszeń zawiera statyczne i wysoce dynamiczne pozostałości. Pokrewieństwo do antyterermінatora RNA T-box wykazują różne aminoglikozydy, z wiązaniem neomycyny o stałej dysocjacji 8,5 µM i wiązaniem streptomycyny z 790 µM. Podobieństwa aminoglikozydów są porównywalne z podobieństwami tRNA, które oddziałują z wybrzuszeniem. [97]

3.1.4 Cel przeciwwirusowy: Trans Activating Response RNA

W tym celu zob. rozdział 2.1.1.1.

3.1.5 Cel przeciwwirusowy: element reagujący Rev RNA

Białko Rev jest odpowiedzialne za transport wirusowego RNA z jądra do cytoplazmy. Peptyd wiąże się z wysoce ustrukturyzowanym segmentem RNA znanym jako Rev Responsive Element (RRE). Segment RNA składający się z serii struktur pętli w sekwencji kodowania *env* jest związany bogatym w argininę regionem białka Rev na włóknach IIB, tak że kompleks RNA/białko dociera do cytoplazmy z jądra, ponieważ białko Rev posiada jądrowy sygnał eksportowy w regionie terminusa karboksylowego. Ponadto, kompleksowa formacja zapobiega dalszemu przetwarzaniu RNA. [24, 98]

Można wykazać, że neomycyna aminoglikozydowa wiąże się z RRE z wartością KD 100 nM i stechiometrią 3:1 oraz tworzeniem kompleksowym z białkiem Rev jest hamowana wartością IC50 ~ 1 μM. W teście przemieszczenia powstaje kompleks neomycyna-Rev-RRE o niskim stężeniu neomycyny, który zmienia się jedynie w kompleks RRE z dwoma aminoglikozydami o wyższym stężeniu neomycyny i wypiera białko Rev. [99]

3.2 Punkt wiążący: obszary o podwójnej szerokości pasma

Istnieje kilka białek, które oddziałują z dwuniciowym RNA, przy czym zawsze występuje motyw wiążący struktury wtórnej α-β-β-α. Pierwsza spirala α i obszar pętli są połączone z ulotką β, która odpowiada za połączenie z rowkiem głównym i mniejszym. Rozpoznanie uzyskuje się przez związanie grupy 2'-hydroksylowej i kręgosłupa fosforanowego. 100] Wiele interkalatorów DNA, takich jak pochodne furanu **53**, etyd (**54**), chinakryna (**55**), proflawina (**56**), DAPI (**57**) i bisantren (**58**) wiążą się z dwuniciowym RNA. Jednakże, skojarzenie z DNA jest preferowane dla prawie wszystkich cząsteczek.

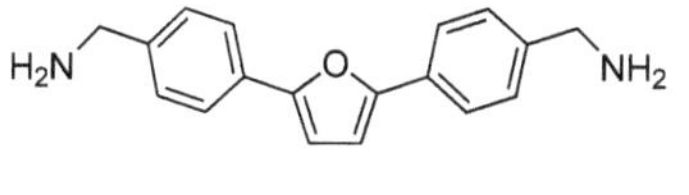

53 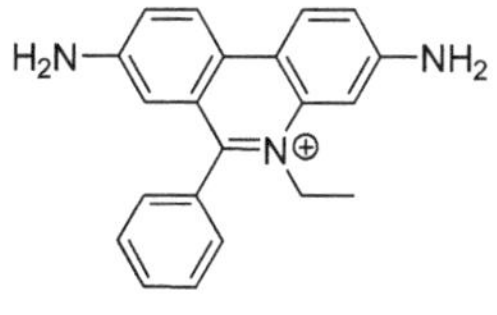 **54**

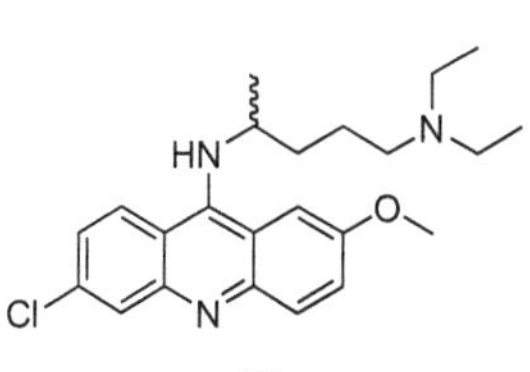

55 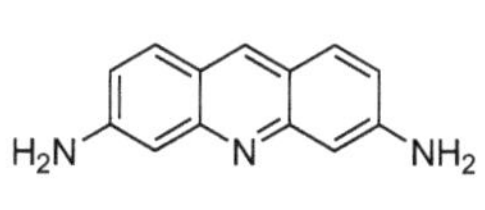 **56**

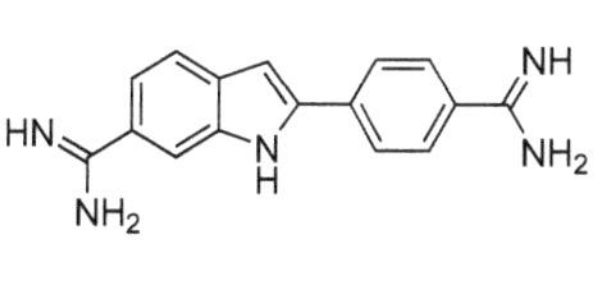

57 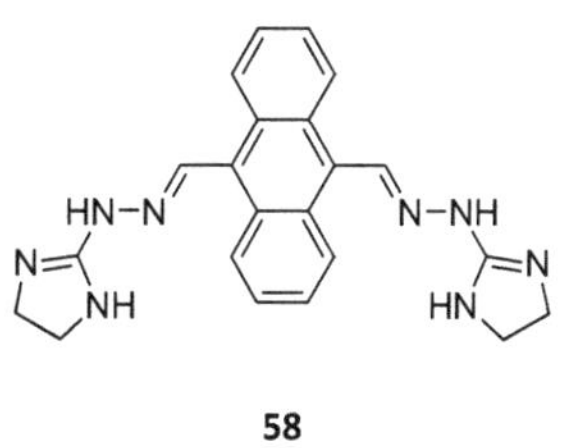 **58**

W poszukiwaniu związków, które selektywnie wiążą dwuniciowe RNA, ale nie są związane z DNA, znaleziono cząsteczki (**59** elastycznym kręgosłupem i naładowanymi centrami. [101]

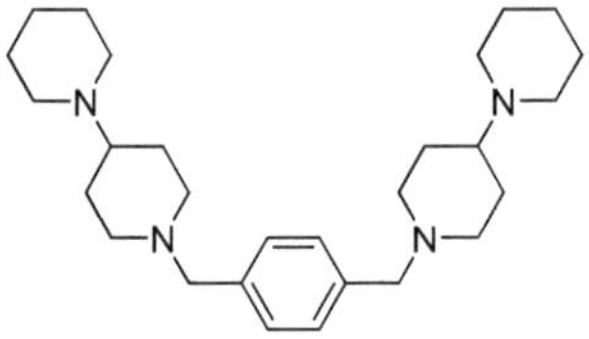

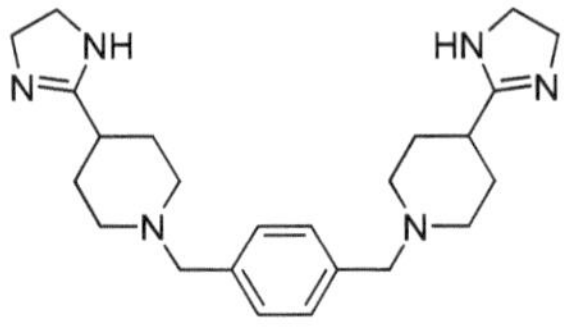

59

60

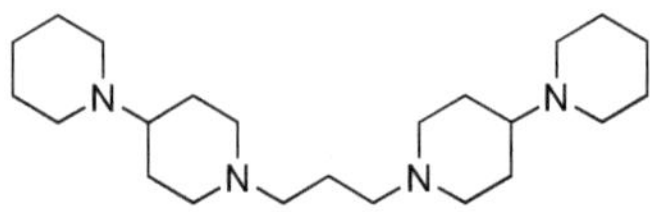

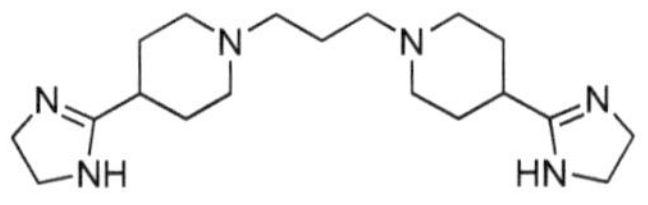

61

62

Zastosowanie dużych substytutów naładowanych (**63**, **64**) skutkuje zarówno wiązaniem jonowym, jak i międzykalkulacyjnym. (Porównaj **63** i **64** z **53**). [102]

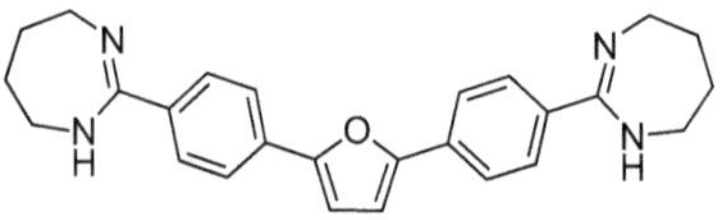

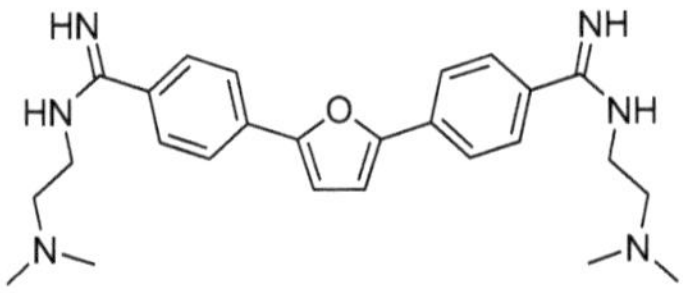

63

64

Wykrycie spirali dwuniciowej jest możliwe dzięki zakłóceniu pracy dupleksu, co prowadzi do lepszego dostępu dla ligandów. W spirali występuje zwiększona dynamika konformacji, która umożliwia wejście połączeń międzykalacyjnych. Prowadzi to do wzajemnych oddziaływań w obrębie spirali tak, że podstawniki interkalatorów są rozmieszczone po przeciwnych stronach dupleksu. Przykładem takiego peptydu "heliksogwintującego" (HTP) jest peptyd Ser-Val-Acr-Arg (**65** szkielecie 9-anilinakrydyny-4-karboksyamidowym i łączy się poprzez dwie pary bazowe przylegające do wybrzuszenia. [103]

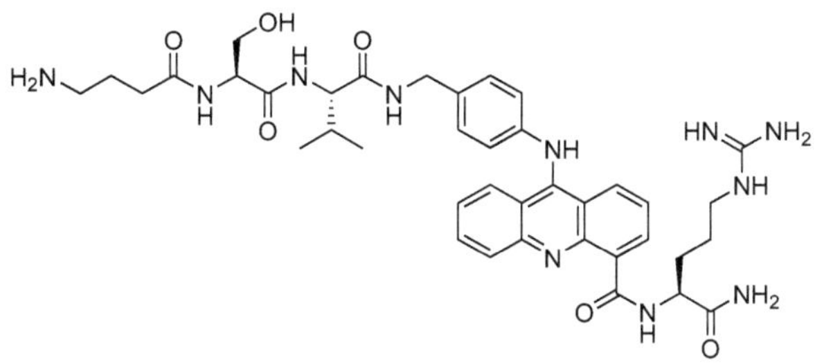

65

3.3 Związki wiążące w pętli wewnętrznej

Stabilność pętli wewnętrznych zależy od kolejności, symetrii i wielkości pętli. Przykładowe struktury pętli wewnętrznych to 16S A-Site RNA, Rev response element (RRE) RNA i tymidylan syntetazy mRNA.

3.3.1 16S A-Site RNA RNA

Znane cząsteczki, które oddziałują z 16S A-Site RNA są aminoglikozydami. Syntetyczne analogi aminoglikozydów zostały przygotowane do badania oddziaływań. Oprócz zachowania wiążącego, celem badań było określenie odporności na enzymy modyfikujące aminoglikozydy, takie jak octan, fosforylan i aminoglikozydy ADP-rybozylanu. Stosowane podstruktury to pochodne neamin[104], paramycyny[105] i heterocyklicznej 2-deoksyysteptyny (DOS). 106] W poszukiwaniu nowych podstawowych struktur oddziaływania z pętlą wewnętrzną 16S A-Site RNA wykorzystano eksperymenty NMR. Region protonów imino pętli wewnętrznej może być bardzo dobrze rozwiązany przez NMR. Dlatego, dodając potencjalny ligand RNA do zmian w widmie, można wykazać zarówno interakcję, jak i lokalizację interakcji. Proste pochodne benzimidazolu (**66**) wykazały, że wiążą one 16S A-site RNA w zakresie µM. Wprowadzenie podstawnika aminowego w pozycji 2 (**67**) doprowadziło do czterokrotnego zwiększenia powinowactwa wiążącego, natomiast wprowadzenie podstawników metylowych (**68**) w różnych pozycjach nie prowadzi do żadnej poprawy. [107]

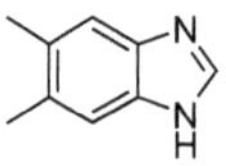

66 KD = 810 μM

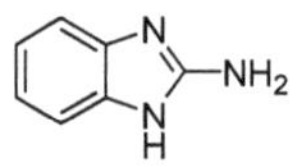

67 KD = 230 μM

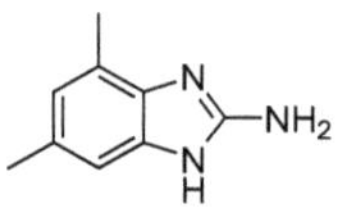

68 KD = 260 μM

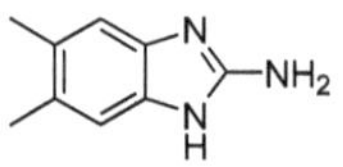

69 KD = 220 μM

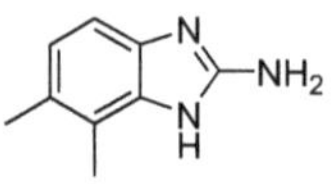

70 KD = 160 μM

2-aminochinoliny (**71**) wykazują również powinowactwo do pętli wewnętrznych z wartościami KD od 3180 μM do 60 μM. Substytuty metylu w pozycji **74** zwiększają wiązanie 35-krotnie, a metylacja w aminie egzocyklicznej **73** prowadzi do sześciokrotnego wzrostu powinowactwa w porównaniu z 2-aminochinoliną (**71**).

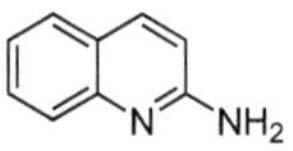

71 KD = 3180 μM

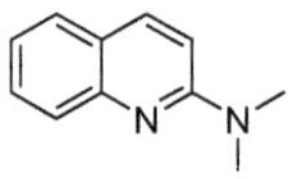

72 KD = 990 μM

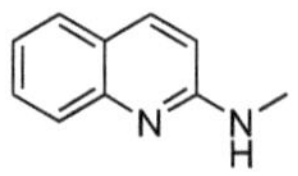

73 KD = 490 μM

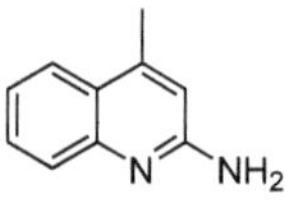

74 KD = 90 μM

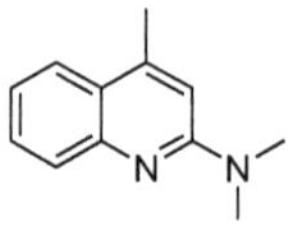

75 KD = 170 μM

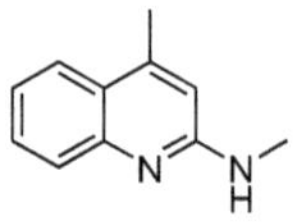

76 KD = 60 μM

Informacje strukturalne kompleksu RNA/ligand uzyskane na podstawie doświadczeń NMR umieszczono na 4 i 7 pozycjach podstawników szkieletu 2-aminochinolinowego. Wykazana 7-amino-2-dimetyloaminolepidyna (**77**) i 4-amino-2-dimetyloaminochinolina (**79**) umożliwiają łatwą derywatyzację w pozostałości aminokwasów. Poprzez przesunięcie protonów imino w zależności od stężenia stwierdzono, że aminy (**77** i **79**) mają większe powinowactwo wiążące w porównaniu z analogami (**72** i **75**). Dalsze substytuty amidowe (**78** i **80**) doprowadziły do powstania związków o powinowactwie w zakresie niskich μM.

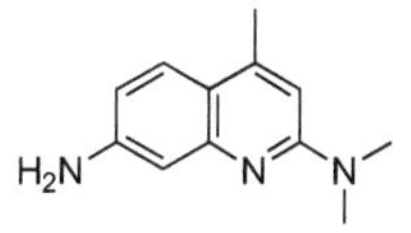

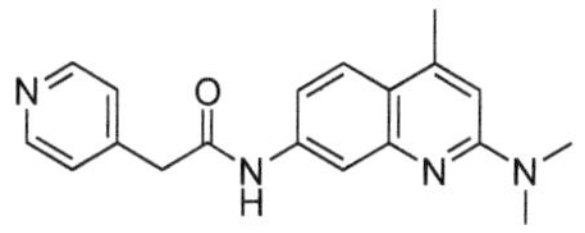

77

KD = 35 µM

78

KD = 18 µM

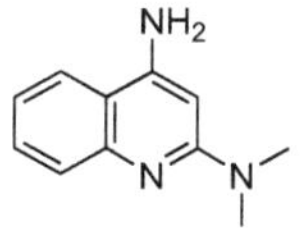

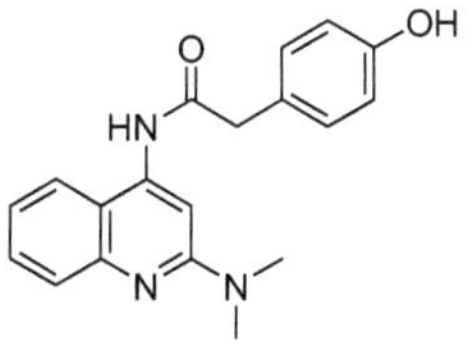

79

KD = 60 µM

80

KD = 9 µM

2aminopirydyny (**81**) zostały również uznane za struktury podstawowe o wysokim powinowactwie w badaniach przesiewowych. Metylacja w pozycjach 2 (**82**) i 6 (**85**) powoduje zmniejszenie powinowactwa, natomiast metylacja w pozycjach 4 (**83**) i 5 (**84**) przyczynia się do lepszego wiązania. [107]

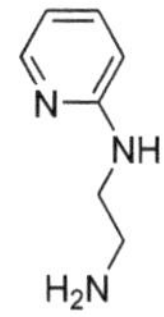

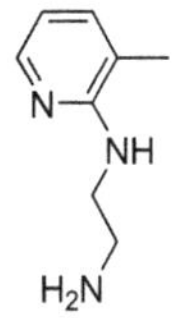

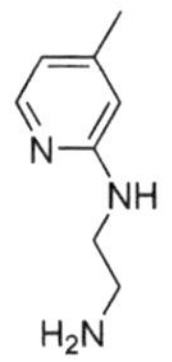

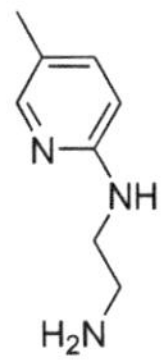

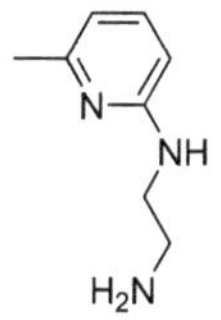

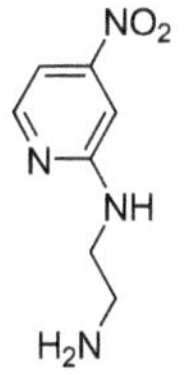

81	82	83	84	85	86
KD = 68 µM	KD = 600 µM	KD = 3 µM	KD = 22 µM	KD = 105 µM	KD = 10000 µM

W celu uniknięcia niekorzystnego wpływu przesiewowych badań NMR, wysokiego stężenia, a tym samym wysokiego zużycia RNA, poszukiwanie dalszych interesujących struktur bazowało na metodzie ESI-MS, w której kompleksowanie można wykryć poprzez przesunięcie sygnału masowego w porównaniu z wolnym RNA. Kolejną zaletą jest wyjaśnienie związku między ligandem a RNA. Nie uzyskano jednak żadnych informacji na temat lokalizacji wiązania. Badanie złożonych wiązań różnych struktur podstawowych na 16S A-Site RNA w benzimidazolach (**87**) z dalszymi testami przemieszczeń w porównaniu z glukozaminą wykazało miejsce wiązania w pętli wewnętrznej. Poprzez zastosowanie różnych podstawników na substancjach aromatycznych ustalono, że zastosowanie jednej grupy nitro zwiększa powinowactwo (**88**), ale brak podstawnika (**89**) lub dwóch halogenów (**90**) daje lepsze powinowactwo. Dalsze zastępowanie N1 prowadziło do słabszego wiązania w różnych pochodnych, podczas gdy analogi pirydynylu (**91** i **92**) prowadziły do dwukrotnej poprawy powinowactwa do wiązania w porównaniu z niezastąpioną pochodną. [108]

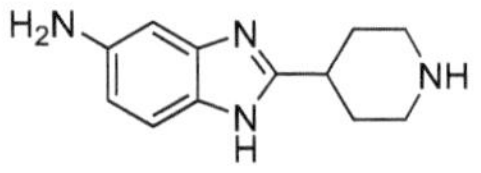

87	**88**	**89**
KD = 500 μM	KD = 308 μM	KD = 108 μM

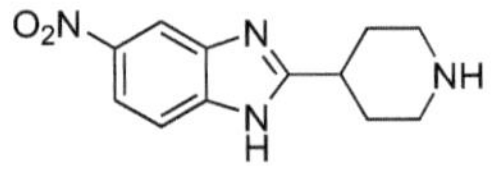

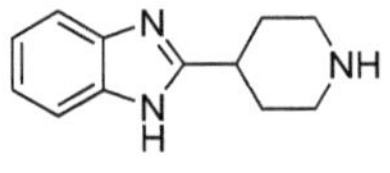

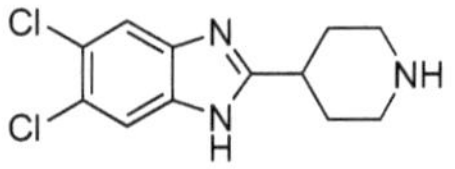

90	**91**	**92**
KD = 174 μM	KD = 60 μM	KD = 67 μM

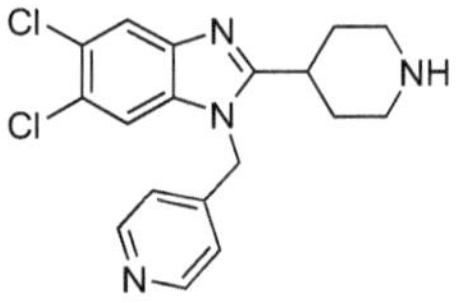

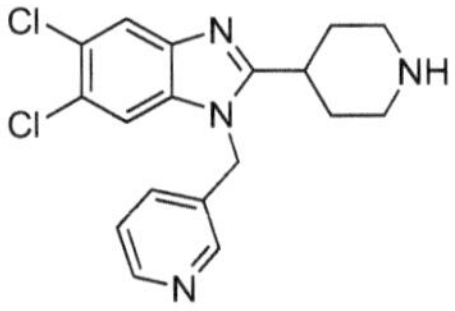

3.4 Związki wiążące wybrzuszenia

Wybrzuszony obszar jest tworzony przez jedną lub więcej niesparowanych nukleobaz, które powstają tylko po jednej stronie. W miarę powiększania się wybrzuszeń zwiększa się destabilizacja formacji dupleksowych w sąsiednich rejonach wybrzuszeń. Wybrzuszenia mają zdefiniowane fałdy, które mogą wchodzić w interakcję z ligandami RNA. Należą do nich wybrzuszenia TAR-RNA, T-Box-RNA i elementu reakcji żelaza (IRE) RNA.

3.4.1 TAR RNA

W tym celu zob. rozdział 2.1.1.1.

3.4.2 T-Box RNA

Zbadano bibliotekę 3,4,5-trisubstytuowanych oksazolidynonów pod kątem ich zachowania wiążącego z T-box RNA i mutacją T-box C11U. Badania oparte na fluorescencji zostały wykorzystane do określenia spójnych powinowactw. Test, w którym A9 zastąpiono 2-aminopuryną w wybrzuszeniach A9, porównano z testem wykorzystującym pary FRET oznaczonych par T-Box i T-Box C11U. W przeciwieństwie do T-Box C11U, T-Box RNA miał siedem razy większe powinowactwo do **93**. Usuwając podstawnik metoksyfenylu **94** powinowactwo stało się trzykrotnie słabsze, ale selektywność wzrosła. [109]

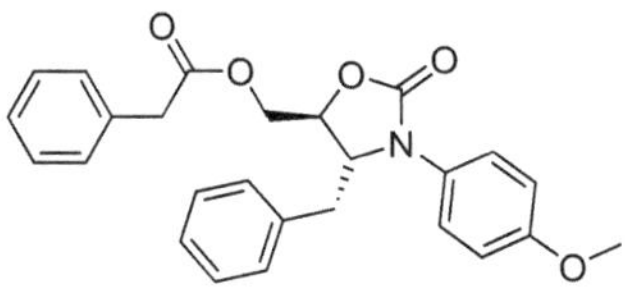

93

$KD_{\text{T-Box}}$ = 3,4 μM

$KD_{\text{T-Box C11U}}$ = 25 μM

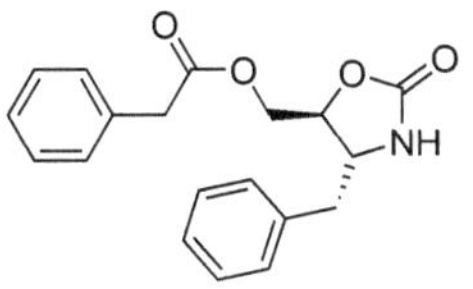

94

$KD_{\text{T-Box}}$ = 9,0 μM

$KD_{\text{T-Box C11U}}$ = 125 μM

3.4.3 Element reakcji żelaza (IRE) RNA

Ferrytyna to żelazo magazynujące i transportujące białko z cytoplazmy. Jest to ważne ogniwo w równowadze żelaza w organizmie człowieka, ponieważ w przeciwnym razie wymagana ilość żelaza kłaczkowałaby się ze względu na słabą rozpuszczalność soli żelaza(III). W normalnych warunkach komórkowych, żelazo-odpowiedni element wiążący białko (IRP) wiąże się z elementem żelazo-odpowiednim (IRE) mRNA ferrytyny, tłumiąc tym samym ekspresję ferrytyny. Wiązanie małej cząsteczki z ferrytyną IRE (fIRE) umożliwiłoby zahamowanie oddziaływania IRP i tym samym zwiększenie liczby ferrytyn. Footprinting wykazał, że yohimbina (**95**) wiąże się z resztkami powyżej i poniżej wybrzuszeń fIRE. Poprzez zmniejszenie fluorescencji jojbimu (**95**) można było określić wartość KD wynoszącą 3,9 μM. Yohibim (**95**) wykazał również powinowactwo do innych RNA, takich jak TAR-RNA, gdzie można było określić wartość KD wynoszącą 9,1 μM. [110]

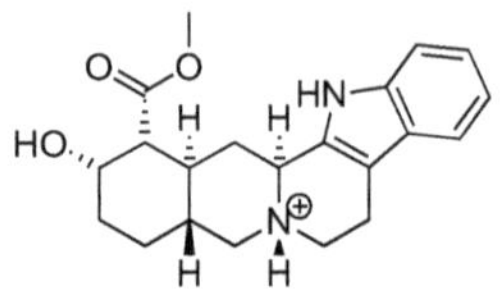

95

3.5 Związki wiążące pętlę do włosów

Pętle do włosów są tworzone poprzez złożenie sekwencji w dupleks, który jest połączony pojedynczym pasmem. Pętle do włosów są zaangażowane w interakcje z białkami RNA i RNA-RNA. Pierwszą małą cząsteczką zidentyfikowaną jako cząsteczka wiążąca pętlę do włosów jest spermina (**96**). Poliamina **96** może być wykryta za pomocą spektroskopii rentgenowskiej w krysztale tRNAPhe. Jedno z wiązań jest głównym rowkiem na końcu antykodonu, a drugie w pętli zmiennej. Za powinowactwo odpowiadają wiązania wodorowe i efekty elektrostatyczne polikacji **96**Eksperymenty NMR wykazały, że spermina (**96**) stabilizuje trzeciorzędową strukturę RNA i wspomaga rozpoznawanie syntetaz aminoacylo-tRNA. [12]

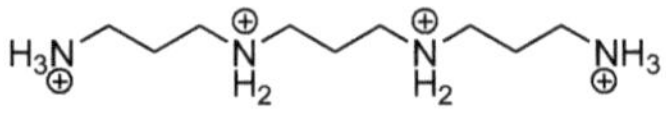

96

Przesiewanie 150000 substancji doprowadziło do powstania tetraaminokwinozaliny (**27**), która wiąże zarówno na wybrzuszeniach, jak i na 3' końcu pętli TAR. Gel-Shift-Assay i ESI-MS zostały wykorzystane do zademonstrowania interakcji z pętlą, ale metody Footprint były w stanie wykryć jedynie wiązania przy wybrzuszeniu. [60]

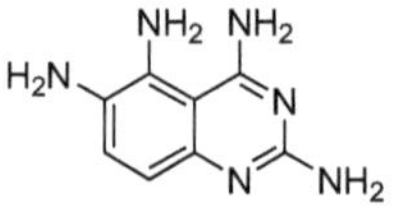

27

3.5.1 U1A snRNA - pętla do spinek do włosów U1A

Stem-Loop 2 snRNA U1A wiąże *in vivo* z białkiem U1A i kontroluje łączenie eukariotycznego pre-mRNA. Okazało się, że ostatnia para podstaw GC przed pętlą jest niezbędna do wiązania. W poszukiwaniu substancji, które wchodzą w interakcję z parami podstawowymi CG lub GC oraz sąsiednimi strukturami wtórnymi, w literaturze znaleziono **27** i **97**. Próba przesunięcia żelowego została wykorzystana do wykazania, że **97** tłumi interakcję U1A snRNA z Stem-Loop 2 z IC50 o wartości 1 μM. Substancja **27** nie wykazała żadnego efektu aż do stężenia 10 mM. Stechiometria 2:1 (**97**:U1A snRNA) może być oznaczona za pomocą doświadczenia miareczkowania opartego na samofluorescencji akrydyny. [111]

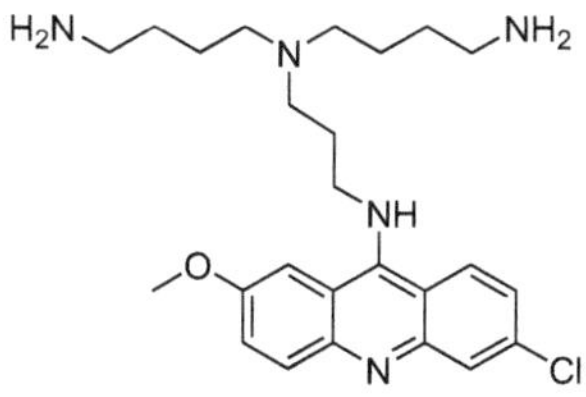

H_2N N NH_2 NH O N Cl

97

3.5.2 GNRA Tetra-Loop

W GNRA, R oznacza purynową podstawę. Struktura pośredniczy w kontaktach trzeciorzędowych, ponieważ występują one w intronach grupy I, rybozymach i rybosomach. Spośród badanych związków tylko substancja **97** powinowactwo (KD = 1,6 μM) i stechiometrię 1:1. [112]

Odeoxystreptamina 2-Deoxystreptamine**98**) (DOS) to ligand, który wiąże pętle spinki do włosów z millimolarnym powinowactwem. Wprowadzając linki o różnej długości każdego rodzaju, podejmowano próby osiągnięcia umiarkowanych powinowactw wiążących. Ściemniacze DOS (**99** i **100**) badano pod kątem ich pokrewieństwa z pętlami tetra-, heksa-, hepta- i okta-hairpin. Afinity w niższym zakresie μM można osiągnąć przy użyciu substancji **99** i **100** przypadkach, w których zaobserwowano wiązanie z pętlą spinki do włosów, zaobserwowano porównywalne podobieństwa do pełnego zakresu pętli spinki do włosów, co odróżnia klasę ściemniaczy DOS (**99** i **100**) jako ogólną klasę substancji wiążącej pętlę spinki do włosów RNA. Wykazano, że Dimer **100** jest najpotężniejszym urządzeniem o wartości KD 6 μM, które również łączy się z pętlami hepta o różnych sekwencjach o tym samym powinowactwie. Wykazano, że charakter dimeryczny i oddziaływania elektrostatyczne są niezbędne w przypadku związków **101** i **102** nie można wykazać interakcji z RNA pętli do włosów. [113]

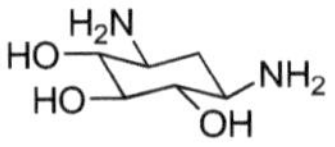

98

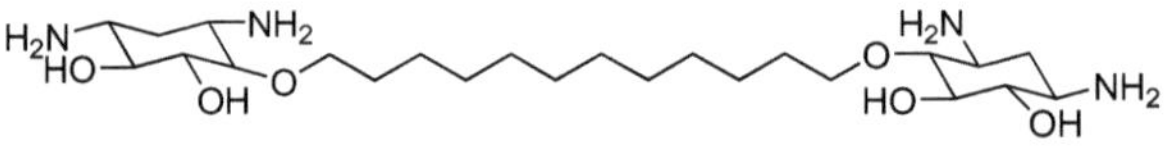

99

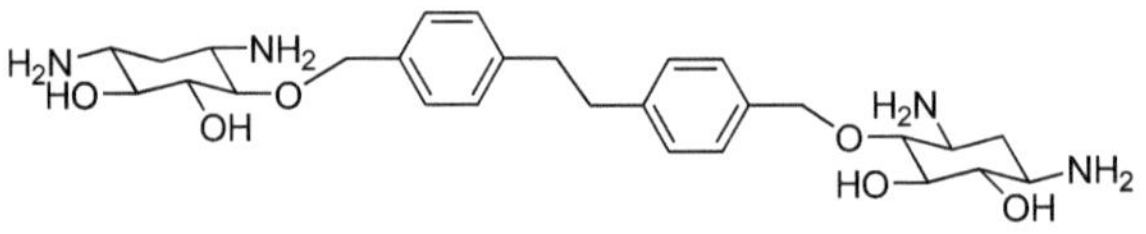

100

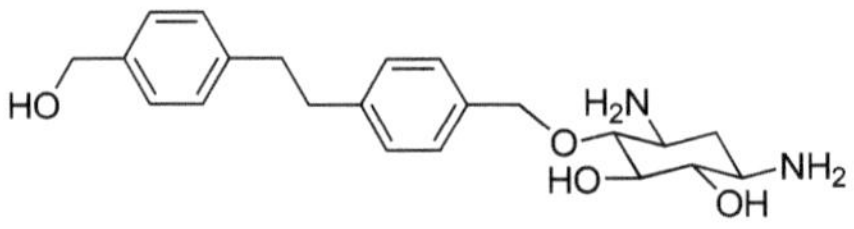

101

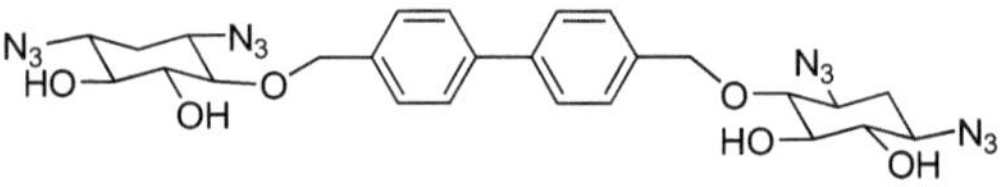

102

4. KWAS NUKLEINOWY PEPTYDOWY (PNA)

W poszukiwaniu nowych metod diagnostyki DNA i terapii oligonukleotydami podejmowano próby optymalizacji oligonukleotydów poprzez modyfikację kręgosłupa cukrowo-fosforanowego lub nukleobaz. Kwas nukleinowy peptydowy (PNA) jest imitacją DNA, które może hybrydyzować z kwasami nukleinowymi, co jest możliwe dzięki zastosowaniu komplementarnych nukleobaz.

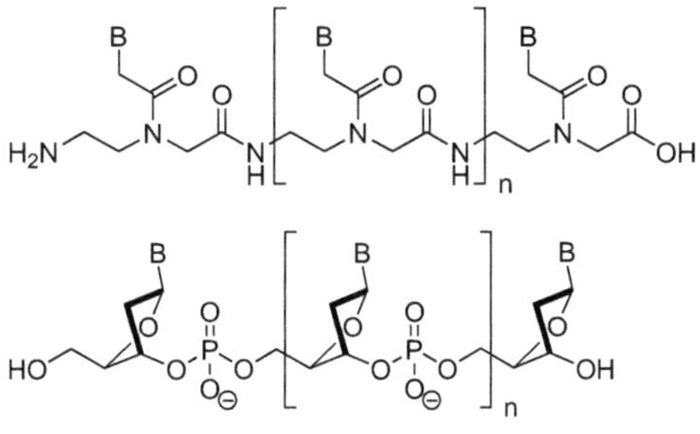

Rysunek 12: Struktura PNA i DNA. B = nukleobaza

Zastosowanie podstawowej struktury podobnej do peptydów pozwoliło na stworzenie neutralnej imitacji DNA, dzięki czemu uniknięto odpychania elektrostatycznego pomiędzy imitacją a ujemnie naładowanym DNA lub RNA. Kolejną zaletą chemii peptydowej jest fakt, że monomery PNA mogą być połączone z oligomerami poprzez syntezę fazy stałej. [114] Grupy reporterów, interkalatory i inne pozostałości mogą być sprzężone z terminusem N lub C. Oligomery PNA są stabilne wobec nukleaz i proteaz, a ich achiralny charakter sprawia, że oczyszczanie do czystości enancjomerów jest zbędne. [115]

4.1 Monomeryczne bloki konstrukcyjne do syntezy PNA

4.1.1 Synteza chronionej sieci szkieletowej N-aminoetyloglicyny

Monomeryczne bloki konstrukcyjne do syntezy PNA różnią się rodzajem grupy ochronnej grupy aminowej, strukturą szkieletu i/lub nukleazy.

Klasyczny monomer PNA składa się z aminokwasu N-(2-aminoetylo)glicyny, w którym wtórna grupa aminowa została acylowana pochodną kwasu octowego noszącego nukleobazę. Grupy ochronne kwasowe lub bazowe labilne są zwykle stosowane w grupie aminokwasów pierwotnych.

Prezentacja monomerów prowadzi do osiągnięcia celu na dwa sposoby: najpierw synteza użytecznej chronionej N-aminoetyloglicyny, a następnie prezentacja pochodnej kwasu octowego nukleobazy. [116]

Poniższe rysunki przedstawiają trzy najważniejsze procesy frahlingu aminoetylo-glicyny:

1) alkilacja etylenodiaminy pochodnymi kwasu halogenooctowego[117-120]:

1. $ClCH_2COOH$ 2. MeOH/HCl 3. $(Boc)_2O$, Dioxan/H_2O

1. $(Boc)_2O$, NEt_3, CH_2Cl_2 2. $ClCH_2COOtBu$, NEt_3

1. $BrCH_2COOtBu$, CH_2Cl_2 2. Fmoc-ONSu, DIPEA

1. $ClCH_2COOH$ 2. EtOH/HCl 3. Mmt-Cl, NEt_3, CH_2Cl_2

BocHN, BocHN, FmocHN, MmtHN

2) redukcyjne aminowanie estrami glicyny i chronionymi aminoacetaldehydami[121]:

1. $(Boc)_2O$, NaOH, H_2O 2. KIO_4, H_2O — H_2NCH_2COOMe*HCl, NaOAc, H_2, Pd/C

1. $(Boc)_2O$, NaOH, H_2O 2. $NaIO_4$, H_2O — H_2NCH_2COOEt*HCl, $NaBH_3CN$, MeOH

3) redukcyjne aminowanie etylenodiaminą i kwasem glioksylowym[122, 123]:

1. H_2, Pd/C, H_2O 2. MeOH/HCl — x 2HCl

Mmt-Cl, DMF, NEt_3 — MmtHN

1. Fmoc-(ONSuc), Dioxan/H_2O 2. MeOH/HCl — FmocHN, x HCl

Pochodne kwasu octowego nukleobazy mogą być teraz sprzężone z niechronioną aminą wtórną syntetyzowanej pochodnej aminoetylo-glicyny.

4.1.2 Synteza nukleobaz

Do syntezy pochodnych kwasu octowego nukleobaz wymagane są dodatkowe grupy ochronne w postaci benzylokarbonylu, 4-tert-butylobenzoilu, anizoilu i mmt dla nukleobazy lub brak dodatkowej ochrony, jak w przypadku tymianku. Łącznik kwasu octowego jest następnie wprowadzany poprzez alkilację estrów i zmydlanie kwasu halogenowego lub poprzez bezpośrednią alkilację kwasem bromooctowym. [124, 125]

W pierwszej syntezie PNA przygotowano monomery z grupą ochronną Boc z kwasem trifluorooctowym w grupie aminokwasów pierwotnych (patrz Rysunek 13). *Egzcykliczne* grupy funkcyjne nukleobaz były chronione przez grupy Cbz i/lub benzylowe, które można rozszczepiać przez dodanie kwasu fluorowodorowego lub kwasu trifluorometanosulfonowego. [124]

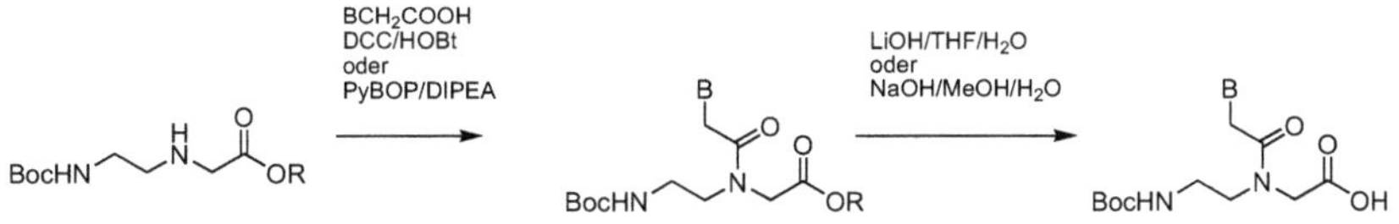

Rysunek 13: Synteza chronionego przed Boc monomeru PNA

Standardowe odczynniki sprzęgające do syntezy peptydów, takie jak DCC/HOBt lub PyBOP® wykorzystano do połączenia pochodnej kwasu octowego nukleobazy z aminą wtórną aminokwasów chronionych Boc. Bloki te nie nadają się do syntezy chimerów PNA/DNA, ponieważ silnie kwaśne warunki (TFA/HF), które byłyby niezbędne do deprotekcji, prowadziłyby do oczyszczenia części DNA oligomeru. Ponieważ monomery chronione Mmt są rozszczepiane w łagodnych warunkach (kwas trójchlorooctowy), są one wykorzystywane do syntezy oligomerów, takich jak kominiarki PNA/DNA.
Ogólnie rzecz biorąc, poszukiwano zgodności ze standardowymi syntezami oligonukleotydów poprzez zastosowanie podstawowych grup ochronnych na *egzocyklicznych* grupach aminowych nukleobaz: adeniny, cytozyny i guaniny. [124]

4.1.3 Monomery z podstawą labilną grupą ochronną N

Syntezę tych monomerycznych bloków konstrukcyjnych pokazano na Rysunek 14. S. A. Thomson i wsp. [118] połączyli grupę ochronną Fmoc ze strategią grupy ochronnej Cbz w nukleobazach P. E. Nielsena i wsp. Zastosowanie HCl/dioksanu lub TFA prowadzi do wyeliminowania *estrów tert-butylowych*. Dodanie trietylsilanu w tym etapie jest konieczne tylko po to, aby zapobiec oddzieleniu grup ochronnych Cbz na składniku adeninowym. Możliwe są również połączenia z monomerem PNA z odczynnikami TOTU lub PyBOP. Większą trudność z monomerem PNA stanowi rozszczepienie estrów metylowych bez atakowania grupy ochronnej Fmoc. Zaobserwowane częściowe rozszczepienie grupy ochronnej Fmoc podczas hydrolizy estrów metylowych może być odwrócone przez niewielką ilość Fmoc(ONSu) przed ponownym przetworzeniem. [118, 122]

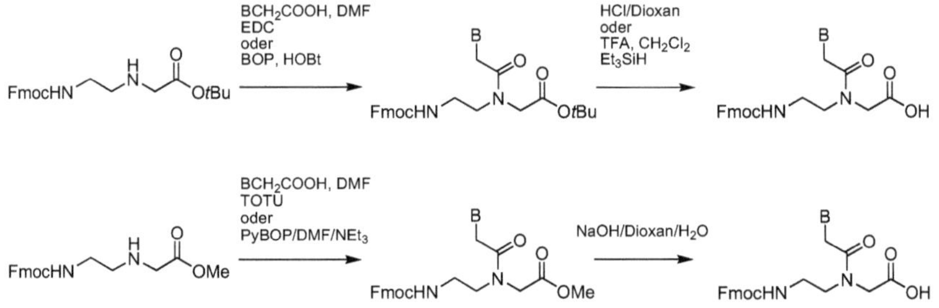

BCH_2COOH, DMF
EDC
oder
BOP, HOBt
HCl/Dioxan
oder
TFA, CH_2Cl_2
Et_3SiH
BCH_2COOH, DMF
TOTU
oder
PyBOP/DMF/NEt_3
NaOH/Dioxan/H_2O

Rysunek 14: Synteza chronionego przed Fmoc monomeru PNA

4.1.4 Monomeryczne bloki budowlane PNA z zmodyfikowanym kręgosłupem

Znane są zarówno homologiczne, jak i zmodyfikowane struktury kręgosłupa N-aminoetyloglicyny. Istnieją różnice w długości kręgosłupa (**103**) (n = 1-3), tulei dystansowej (**104**) i rodzaju połączenia (**105**)[126]:

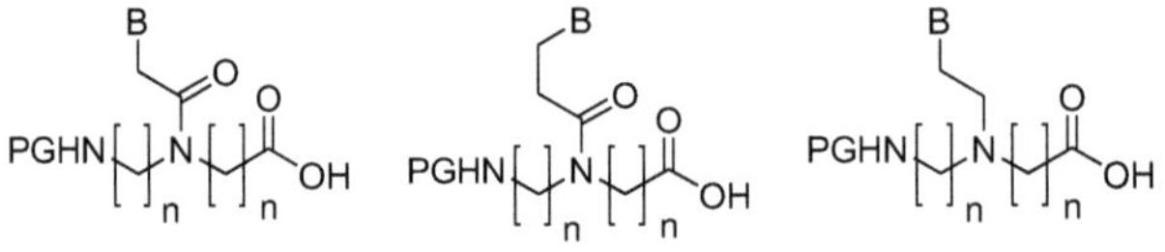

103 **104** **105**

Znane są również monomery z centrum chiralnym, które są reprezentowane przez redukcyjne aminowanie Boc alaninala estrem metylowym glicyny (**106**) lub Boc glycinala z estrami aminokwasowymi (**107**), a następnie sprzężenie pochodnych kwasu octowego nukleobazy. [127, 128]

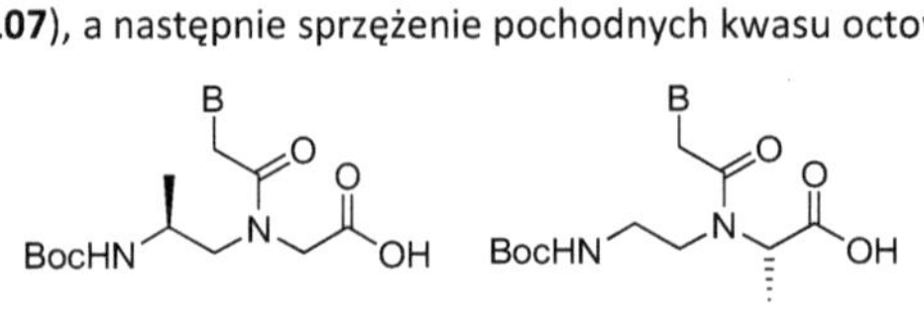

106 **107**

Dalsze modyfikacje oparte są na ornitynie (**108**), prolinie (**109**) (**110**) oraz

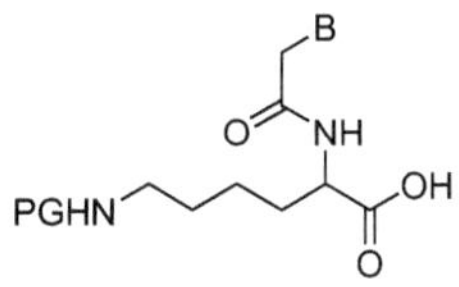

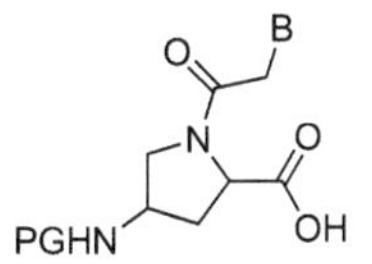

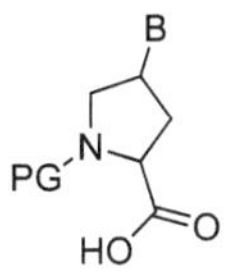

108 **109** **110**

Diaminocykloheksan (**111**). Monomery olefinowego PNA (**112**), w którym centralne wiązanie amidowe zostało zastąpione podwójnym wiązaniem C-C o określonej konfiguracji, również należą do monomerów wykorzystywanych w syntezie oligomerów. [129-132]

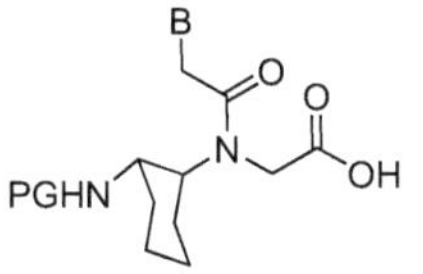

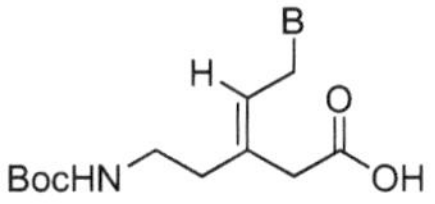

111 **112**

Synteza oligomerów jest syntezą fazy stałej, która po przeprowadzeniu testów optymalizacyjnych z użyciem odczynnika sprzęgającego HBTU i triflatu N1-benzylooksykarbonylo-N3-metyloimidazolu jako odczynnika zamykającego wykazuje najwyższą skuteczność sprzężenia. Jako reakcje uboczne syntezy oligomerów znana jest reakcja przeniesienia N-acylu (patrz: Rysunek **15**) w warunkach podstawowych lub obojętnych oraz rozszczepienie jednostki N-końcowego PNA (patrz: Rysunek **16**) podczas rozszczepiania grupy ochronnej Fmoc z piperydyną. [118, 133]

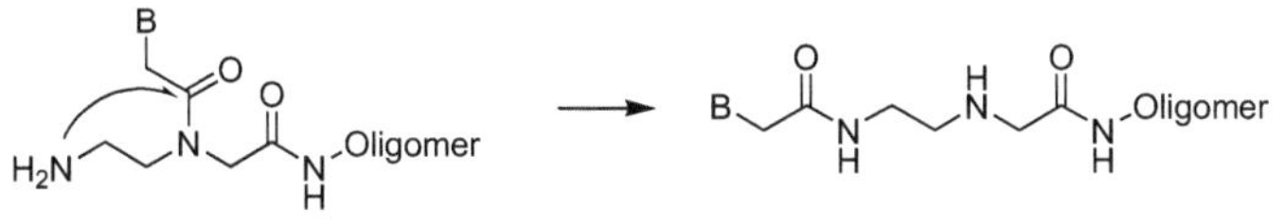

Rysunek 15: Reakcja przeniesienia N-acylowa

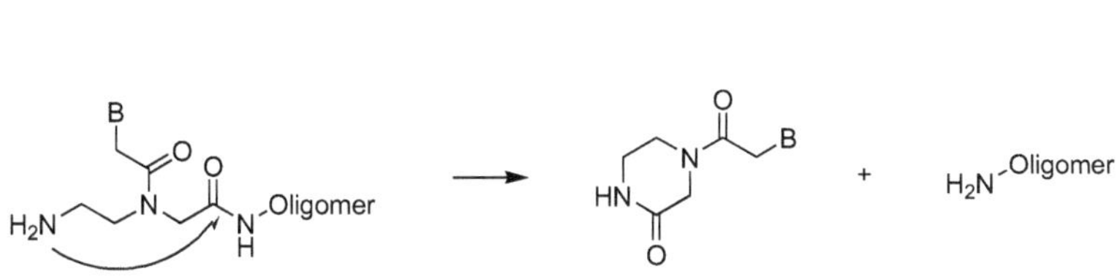

Rysunek 16: Podział jednostki N-końcowej PNA

4.2 Stabilność chemiczna

PNA są stabilne kwasowo, dzięki czemu grupy ochronne, które mogą być rozszczepiane przez bezwodny HF lub kwas trifluorometanosulfonowy, mogą być wykorzystywane do syntezy PNA. Nadawana jest również stabilność w słabych warunkach podstawowych, dzięki czemu można stosować również grupy ochronne, które są rozdzielane przez amoniak lub grupę ochronną Fmoc, które mogą być rozdzielane przez piperydynę. [118, 123] PNA są niestabilne w podstawowych warunkach, ponieważ wolna grupa aminowa pozwala na wyżej wymienione reakcje uboczne, takie jak reakcja przeniesienia N-acylu (Rysunek 15) i rozszczepienie jednostki N-końcowego PNA (Rysunek 16). 118, 133] Reakcje uboczne mogą być tłumione przez ograniczenie grupy aminowej N-końcowej przez grupę acetylową.

4.3 rozpuszczalność

Czyste PNA są związkami obojętnymi z tendencją do samozagregacji i niską rozpuszczalnością w wodzie. Rozpuszczalność zwiększa się poprzez wprowadzenie grup naładowanych, takich jak C-końcowy lizynamid lub modyfikację kręgosłupa PNA poprzez wymianę glicyny przez lizynę. Ogólnie rzecz biorąc, można powiedzieć, że nierozpuszczalność wzrasta z powodu długości oligomeru PNA i zwiększonego stosunku puryny do pirymidyny. [115]

4.4 wiążące powinowactwa

PNA wiąże się z komplementarnym DNA, a jeszcze lepiej z komplementarnym RNA. Jednak największe podobieństwa wiążące występują w uzupełniającym się PNA. Ze względu na nieobciążony stan PNA, są one predestynowane do tworzenia spiralnych struktur trypletowych. Zamiast tego, dodanie PNA do dwuniciowego DNA często prowadzi do powstania struktur (PNA)2*DNA, które wynikają z przemieszczenia dwuniciowego DNA zamiast obliczonych struktur PNA*(DNA)2 , które mogą być obserwowane tylko w pewnych sekwencjach. Jeśli jednak sekwencja nie nadaje się do tworzenia struktur trójpletowych, wówczas występują struktury PNA*DNA lub PNA*RNA lub PNA*PNA. Wytrzymałość dupleksu zależy od długości i odpowiedniej wytrzymałości jonowej, ponieważ wzrost stężenia soli zwiększa stabilność hybrydy DNA*DNA w porównaniu do dupleksu PNA*DNA, dopóki stabilność obu dupleksu nie będzie taka sama. Nawet wyższe stężenia soli nie mają wpływu na stabilność. Zależność od stężenia soli można wyjaśnić przez skojarzenie przeciwstawień w przypadku tworzenia dupleksu DNA*DNA oraz przez przemieszczenie przeciwstawień w przypadku dupleksu PNA*DNA. Kiedy glicyna w kręgosłupie zostaje zastąpiona innym aminokwasem, preferowana jest konfiguracja D. W przeciwnym razie stabilność zależy od odpowiedniego aminokwasu. Małe nienaładowane aminokwasy, takie jak D-alanina lub D-seryna, nie mają wpływu na stabilność dupleksu. Łańcuchy boczne naładowane dodatnio, takie jak D-lizyna, mają działanie stabilizujące, a naładowane ujemnie łańcuchy boczne, takie jak kwas glutaminowy, mają działanie destabilizujące. [114, 116]

4.5 Struktura dupleksu PNA*RNA*RNA

Oznaczenie struktury NMR heksamer dupleksu PNA*RNA wykonano przy użyciu ^{13}C i ^{15}N wzbogaconych nukleobaz. Wykazano, że wszystkie bazy tworzą standardowe wiązania wodorowe Watson-Crick i że kąt skręcania glikozydowego RNA jest *przeciwny*, połączony z typowym składaniem cukru C3'-endo. Ogólna struktura splotu RNA jest zbliżona do spiralnej geometrii standardowej kształtu A. Oznacza to, że grupa karbonylowa na amid trzeciorzędowy w kręgosłupie PNA jest umieszczona izosterycznie w stosunku do grupy C2'-hydroksylowej RNA, co sprzyja maksymalnej ekspozycji dodatkowego tlenu karbonylowego na kręgosłupie na rozpuszczalnik. Wiązanie amidowe trzeciorzędowe PNA jest wyłącznie *cis-konfiguracją* i nie ma dowodów na wewnątrzcząsteczkowe lub międzycząsteczkowe wiązania wodorowe amidów wtórnych. [116, 126]

4.5.1 Struktura dupleksu PNA*DNA*DNA

Informacje strukturalne uzyskano w badaniach spektroskopowych NMR dwóch antyrównoległych dupleksu PNA*DNA (8-mer i 10-mer). Zgodnie z tym, nić DNA jest podobna do formy B z *antykonformacją* glikozydową i deoksyrybozą w formie C2'-endo. Eksperymenty NOESY pokazały parowanie bazy Watsona-Cricka. Dalsze badania spektroskopowe NMR antyrównoległych dupleksu PNA*DNA wykazały również charakterystykę DNA zarówno w kształcie litery A (boczne ustawienie pary podstawowej), jak i litery B (krzywizna kręgosłupa, nachylenie par podstawowych i nachylenie spiralne). Praworęczna spirala zawiera około 13 par bazowych na 360°, w porównaniu z dziesięcioma parami bazowymi dla formy B DNA. Główny rowek jest poszerzony, mniejszy - płaski i wąski. Układanie w stosy podstawy różni się znacznie w ramach sekwencji. Pierwotne wiązania amidowe kręgosłupa PNA znajdują się, bez wyjątku, w *konfiguracji trans*. Grupa karbonylowa nukleobazy szkieletowej wskazuje na C-końcówkę nici PNA, podczas gdy grupy amidowo-karbonylowe kręgosłupa, z pewnymi wyjątkami, wskazują na zewnątrz do rozpuszczalnika. W dupleksie PNA*DNA nie ma dowodów na to, że pomiędzy grupą amidową i karbonylową kręgosłupa powstają wiązania wodorowe. [116, 126]

4.5.2 Struktura $(PNA)_{2}$*DNA potrójne heliksy DNA

Analiza struktury rentgenowskiej potrójnej spirali DNA $(PNA)_{2}$*DNA wykazała, że nukleobazy nici PNA wiążą się z DNA poprzez parowanie bazy Watsona-Cricka i Hoogsteena. Prowadzi to do powstania "helisy P" z 16 nukleobazami na 360°. Grupy fosforanowe DNA są połączone z aminą kręgosłupa PNA poprzez wiązanie wodorowe. Te wiązania wodorowe, wraz z dodatkowymi siłami van der Waalsa i brakiem odpychania elektrostatycznego, są głównymi przyczynami ogromnej stabilności potrójnych heliksów. Deoksyryboza nici DNA jest, podobnie jak w postaci A DNA, w konformacji C3'-endo (patrz rysunki 25 i 26). Nukleazy są prawie prostopadłe do osi spirali, co jest charakterystyczne dla formy B DNA. Oddziaływania Watson-Crick PNA-DNA są dodatkowo stabilizowane przez wiązania wodorowe rozpuszczalnika z rowkiem o mniejszym znaczeniu. [116, 126]

4.5.3 potrójna spirala

Oligomery PNA o wysokim stosunku pirymidyny do fioletu wiążą się z komplementarnym DNA normalnie do stabilnej $(PNA)_{2}$*DNA potrójnej helisy. W przypadku bogatych w C PNA i bogatych w GC dupleksu DNA powstają potrójne heliksy PNA*$(DNA)_{2}$. Tworzenie się potrójnej spirali zależy od selektywności półproduktu PNA*DNA*DNA. Również tworzenie się potrójnej spirali zawierającej cytozynę w PNA zależy od pH, tak więc największa stabilność obserwowana jest przy pH 5 (C+GC) (Rysunek 17).

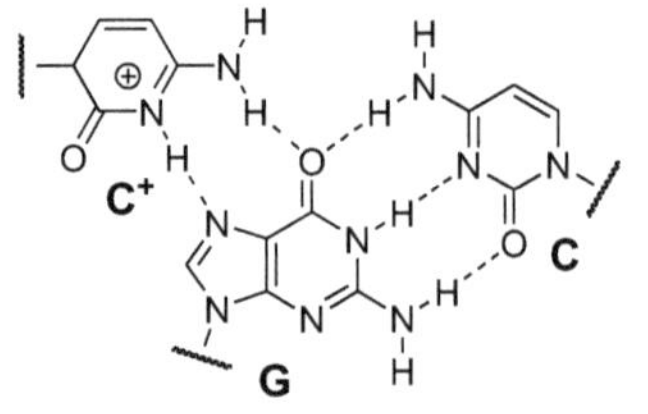

Rysunek 17: Potrójna podstawa C+GC

Zaskakujący jest jednak fakt, że stabilny kompleks jest również obecny przy pH 9 (CGC). Można to wyjaśnić faktem, że cytosyna wchodzi w parę bazową Hoogsteena tylko z jednym mostem wodorowym lub że wartość pKa cytozyny w spirali potrójnej jest znacznie zwiększona, tak że możliwa jest częściowa protonacja. PNA tworzy również stabilne $(PNA)_{2*RNA}$ potrójne heliksy z RNA. Chociaż te formacje były mniej badane niż potrójne heliksy DNA, Tm są podobne. Poprzednie dane dotyczące tworzenia się potrójnych heliksów z RNA uzyskano głównie w doświadczeniach biologicznych. Na przykład, tłumaczenie CAT mRNA może być zahamowane przez tworzenie się potrójnej spirali z PNA. Tworzenie dupleksu z PNA, z drugiej strony, nie miało właściwości hamujących. [114, 115, 134-136]

4.6 Stabilność w systemach biologicznych

W przypadku stosowania PNA jako antygenów i leków antysensownych konieczne jest podanie wystarczająco wysokiej stabilności w surowicy i komórce. Ze względu na strukturę przypominającą peptydy, możliwy jest możliwy rozkład za pomocą peptydaz lub proteaz. Jednak w ekstraktach komórkowych i surowicy ludzkiej oligomery PNA wykazują zwiększoną stabilność. W doświadczeniach porównawczych stwierdzono, że niemodyfikowany oligonukleotyd $(T)_8$ ma okres półtrwania kilku minut, podczas gdy oligomer PNA $H\text{-}(t)_{8\text{-}Lys\text{-}NH2}$ ma okres półtrwania dwóch dni w tych samych warunkach. [137]

4.7 Pobieranie PNA w komórkach

Wchłanianie PNA przez komórki jest bardzo niskie. Aby umożliwić pobieranie PNA do komórki, przepuszczalność membrany komórkowej jest zwiększana przez dodanie lizolektyny lub detergentów, takich jak Tween 20. Inną metodą jest kowalencyjne mocowanie peptydów do PNA, które selektywnie wiążą się z receptorami powierzchni komórek lub same są peptydami przepuszczalnymi dla komórek, co zwiększa absorpcję komórek.

Za pomocą dializy hipotonicznej możliwe jest wprowadzenie PNA do erytrocytów. Te erytrocyty obciążone PNA są konkretnie fagocytowane przez bydlęce makrofagi. Prowadzi to do wprowadzenia PNA do pożądanych makrofagów, czyli systemu, za pomocą którego możliwe jest selektywne wprowadzanie PNA przez nienaruszone membrany. [138-141]

4.8 Zakaz tłumaczenia

Zahamowanie translacji jest możliwe dzięki zastosowaniu antysensownego PNA na mRNA. Jednakże, PNA mają powolną kinetykę w połączeniu z komplementarnym RNA. Zahamowanie tłumaczenia osiągnięto dzięki zastosowaniu pentadekamera PNA, który był uzupełnieniem obszaru początkowego tłumaczenia mRNA. Niezmodyfikowane oligonukleotydy potrzebowały około 40 razy większego stężenia, aby wykazać ten sam efekt hamowania. Według badań przeprowadzonych przez Knudsen i Nielsen, specyficzne zahamowanie występuje wtedy, gdy PNA są adresowane do końca 5' w pobliżu początkowego kodonu AUG, ale nie wtedy, gdy PNA są adresowane do regionu kodowania. Gdy jednak $(PNA)_{2*RNA}$ tworzą się $_{potrójne}$ heliksy, możliwe jest zahamowanie tłumaczenia przez komplikowanie obszaru kodowania. Ponieważ skuteczność hamowania translacji nie koreluje po prostu z powinowactwem wiążącym, optymalizacja sekwencji jest wymagana dla każdej nowej struktury docelowej. [134, 135]

4.9 Zahamowanie transkrypcji

Transkrypcja może być zahamowana przez tworzenie się potrójnej spirali, przez wprowadzenie do splotu lub przez przemieszczenie splotu. Sposób interakcji PNA z dwuniciowym DNA zależy od podstawowej sekwencji sekwencji. Takie kompleksy mogą tworzyć steryczną blokadę, która ogranicza funkcję polimerazy RNA. PNA, które są komplementarne w stosunku do regionu promotora DNA, tworzą stabilne kompleksy, które utrudniają dostęp do polimerazy. PNA, które wiążą się w obszarze kodowania DNA, mogą również hamować proces transkrypcji. 142] A $(PNA)_{2*DNA}$ $_{triplex}$ może hamować transkrypcję *in vitro.* Pozytywnie naładowane resztki lizyny w splocie PNA mogą drastycznie zwiększyć wskaźniki skojarzenia z dsDNA. M. Lee i wsp. [143] byli w stanie wykazać, że PNAs, które są komplementarne w stosunku do primera genomu HIV-1, blokują inicjację odwrotnej transkryptazy (RT) in *vitro.* Oligomeryczne PNA skierowane do różnych krytycznych regionów genomu wirusa mogą mieć duży potencjał terapeutyczny.

4.10 Aktywacja transkrypcji

Wiążąc PNA z podwójnym pasmem DNA, PNA wypiera pasmo DNA z dupleksu, tworząc strukturę trójpleksową ($(PNA)_{2*DNA}$). Prowadzi to do powstania pętli D w przemieszczonym splocie. Kiedy taki kompleks DNA*((PNA)$_{2*DNA}$) powstaje na niekodogenicznym splocie, jest on rozpoznawany przez polimerazę RNA, dzięki czemu kompleks można uznać za sztuczny promotor. [144]

4.11 Zahamowanie kompleksu Tat/TAR przez PNA

Właściwości PNA tworzące energetycznie stabilne kompleksy PNA*RNA, stabilność w surowicy i wyciągu z komórek ludzkich, specyficzne dla sekwencji rozpoznawanie i aktywność antysensowna czynią PNA*RNA interesującym również zahamowaniem kompleksu Tat/TAR. Zahamowanie transakcji na HIV-1 LTR osiągnięto dzięki zastosowaniu PNA 15mer, uzupełniającego region pętli i wybrzuszenia. Siła hamowania zależy od długości i kolejności PNA. 145] Test przesunięcia ruchliwości żelu wykazał, że anty-TAR-PNA tworzy kompleks stały z TAR-RNA w stosunku molowym 1:1. Dodanie anty-TAR-PNA do kompleksu Tat/TAR prowadzi do wyparcia powstałego kompleksu. Zahamowanie interakcji Tat-TAR-RNA i replikacji HIV-1 zostało potwierdzone badaniami komórkowymi. Wadę niskiej biodostępności PNA kompensowała koniugacja 16mera anty-TAR PNA z peptydami transdukcji membranowej (MTD) Transportan, aminoglikozyd Neomycyna B, penetratyna lub peptyd tatarski. Wykazano, że koniugaty z penetratyną, transportanem-21 i peptydem tatrzańskim są najbardziej skuteczne jako środki anty-HIV. Mechanizm absorpcji nie jest uzależniony od receptora, ani nie występuje poprzez endocytozę. Skoniugowane PNA przenikają nawet przez powłokę wirusową i dezaktywują HIV-1 przed połączeniem z komórką gospodarza. [146-149]

Badanie cyklicznych komplementarnych PNA ujawniło, że cykliczne antysensywne heksa-PNA nie wchodzi w interakcję z TAR-RNA, tworząc kompleks pocałunków, w przeciwieństwie do antysensów liniowych. Zsyntetyzowane okta-PNA z sekwencją [GTCCCAGA]$_n$ (n = 3-5) oparte były na znanych sekwencjach, które przyczyniły się do powstania kompleksu pocałunków i molekularnego modelowania antysensów cyklicznych. Wykazały one silne oddziaływania z TAR-RNA, tak że zakłada się wygenerowanie stabilnego kompleksu składającego się z sześciu par bazowych w pętli TAR-RNA, czyli oddziaływania pętla-pętla. Liniowe PNA z sekwencją Lys-GTCCCAGA-Gln wykazywały słabsze powinowactwo do TAR-RNA niż cykliczne pochodne w badaniach denaturacji termicznej. [150, 151]

5. BADANIA DO CELÓW OCENY INTERAKCJI RNA-LIGAND

W celu określenia wiązania małych cząsteczek z RNA nie można zastosować analizy enzymatycznej, z wyjątkiem inhibitorów rybosomalnych, ponieważ badane RNA zazwyczaj nie posiadają aktywności katalitycznej.

5.1 Badania oparte na fluorescencji

W tej metodzie oligonukleotyd RNA miesza się z fluoroforem lub fluorescencyjną wersją nukleotydu, przy czym sprzężenie fluoroforu następuje albo na końcu oligonukleotydu albo w pobliżu lub w miejscu połączenia liganda. Wiązanie małej cząsteczki prowadzi do konformacyjnej zmiany oligonukleotydu RNA, co powoduje zmianę fluorescencji, ponieważ zmieniło się lokalne środowisko fluoroforu. W ten sposób zmiana konformacyjna może zostać wykryta przez fluorescencję. [152]

Jako fluorescencyjna wersja nukleotydu, nukleotydy z 2-aminopuryną są często stosowane, ponieważ mają one naturalną fluorescencję. Podstawy purynowe: adenina i guanina są zastępowane w nukleotydzie przez 2-aminopurynę. Zaletą tej metody jest selektywne wprowadzanie 2-aminopuryny do struktur wtórnych[99, 153, 154], takich jak pętle lub wybrzuszenia. W związku z tym możliwe jest zbadanie interakcji między ligandami w wybranych miejscach. W praktyce zaobserwowano, że interakcje można zaobserwować również w miejscach oddalonych od nukleotydu z 2-aminopuryną. 99, 154] Kolejną zaletą jest wolny, niezmieniony koniec oligonukleotydu, co otwiera możliwość dalszych metod badawczych.

Uzupełniające podejście polega na wprowadzeniu fluoroforu na 3" lub 5" końcu RNA. Najlepiej, aby wiązanie odbywało się na końcu 5'. Syntetyczna reprezentacja RNA nie jest absolutnie konieczna, ponieważ fluorofor może być wprowadzony za pomocą testu transkrypcyjnego *in vitro*. Wprowadza się enzymatycznie 5'-monofosforotionian guanozyny (5'-GMPS). 155] Badania porównawcze z 2-aminopuryną i końcowym oznaczonym RNA wykazały te same wyniki. Badanie nowych struktur docelowych RNA najlepiej przeprowadzać z etykietami na końcu RNA. [156, 157] Zmiana fluorescencji zależy od odległości między fluoroforem a miejscem wiązania oraz od zakresu konformacyjnej zmiany RNA poprzez wiązanie z ligandem.

Jedną z metod osiągnięcia specyficznej dla danego miejsca metody znakowania fluorescencyjnego w ramach sekwencji bez modyfikacji jest znakowanie nukleotydów pirenem. W sprzedaży dostępny jest znakowany pirenem uracyl, w którym piren jest przymocowany do pozycji 2' poprzez elastyczne ogniwa alkilowe. Metoda ta została z powodzeniem wykorzystana do badania interakcji aminoglikozydów z TAR-RNA. [158] Wadą jest jednak to, że nie wszystkie nukleotydy z etykietą z pirenu są dostępne w handlu, a aromat hydrofobowy zmienia miejsce wiązania.

5.2 Metoda fluorescencyjna z użyciem ligandu fluorescencyjnego do oznaczania przemieszczeń

Alternatywnym podejściem do znakowanego RNA jest zastąpienie ligandu referencyjnego znakowanego fluorescencyjnie. Metoda ma tę zaletę, że badany RNA i ligand przemieszczający są nieoznakowane i nadaje się do badania całych bibliotek związków oraz jest wiarygodna do badań biochemicznych i biofizycznych. Jednakże oznaczenie przemieszczenia może być stosowane tylko wtedy, gdy znana i dostępna jest określona liganda etykietowana. Aminoglikozydy oznaczone fluorescencją są często stosowane jako ligandy przemieszczalne w pętlach wewnętrznych, ale nie w pętlach spinkowych, ponieważ ta struktura wtórna jest tylko słabym miejscem wiązania aminoglikozydów. [159, 160] Anizotropia fluorescencyjna była również wykorzystywana do poszukiwania ligandów zastępujących kompleksy białkowe RNA. [161-163] Metody oparte na transferze energii rezonansu fluorescencyjnego (FRET) są wykorzystywane do wyszukiwania ligandów RNA. [164] Na przykład, w teście, TAR RNA została oznaczona na jednym końcu jako dawca, podczas gdy peptyd tatarski został oznaczony jako akceptor. [37] Interakcja RNA z białkiem i wynikająca z tego aproksymacja chromoforów doprowadziła do efektu FRET. Jest to wzbudzenie dawcy przy świetle o określonej długości fali λ_{ex}. Wzbudzenie to nie jest emitowane w postaci fluorescencji, ale poprzez bezradiacyjny transfer energii (FRET) do akceptora. Widmo emisji dawcy musi pokrywać się ze spektrum absorpcji akceptora i oba chromofory muszą mieć równoległe elektroniczne płaszczyzny drgań. Efektywność transferu energii zależy od odległości pary FRET:

$$E = \frac{1}{1 + (R/R_0)^6}$$

E = Transfer energii w systemie FRET

R = odległość barwników od siebie

RO = odległość, na którą przekazywane jest 50 % energii (promień Förstera).

FRET może być wykryty poprzez zmniejszenie intensywności fluorescencji dawcy lub poprzez zwiększenie intensywności fluorescencji akceptorowej. [163]

Analiza zastosowana w niniejszym dokumencie (Rysunek 19) również opiera się na tym efekcie. Stosowany jest 16mer Tat peptyd (FtatRhd) zawierający sekwencję Tat49-57 (Rysunek 18).

HN–C(=S)–NH–AAARKKRRQRRRAAAC–$CONH_2$

Rysunek 18: Struktura 16-metrowego peptydu tatrzańskiego (FtatRhd)

Dalsze aminokwasy dodawane były do peptydu jako łączniki w celu uniknięcia interakcji pomiędzy barwnikami. Dwie pary FRET znajdują się w N-terminusie (fluoresceina) i C-terminusie (tetrametylrodamina) peptydu. Poprzez wzbudzenie oznaczonego peptydu FtatRhd w pobliżu maksimum absorpcji barwnika dawcy Fluoresceina przy długości fali 489 nm, następuje FRET na akceptorze. Światło ostatecznie emitowane przez akceptor przy 590 nm może zostać wykryte.

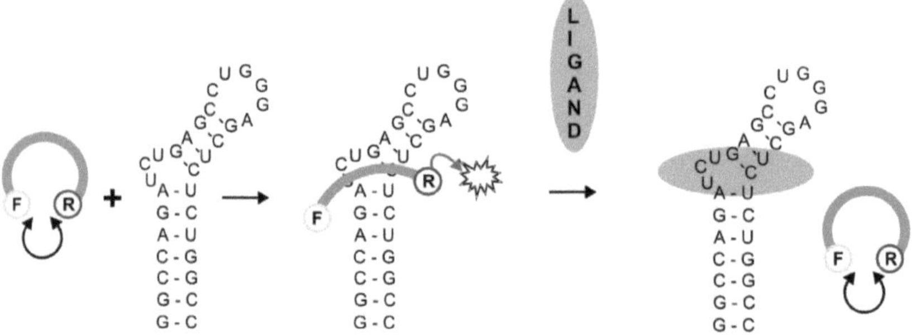

Rysunek 19: Model testu FRET według Matsumoto i in.

W stanie wolnym oznaczonego peptydu zakłada *losową konformację cewki*. Ze względu na małą odległość pomiędzy tymi dwoma barwnikami, fluorescencja jest tłumiona po wzbudzeniu fluoresceiny. Wiązanie z TAR-RNA prowadzi do rozciągniętej budowy peptydu, co zwiększa odległość od dawcy do barwnika akceptującego i tym samym kwantową wydajność fluorescencji. Dodanie ligandu RNA prowadzi do przemieszczenia kompleksu tak, że peptyd tatrzański ponownie zakłada *losową konformację cewki*. Spadek kompleksu Tat/TAR można zatem zmierzyć ilościowo poprzez pomiar fluorescencji i określić wartość IC50 ligandu RNA. [163, 164]

Stała dysocjacji KD FtatRhd i TAR-RNA może być określona na podstawie zastosowania emisji FRET FtatRhd w stosunku do stężenia TAR-RNA przy stałym stężeniu FtatRhd. W przypadku stechiometrii 1:1 stosuje się następujące równanie:[165].

$$I = I_0 + \frac{\Delta I}{2}([RNA]_0 + [FtatRhd]_0 + K_D - \sqrt{([RNA]_0 + [FtatRhd]_0 + K_D)^2 - 4[RNA]_0 \times [FtatRhd]_0})$$

I = intensywność fluorescencji FTatRhd w obecności RNA

I0 = intensywność fluorescencyjna FTatRhd przy braku RNA

ΔI = różnica między intensywnością fluorescencyjną FtatRhd w obecności nieskończonego stężenia RNA i braku RNA

RNA]o = stężenie RNA na początku reakcji.

FtatRhd]o = stężenie FtatRhd na początku reakcji

5.3 Metody NMR

Za pomocą spektroskopii NMR możliwe jest dokładne określenie miejsca wiązania ligandów, nawet przy powinowactwach w zakresie mM. 166] Możliwe jest również pokazanie zmian konformacyjnych wywołanych wiązaniem ligandu. NMR jest również wykorzystywany do odkrywania nowych ligandów białkowych, dla których opracowano różne techniki NMR, aby pomóc wyjaśnić związek pomiędzy strukturą i aktywnością. Doprowadziło to do powstania bibliotek fragmentarycznych. 167] Bezpośrednie wiązania ligandów do RNA można badać za pomocą iminoprotonów (1D) lub chemicznych przesunięć pirymidyny H5-H6 (2D), choć można również wykorzystać doświadczenia standardowe (1D). 166] W przypadku TAR-RNA, HIV-2 TAR jest stosowany, ponieważ posiada tylko jedno wybrzuszenie składające się z dwóch nukleotydów, a tym samym umożliwia lepszą rozdzielczość dzięki ograniczonej mobilności. Przynależność liganda można uzyskać przez miareczkowanie, podobnie jak rodzaj wiązania przez doświadczenia porównawcze ze znanymi ligandami RNA. Nawet przemieszczenie kompleksu RNA/liganda przez konkurencyjną cząsteczkę może być obserwowane poprzez zmianę sygnałów iminoprotonów w NMR. 167] Wgląd w dynamikę i funkcję RNA z rozdzielczością atomową jest możliwy dzięki ligandowi RNA sprzężonemu z łącznikiem czułym na określoną długość fali. Napromienianie laserowe prowadzi do uwolnienia ligandu, tak że fałdowanie selektywnie oznakowanego izotopowo RNA indukowanego przez ligand może być obserwowane w sposób rozwiązany w czasie. [168] Inne eksperymenty NMR wykorzystują pomiary rezonansu wolnego liganda w stosunku do rezonansu liganda w postaci związanej. [107, 169-172] LOGSY (water-ligand obserwowany przez spektroskopię gradientową) jest eksperymentem NMR opartym na magnesowaniu wody otaczającej ligand. Można zatem odróżnić ligand wolny od ligandu związanego. [169] Wadą eksperymentów NMR jest duża ilość RNA lub RNA z oznakowaniem izotopowym. Większe ilości RNA otrzymuje się zazwyczaj w drodze syntezy fazy stałej, gdzie RNA oznaczone ^{15}N i ^{13}C można uzyskać głównie w drodze transkrypcji *in vitro*. Specyficzne dla stron www ^{19}F znakowane RNA otrzymuje się również głównie w drodze syntezy fazy stałej, ale nie zawsze ma to zastosowanie. [173]

5.4 Metody ESI-MS (spektrometria masowej jonizacji natryskowej elektrolitycznej)

Elektrospray Ionisation Mass Spectrometry (ESI-MS) jest delikatną metodą jonizacji, która pozwala na oznaczenie ciężaru cząsteczkowego kompleksów receptor-ligand w fazie gazowej. ESI-MS jest testem niezależnym od zmian konformacyjnych spowodowanych złożonością i nie wymaga znakowania. Możliwe jest wyznaczenie przybliżonej stałej asocjacji liganda RNA i stechiometrii poprzez zwiększenie ciężaru cząsteczkowego RNA. [174] W doświadczeniach porównawczych interakcji aminoglikozydów z miejscem 16S A z testami rozpuszczalnikowymi zmierzono spójność danych. [175] Aktywacja w wyniku zderzeń prowadzi do dysocjacji kompleksów w fazie gazowej, dzięki czemu możliwe jest określenie miejsca połączenia ligandu z RNA z fragmentów. [174] ESI-MS jest stosowany do badania przesiewowego dużych bibliotek substancji. Wadą metody jest usunięcie soli z próbek, które są niezbędne do przygotowania i które zwykle w istotny sposób przyczyniają się do wiązania energii i selektywności. W związku z tym oddziaływania ligandowe wyznaczone z fazy gazowej mogą różnić się od oddziaływań fazy rozpuszczalnika jonowego. [176]

5.5 MALDI-MS (Matrix Assisted Laser Desorption/Ionization-Mass Spectrometry)

Matrix Assisted Laser Desorption/Ionization-Mass Spectrometry (MALDI-MS) opiera się na współkrystalizacji dużej nadwyżki matrycy do analizy. Pobudzenie cząsteczek matrycy za pomocą wysokoenergetycznych impulsów laserowych prowadzi do wybuchowej separacji cząstek, a tym samym do przeniesienia analitu do próżni spektrometru masowego. Kompleksy powstałe w wyniku specyficznego oddziaływania A-Site RNA z neomycyną mogą być badane zarówno za pomocą ESI-MS, jak i MALDI-MS. Uzyskane dane były zgodne z ESI-MS, chociaż twarda natura procesu MALDI i heterogeniczna morfologia preparatu spowodowały większe rozproszenie w tworzeniu kompleksu. [177]

5.6 LILBID-MS (Laser Induced Liquid Bead Ion Desorption-Mass Spectrometry)

LILBID-MS (Laser Induced Liquid Bead **Ion** Desorption-Mass Spectrometry) jest niezwykle delikatną metodą analizy masowej kwasów nukleinowych i ich kompleksów w roztworze. Mikrokropelki wodne są wstrzykiwane do próżni i napromieniowywane impulsami lasera IR. Po kolejnej fazie eksplozji jony rozpuszczonej biocząsteczki są emitowane do próżni. Analiza jest następnie wykonywana za pomocą spektrometrii masowej czasu lotu. Dzięki bardzo łagodnej metodzie, możliwe jest badanie specyficznych kompleksów niekowalentnych. Kolejne zalety to wysoka tolerancja różnych buforów i detergentów oraz fakt, że stan naładowania badanych jonów jest taki sam jak w roztworach, dzięki czemu środowisko naturalne jest prawie naśladowane. Wymagane ilości roztworu, które mają być analizowane w kilku µL stężenia µM, pozwalają na analizę substancji, która ma być analizowana w zakresie pmol. W porównaniu z obecnymi metodami ESI i MALDI, LILBID jest alternatywną metodą, która może być korzystna dla badań nieowalentnych kompleksów biopolimerów. Dzięki tej technice możliwe jest badanie kompleksów RNA/ligand i pokazanie ich stechiometrii. Można wykazać, że można badać duże kompleksy makromolekularne w zakresie m/z do 1 MDa. W tym obszarze można zbadać 50S rybosomy *thermus thermophilius.* [178]

5.7 Analiza selektywności

Określenie selektywności małych cząsteczek dla różnych struktur docelowych RNA jest bardzo przydatne, gdy znane są konkurujące RNA z odległymi strukturami docelowymi. Zgodnie z szacunkami około 15 % wszystkich RNA w komórce stanowią tRNA, dzięki czemu mogą być wykorzystywane do analiz selektywności. 24] Badanie to rozpoczyna się od selektywności z innymi testami, takimi jak oznaczane fluorescencyjnie RNA, wypieranie fluorescencyjnego ligandu i testy odcisków stóp i powtarza eksperyment z nadmiarem dostępnych w handlu *E. coli* tRNA. 179] Wszelkie odchylenia od wcześniej zmierzonego powinowactwa ligandu przypisuje się wiązaniu ligandu z obecnie dodanym tRNA, dzięki czemu można dokonać przynajmniej szybkiej oceny możliwych działań selektywnych. Test selektywności jest mylący w odniesieniu do niektórych cząsteczek, w tym aminoglikozydów. Po dodaniu tRNA, wartość IC50 tylko nieznacznie odbiegała od poprzednio zmierzonej wartości, ale nie jest to zgodne z doświadczeniami z aminoglikozydami, które wiążą się z wieloma różnymi RNA i strukturami wtórnymi o takim samym powinowactwie. [179, 180]

Innym podejściem do określania selektywności jest wykonywanie testów wiązań potencjalnych ligandów z RNA o różnej długości i kolejności. Jednym z problemów tego podejścia jest to, że nawet w przypadku małych oligomerów RNA, liczba możliwych wariantów sekwencji jest bardzo duża, aby wytworzyć każdą możliwą sekwencję RNA indywidualnie i zbadać jej oddziaływanie z małymi cząsteczkami. Badania selektywności przeprowadzone w ramach tej tezy zostały przeprowadzone przy użyciu dzikiego typu TAR RNA, bezwybiegowego TAR RNA i bez pętli TAR RNA (Rysunek 38, Rysunek 39i Rysunek 40). [179, 180]

5.8 Spektroskopia korelacji fluorescencyjnej (FCS)

FCS jest metodą jednocząsteczkową, która pozwala na oznaczenie stałych wiążących. Właściwości dynamiczne cząsteczki w fazie ciekłej, takie jak ruchliwość cząsteczki lub jej zachowanie dyfuzyjne, zależą nie tylko od masy, ale także od kształtu, na który silny wpływ ma jej otoczenie i częściowo wiążący partnerzy. W eksperymencie FCS zmiana mobilności małego, specjalnie oznakowanego ligandu, który wiąże się z makromolekułą o większej masie cząsteczkowej, prowadzi do zwiększenia stałej dyfuzji. Można to określić na podstawie czasowej emisji fluoroforu wywołanej laserem. W przypadku kompleksu Tat-TAR obie makrocząsteczki są oznaczone różnymi fluoroforami ze względu na porównywalną masę, które są wzbudzane przy różnych długościach fal. Jeżeli obie emisje są spektralnie różne, wówczas można określić funkcję korelacji krzyżowej, tak aby wynikała z niej liczba związanych cząsteczek i stężenie niezwiązanych cząsteczek. Z obu informacji można uzyskać stałą wiązania oraz stopień skomplikowania obu makrocząsteczek. Uważa się, że cząsteczki, które zakłócają wiązanie białka tatrzańskiego z TAR-RNA, mają właściwości przeciwwirusowe. Stopień złożoności obecnych stężeń Tat TAR (25:25 nM), mierzony analizą korelacji krzyżowej, wykreślono w odniesieniu do różnych stężeń inhibitora, dzięki czemu na podstawie tych krzywych można określić wartość IC50 ligandu RNA. [181]

5.9 testy komórkowe

Większość stosowanych w tej pracy testów komórkowych opiera się na zmodyfikowanych komórkach HeLa (komórki nabłonka ludzkiego raka szyjki macicy), z których powstała pierwsza ludzka linia komórkowa. Test komórkowy stosowany przez Dietricha i wsp. (Rysunek 20) opiera się na komórkach HeLa-P4 wyposażonych w receptory CD4, CCR5 i CXCR4 wymagane do zakażenia HIV. Gen *lacZ* dla β-galaktozydazy jest pod kontrolą promotora LTR HIV-1. Zakażenie komórki wirusem HIV-1 prowadzi do pośredniej transakcji i tym samym do ekspresji β-galaktozydazy (Rysunek 21). β-Galaktozydaza katalizuje hydrolizę glikozydowego wiązania β-galaktocyjanozydów. Aktywność enzymatyczną β-galaktozydazy można określić za pomocą kolorymetrii. Antagoniści Tat blokują ten mechanizm i tym samym zmniejszają ilość β galaktozydazy. [167]

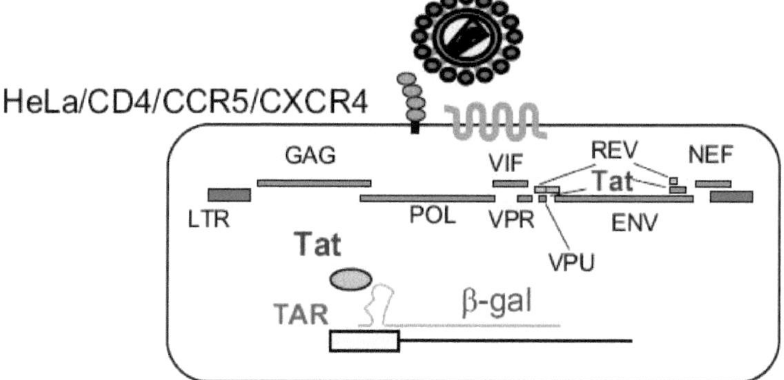

Rysunek 20: Schemat badania genetycznego reportera według Dietricha i in.

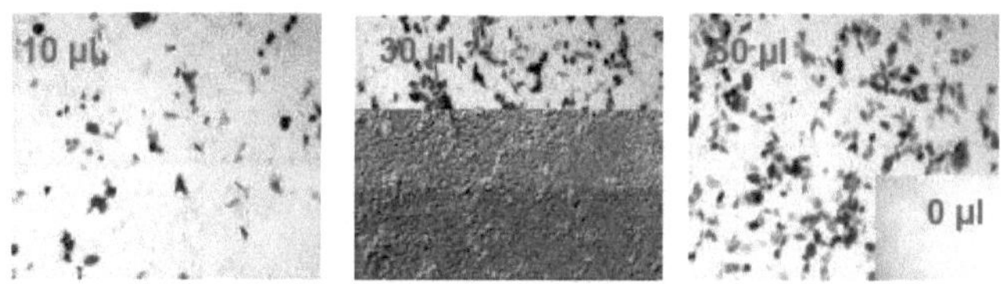

Rysunek 21: Zakażenie HeLa P4 CD4/CCR5/CXCR4 wirusem HIV-1 (Lai). Komórki zawierają gen reporterowy dla β galaktozydazy (*lacZ*) pod kontrolą HIV-1 LTR. Dzięki interakcji białka tatrzańskiego z TAR-RNA, *lacZ* jest transkrybowany, po czym komórki mogą być barwione na niebiesko i mierzone za pomocą luminometrów.

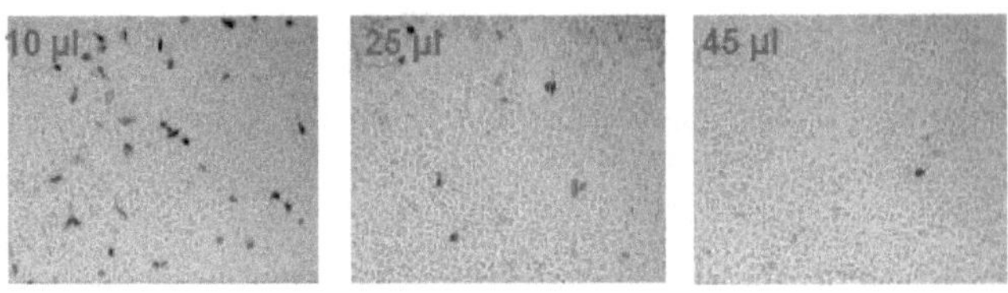

Ryc. 22: Zahamowanie infekcji poprzez zwiększenie stężenia Tat 10mer. Rosnące stężenie Tat 10mer prowadzi do zahamowania ekspresji genu reportera lacZ, a tym samym produkcji HIV.

Po dodaniu syntetycznego ligandu referencyjnego lub inhibitora referencyjnego Tat 10 mer, ekspresja genu jest hamowana, a produkcja HIV-1 jest zmniejszona (Ryc. 22).
W celu wykluczenia toksycznych skutków działania antagonisty przeprowadza się badanie toksyczności w celu określenia liczby żywych komórek. [60, 167] Przykładem tego jest test MTT. Bezbarwny bromek 3-(4,5-dimetyloetrazolu-2-ylo)-2,5-difenyloetrazolu (MTT) dodaje się do komórek *in vitro w celu* określenia ich żywotności lub proporcji żywych komórek w porównaniu z próbką kontrolną. Witalność komórek opiera się na redukcji MTT do niebiesko-fioletowego formazanu. [182]

Inne metody nie stosowane w tej pracy, ale również przyczyniające się do badania interakcji RNA-ligand, to metody oparte na znakowanych radioaktywnie próbkach[53, 60, 183], mikromacierzy[184-188], metodę powierzchniowego rezonansu plazmonansowego (SPR)[189], izotermiczną kalorymetrię miareczkowania[190, 191], ślad węglowy metodą degradacji chemicznej lub degradacji RNazy[192-194] oraz badanie wprowadzonych etykiet spinowych z nitroksydami za pomocą spektroskopii elektronowo-aramagnetycznego rezonansu (EPR). [195]

6. SYNTEZA PEPTYDÓW W STANIE STAŁYM (FPPS)

Synteza peptydów w stanie stałym (FPPS) opiera się na sekwencyjnym dodawaniu chronionych i niezabezpieczonych aminokwasów do nierozpuszczalnego nośnika polimerowego. Po rozszczepieniu grupy ochronnej (Fmoc lub Boc), dodawany jest kolejny N-końcowo chroniony aminokwas, przy czym sprzężenia dokonuje albo odczynnik sprzęgający, albo wcześniej aktywowana pochodna aminokwasu. Powstały w ten sposób peptyd jest mocowany do żywicy za pomocą "linkera" w jej C-terminusie. Po rozdzieleniu żywicy powstaje kwas peptydowy lub karboksamid, który zależy od typu łącznika. Grupy ochronne łańcuchów bocznych aminokwasów są często wybierane w taki sposób, że są one oddzielane od żywicy równocześnie z rozszczepianiem gotowego peptydu. Zaletą FPPS jest proste oczyszczanie po poszczególnych etapach reakcji na fazę stałą. [196, 197]

6.1 Strategia Boc i Fmoc

Podczas stosowania strategii Boc, syntezy peptydów fazy stałej według R. B. Merrifielda, grupa ochronna Boc jest rozszczepiana za pomocą TFA, co może prowadzić do rozkładu niektórych wrażliwych wiązań peptydowych oraz kwaśnych katalizowanych reakcji ubocznych. Oddzielenie peptydu od żywicy zgodnie ze strategią Boc odbywa się za pomocą silnych kwasów, takich jak fluorowodór (HF) lub kwas trifluorometanosulfonowy (TFMSA). [198]

Strategia Fmoc firmy R. Sheppard et al. używa piperydyny, łagodnej podstawy, do rozszczepiania grupy ochronnej Fmoc. TFA jest stosowany tylko do rozszczepiania żywicy i do usuwania niektórych żywic peptydowych. [196, 199, 200]

6.1.1 Odkurzacz do syntezy fazy stałej

Jeśli w sekwencji peptydowej, która ma być odcięta, obecne są aminokwasy, takie jak arginina, cysteina, tyrozyna, metionina i tryptofan, konieczne jest dodanie padlinożerców, takich jak tioanizol lub etandithiol, tak aby rozszczepione grupy ochronne nie mogły wchodzić w reakcje uboczne, takie jak $_{\text{reakcje SE}}$ na substancje aromatyczne. [196]

6.1.2 Rozpuszczalnik do syntezy fazy stałej

Podstawowymi rozpuszczalnikami do syntezy fazy stałej są dichlorometan (DCM), N-metylopirolidon (NMP), N,N-dimetyloformamid (DMF) i jego analogowy dimetyloacetamid (DMA). [196]

6.1.3 Żywice do syntezy peptydów w fazie stałej

Żywica Wang (żywica HMP) reprezentowana jest przez polistyren chlorometylowy, żywica Merrifielda modyfikowana alkoholem 4-hydroksybenzylowym. Po oddzieleniu gotowego peptydu od żywicy, jest on obecny jako wolny kwas. [196, 201]

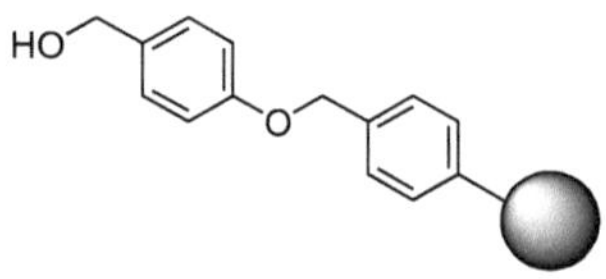

HO O

Rysunek 23: Żywica strzępkowa

Żywica lodowcowa kwasowo-labiowa jest z powodzeniem stosowana do syntezy amidów peptydowych. Połączenie pomiędzy łącznikiem a aminokwasem odbywa się za pomocą wiązania amidowego. Warunkiem rozszczepienia żywicy jest 95 % TFA. [196, 201]

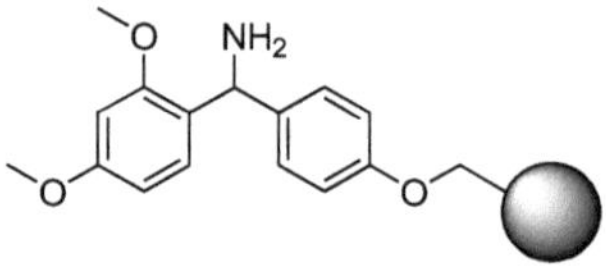

O NH_2 O O

Rysunek 24: Żywica reinkamidowa

Żywica Rinkamid-MBHA składa się z 4-metylbenz-hydryloaminy, przy czym Norleucyna służy jako związek pomiędzy żywicą polistyrenową a zmodyfikowanym ogniwem Rinkamid-Linker chronionym przed działaniem Fmoc. Ta faza stała jest rozszczepiana za pomocą TFA, gdzie syntetyzowany peptyd jest rozszczepiany jako amid peptydowy. [196, 201] Mechanizm rozszczepiania peptydu od żywic różnobarwnych (Rysunek 24i Rysunek 25) pokazano na Rysunek 26.

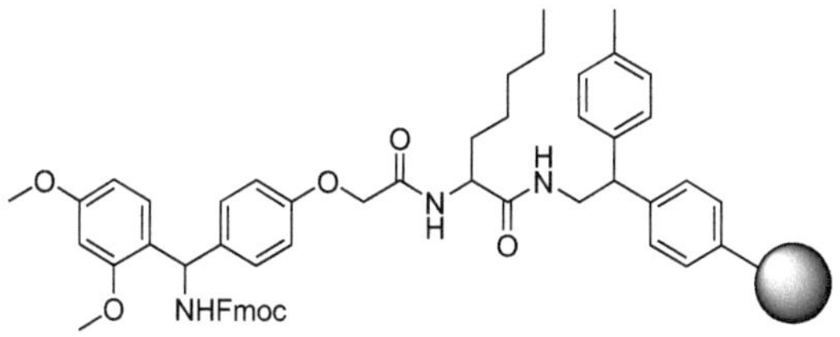

Rysunek 25: Żywica Rinkamid-MBHA

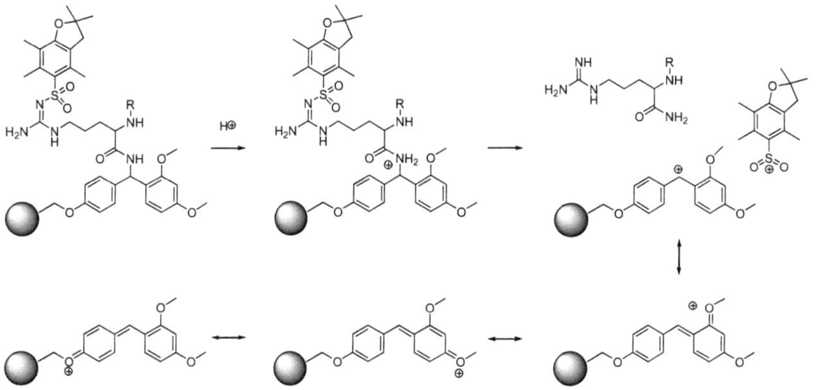

Rysunek 26: Mechanizm rozszczepiania peptydu zawierającego chronioną przed Pbf argininę z żywicy amidku różu. Nukleofilne padlinożercy są w stanie zapobiec ewentualnym reakcjom ubocznym elektrofilowej grupy aromatycznej opuszczającej.

Żywica rikkwasowa jest bardzo kwaśna i labilna, dlatego istnieje ryzyko utraty peptydów w środowisku kwaśnym. Aminokwas jest sprzężony z łącznikiem poprzez funkcję estrową. Po oddzieleniu gotowego peptydu otrzymuje się wolny kwas karboksylowy. [196, 201]

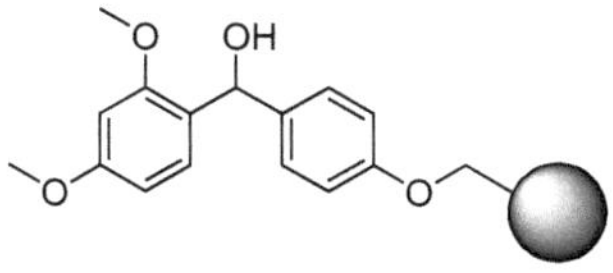

Rysunek 27: Żywica kwasu lodowcowego

Znane są również łączniki, w których peptyd jest oddzielany od żywicy za pomocą katalizy metalowej, fotolizy, ozonolizy lub nukleofila. [201, 202]

6.1.4 Metody łączenia

Przed połączeniem aminokwasu z nośnikiem polimerowym należy go aktywować. Aktywacja *in situ* jest możliwa dzięki odczynnikom sprzęgającym DCC (**117**), DIC/HOBt (**118**), EDC/HOBt (**119**), BOP (**113**), PyBOP® (**114**), TBTU (**120**) ®T3P (**121**)[203] i HBTU (**115**). PyBOP® (**114**) jest stosowany jako substytut BOP, ponieważ BOP (**113** rozkłada stechiometrycznie do heksametylotriaminofosfiny (HMPA), mutagenu, który może być stosowany w Niemczech tylko pod pewnymi warunkami. [196]

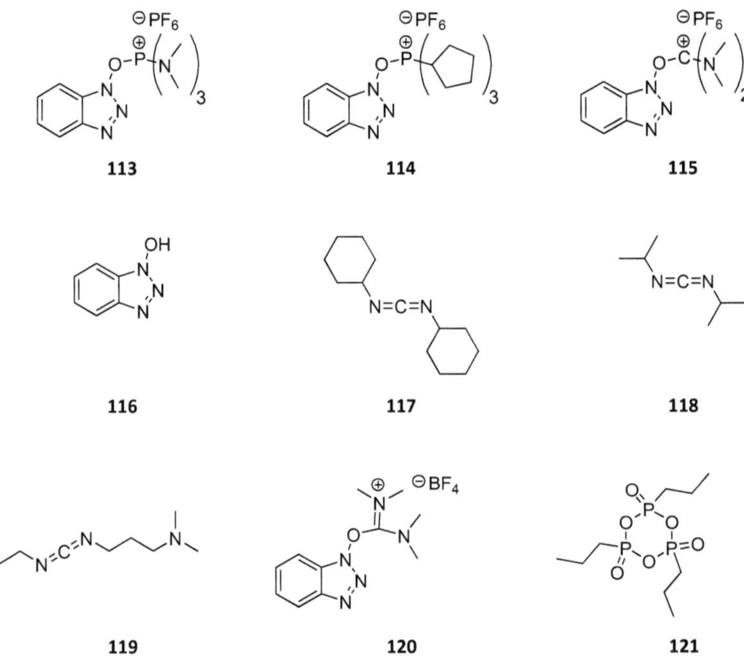

Rysunek 28: BOP (**113**), PyBOP® (**114**), HBTU (**115**), HOBt (**116**, DCC (**117**), DIC (**118**), EDC (**119**), TBTU (**120**), ®T3P (**121** PyBOP® (**114**), HOBt (**116**, ®T3P (**121**).

W żywicy Wang lub Rink acid, aminokwas jest sprzężony z łącznikiem poprzez funkcję estrową. Aktywacja odbywa się zazwyczaj za pomocą mieszanego bezwodnika. Istnieje ryzyko częściowej racemizacji, która wzrasta wraz z siłą aktywacji, ponieważ prowadzi to do zwiększenia elektrofilowego charakteru karbonylku, tak że kwasowość CH w centrum chiralności wzrasta. [204]
Jako odczynnik sprzęgający w syntezie peptydów w fazie stałej wykorzystano DIC/HOBt (**118**). Kwas karboksylowy **127** aktywowany *in situ* przez DIC (**118**). W ten sposób powstaje o-acylizo mocznik**124**, który przekształca się z nukleofilem, w przypadku syntezy peptydów aminy **123**, w

peptyd **125**HOBt (**116**) dodaje się do reakcji jako dodatek w celu uniknięcia reakcji ubocznej zmiany układu cząsteczek O-acylozoiku**124** na nieaktywny N-acylomocznik **122** (zob. Rysunek 29). HOBt (**116**) reaguje z O-acylizoamidem **124** na ester benzotriazolu **128** ostatecznie reaguje z wolną grupą aminową **123** fazy stałej. [205]

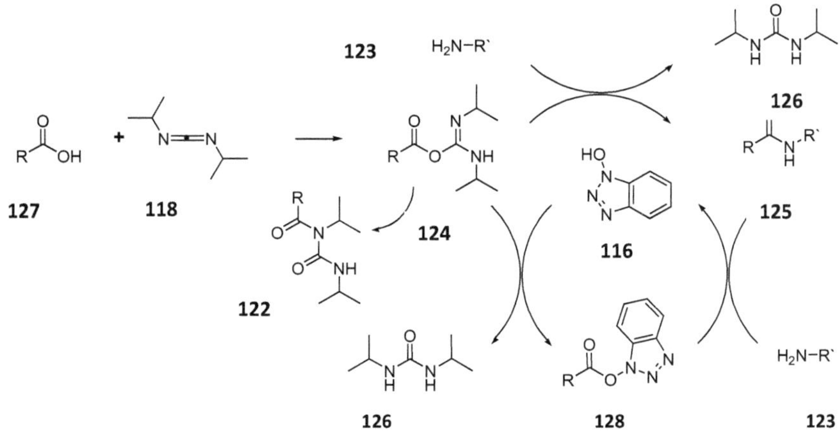

Rysunek 29: Aktywacja kwasu karboksylowego za pomocą DIC (**118**) do O-acylozoiku **124** i transestryfikacja aktywnego estru do estru benzotriazolu **128**, aby uniknąć zmiany układu O-acylozoiku **124** na nieaktywny N-acylomocznik **122**, obie drogi prowadzące do peptydu **125**[205]

7. PRACA WŁASNA I WYNIKI

7.1 Synteza urządzeń sprzęgających dla FPPS

Potencjalne ligandy RNA powinny mieć możliwość poddawania się oddziaływaniom elektrostatycznym, takim jakwiązania mostka wodorowego. Ligandy powinny być również łatwo protonowalne, ponieważ wynikający z tego dodatni ładunek przyciąga ujemnie naładowany szkielet diestera fosforowego. Struktury aromatyczne tworzą hydrofobowe oddziaływania z nukleobazami. [12] Ponieważ natura posiada tylko cztery aminokwasy aromatyczne (Jego, Trp, Phe i Tyr)[13], heteroaromatyczne i aromatyczne łańcuchy boczne zostały wprowadzone do prekursorów aminokwasów w poprzednich badaniach[206-210] przez reakcje łańcuchów C-C katalizowanych metalowo przejściowych, takich jak reakcje Heck, Suzuki i Negishi. Istnieje szczególne zainteresowanie włączeniem aromatów funkcjonalnych (zob. Rysunek 3 i Rysunek 4). W różnych pracach dyplomowych i rozprawach doktoranckich poszukiwano możliwości wprowadzenia laktamu **129** i amidyny **130** do bloków aminokwasowych dla FPPS. [206-209] Amidyna i laktam tworzą dwa równoległe wiązania wodorowe jako darczyńca i akceptor, dzięki czemu mogą one oddziaływać komplementarnie z podstawami purynowymi poprzez parowanie podstaw Hoogsteena (Rysunek 3i Rysunek 4).

129 **130**

W ramach tej pracy udało się z powodzeniem wprowadzić związki aromatyczne do bloków peptydomimetycznych za pomocą chemii analogowej PNA, która następnie mogła być wykorzystana w FPPS. Prezentację bloków konstrukcyjnych rozpoczęto od syntezy chlorku kwasu **133**, który można było uzyskać z chlorku szczawiowego (**131**) i eteru etylowo-winylowego (**132**). Chlorek kwasu **133** został przekształcony z aniliną w amid **134**, który mógł być ilościowo przekształcony przez kwas w chinolin-2(*1H*)-on (**135**[211, 212] Inny proces otrzymywania chinoliny-2(*1H*)-onu (**135**) opiera się na chinolinie (**136** która była reagowana z wodorotlenkiem potasu w temperaturze 235 °C. Reakcję przeprowadza się w obecności atomu wodoru. Ze względu na niskie obroty preferowana była trasa przez chlorek kwasu.

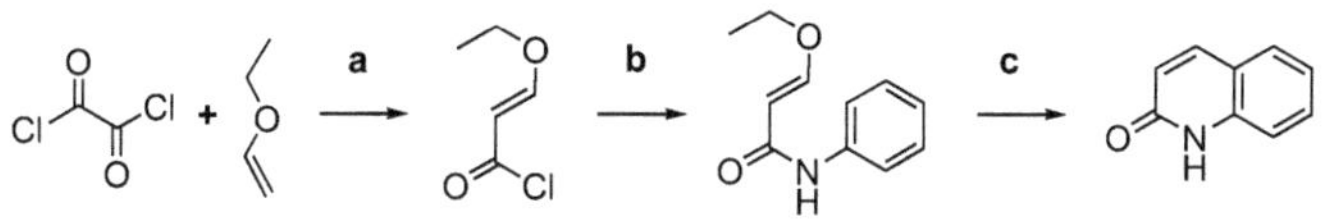

131 132 133 134 135

a) 1. 5,5 h, 0 °C; 2. 12 h, RT; 3. 120 °C, 30 min; 4. 70 °C, 10 mbar, 75 %; b) 1. anilina (2 equiv.), CHCl3, -5 °C; 2. 1 h, refluks, 80 %; c) conc. HCl, RT, 1 h 70 % lub 15 h ilościowo.

136 135

KOH, 235°C, 10 %.

Azotację chinolin-2(*1H*)-onu (**135**) przeprowadzono z użyciem kwasu azotującego i kwasu siarkowego jako rozpuszczalnika. W temperaturach poniżej -10 °C selektywne azotowanie występuje w pozycji 6. [213] W dalszej redukcji poszukiwano sposobów uniknięcia reakcji ubocznej redukcji wiązań podwójnych. Cyna jako środek redukujący okazała się optymalnym odczynnikiem do reprezentowania aminy **138**.

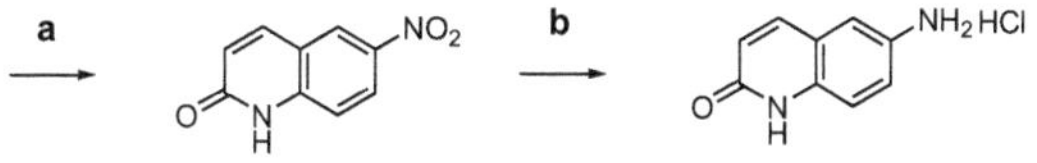

137 138

a) HNO3 (odpowiednik 1), H2SO4, -10 °C, 79 %; b) Sn (odpowiednik 2,9), conc. HCl, 3 h, reflux, 83 %.

Alternatywna reprezentacja 6-amino-1H-chinolin-2-on**140** jest również oparta na chlorku kwasu **133** reaguje z *p-fenylenodiaminą* tworząc amid **139** jest cyklizowany przez dodanie stężonego kwasu siarkowego do chinolinu **140**

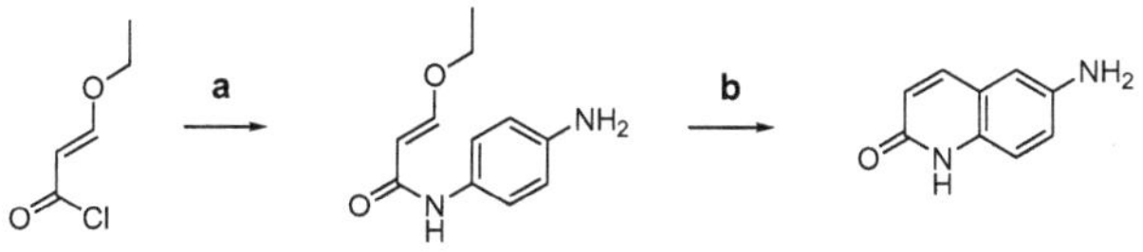

133 139 140

a. *p-fenylenodiamina* (2,5 Equiv.), Et3N (2 Equiv.), abs DCM, RT, 78 %; b. konz H2SO4, RT, 12 h, 35 %.

Alkilację przeprowadzano za pomocą kwasu octanowo-bromowego metylu, amina wtórna **141** chroniona bezwodnikiem Boca i DMAP jako zasadą. Późniejsze zmydlanie LiOHxH2O doprowadziło do powstania kwasu karboksylowego **142**, który może być zagęszczany grupami aminowymi poprzez sprzężenie odczynników.

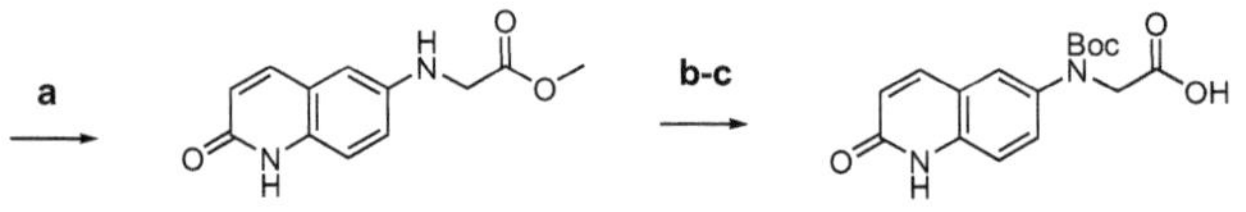

141 **142**

a) kwas bromooctowy metylowy (1.1 Equiv.), DIPEA (1.17 Equiv.), RT, 15 h, 82 %; b) $(Boc)_{2O}$ (4 Equiv.), DMAP (4 Equiv.), DMF, RT, 21 h, 80 %; c) LiOHxH2O (10 Equiv.), MeOH, H2O, RT, 15 h, 78 %.

Amidynę **143** otrzymano z 6-nitrochinoliny-2(*1H*)-onu (**137**) w wyniku chlorowania[214], a następnie reakcji z amoniakiem pod ciśnieniem i w wysokiej temperaturze. 215] Według piśmiennictwa 6-nitrochinolina-2-amina (**143** również reprezentowana z chinoliny (**136**) przez reakcję aminacji Tschitschibabin z amidem sodu. 216] Ze względu na niską rotację reakcji aminacyjnej ta metoda prezentacji amidyny **143** odrzucona.

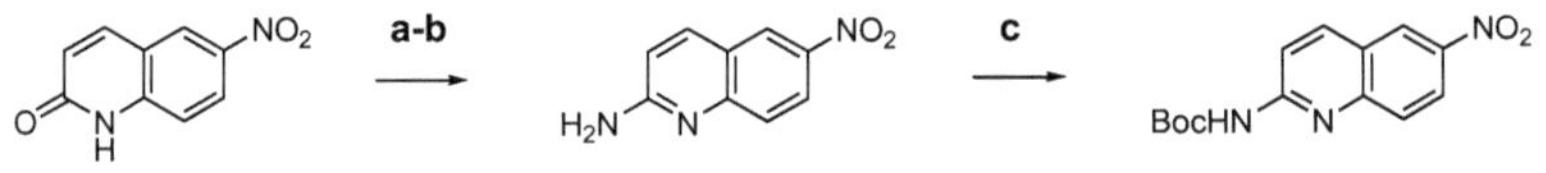

137 **143** **144**

a) POCl3 (10 Equiv.), PCl5 (2 Equiv.), refluks, 3 h, 67 %; b) $NH3_{(g)}$, 150 °C, 75 barów, 20 h, 92 %; c) $(Boc)_{2O}$ (3 Equiv.), Et3N (3 Equiv.), DCM, 91 %.

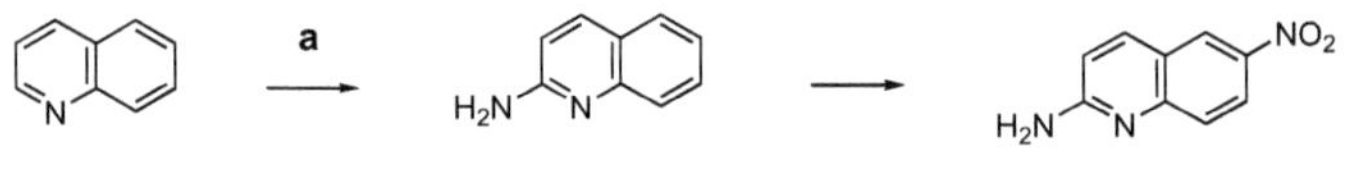

136 **71** **143**

a) NaNH2 (odpowiednik 1.1), *o-ksylen*, 100 °C, 0.7 %.

W celu określenia stężenia peptydów zawierających amidynę i laktam, współczynnik ekstynkcji ε określono na podstawie analizy elementarnej czystych heterocykli **145** i **138**Heterocykle**71**, **145** i **138** badano pod kątem ich właściwości jako inhibitorów oddziaływania Tat-TAR w teście fluorymetrycznego przemieszczenia (Rysunek 19). Nie obserwowano aktywności chinolin-2-aminy (**71**). W przypadku chinoliny-2,6-diaminy (**145**), otrzymanej w wyniku redukcji **143** z wodorem i Pd/C jako katalizatorem, stwierdzono wartość IC50 wynoszącą 0,5 mM. Laktam **138** wartość IC50 wynoszącą 3-4 mM. 6-aminochinolin-2(1H)-one (**138**) i chinolin-2,6-diamina (**145**) wykazywały działanie przeciwwirusowe w wysokich stężeniach 0,5-1 mM, które jednak wynikały z cytotoksycznych właściwości związków.

Tabela 1: Badanie heterocykli**71**, **145** i **138** pod kątem powinowactwa do HIV-1 TAR RNA, wartości pKa i współczynnika ekstynkcji ε.

71	**145**	**138**
IC50 = brak działalności[a]	IC50 = 0,5 mM	IC50 = 3-4 mM
pKa = 7,0-7,17	pKa = 7,8	$pKa_{(diacetylated(262))}$ = 10,0
	ε[b][d][e] (246 nm) = 29600	ε[c][d][e] (239 nm) = 37400
	ε[b][d][e] (370 nm) = 4800	ε[c][d][e] (359 nm) = 5000

a] nieaktywny do 50 mM [b] określony w H2O [c] 50 mM TrisHCl pH 7,4 [d] L/(cm x mol) [e] błąd ± 5

Tabela 2: Badanie heterocyli pod kątem właściwości przeciwwirusowych i cytotoksycznych przy użyciu testów na komórkach HeLa P4 (Lai) i MT-4 (IIIB).

kontakt seksualny	**HeLa P4 (Lai)**		**MT-4 (IIIB)**	
	Zahamowanie IC50 [μM]	**Toksycznoś ć CC50 [μM].**	**Zahamowanie IC50 [μM]**	**Toksyczność CC50 [μM].**
6-aminochinolina-2(1H)-on (**138**)	1000	n.d.	n.d.	n.d.
Chinolin-2,6-diamina (**145**)	500	500	>261	> / = 261

Wprowadzenie amidyny jako pozostałości heteroaromatycznej przez kwas karboksylowy **147** w trzyetapowej syntezie analogicznej do laktamu.

146 **147**

a) Pd/C (30 % masy), H2, EtOH, 40 °C, 1 h, 81 %; b) kwas octowy broman metylu (3 Equiv.), DIPEA (3 Equiv.), H2, EtOH, 40 °C, 1 h, 81 %.), DMF, RT, 15 h, 85 %; c) $(Boc)_{2O}$ (5 Equiv.), DMAP (5 Equiv.), DMF, RT, 15 h, 82 %; d) LiOHxH2O (6 Equiv.), MeOH, H2O, RT, 1 h, 86 %.

Dwa sprzęgające się kwasy karboksylowe **142** i **147** zostały skondensowane z kręgosłupem **149** znanym z chemii PNA, który został opracowany z etylenodiaminy **148** trójstopniowej syntezy. [123, 217-222]

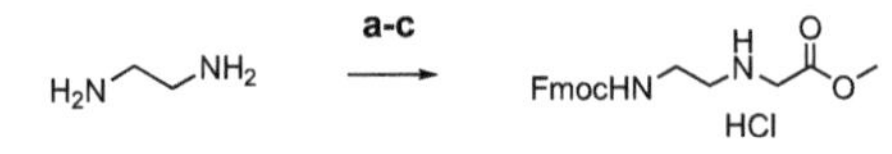

a-c

148 149

a) 1. kwas chlorooctowy (0,1 Equiv.), 4 °C; 2. RT, 48 h, 79 %; b) 1. $HCl_{(g)}$, MeOH, 2. refluks, 88 %; c) FmocONSu (1 Equiv.), NaHCO3, (3 Equiv.), 1,4-dioksan, RT, 15 h, 62 %.

HBTU i NMM okazały się odczynnikami sprzęgającymi o najwyższej wydajności 69 % z kwasem karboksylowym laktamu **142** wymianę podstawowej NMM z Et3N, wydajność sprzężenia kwasu amidynowo-karboksylowego **147** mogła zostać zwiększona z 32 % do 71 %. Wprowadzenie grupy ochronnej Boc w aminie wtórnej zapobiega ewentualnej reakcji bocznej sprzężenia dwóch kwasów karboksylowych ze sobą.

Rysunek 30: Możliwe reakcje uboczne kwasów karboksylowych **142** i **147** z niechronioną aminą

Sprzęgła bez tej grupy ochronnej zostały przeprowadzone w pracy dyplomowej[223]. Uzyskano plony w jednocyfrowym zakresie procentowym. Następnie przeprowadzono zmydlanie do elementu sprzęgającego dla FPPS **151** i **153**, zachowując grupy ochronne wodorotlenkiem cyny trimetylu, łagodnym, selektywnym odczynnikiem zmydlania o dużej wydajności. [224]

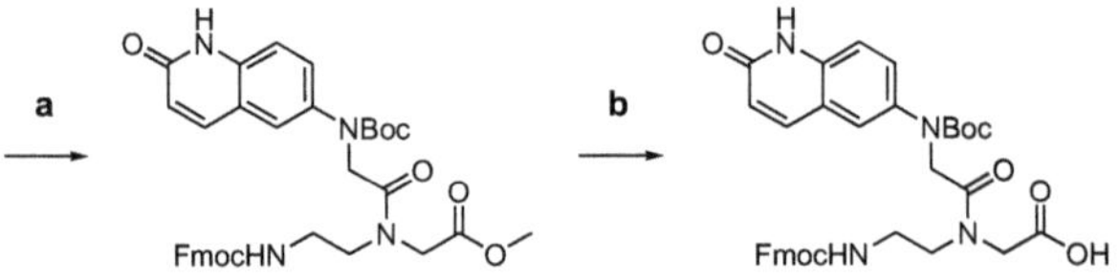

a b

150 151

a) Kwas karboksylowy **142** (odpowiednik 1), kręgosłup PNA (odpowiednik 1,2), HBTU (odpowiednik 3), NMM (odpowiednik 2), DMF, RT, 3 h, 69 %; b) $(CH3)_{3SnOH}$ (odpowiednik 8,6), 1,2-dichloroetan, 2 h, 60-80 °C, 85 %.

Tabela 3: Warunki łączenia dla **142** i **149**

Odczynnik ze sprzęgłem Odczynnik do sprzęgła	wydajność [%]
HBTU/NMM	69
DIC/HOBt/DIPEA	30
EDC*HCl	40
T3P®/DIPEA	60

152 **153**

a) Kwas karboksylowy **147** (odpowiednik 1), kręgosłup PNA (odpowiednik 1.1), HBTU (odpowiednik 1.3), Et3N (odpowiednik 2.3), CH3CN, RT, 3 h, 71 %; b) (CH3)$_{3SnOH}$ (odpowiednik 7.7), 1,2-dichloroetan, 2.5 h, 70 °C, 83 %.

Tabela 4: Warunki sprzężenia dla **147** i **149**

Odczynnik ze sprzęgłem Odczynnik do sprzęgła	wydajność [%]
HBTU/NMM	32
DIC/HOBt/DIPEA	51
EDC*HCl	36
HBTU/Et3N	71
T3P®/DIPEA	41

7.2 Reprezentacja tripeptydów z pozostałościami amidyny i laktoamu.

Budulce peptydomimetyczne **151** i **153** zostały włączone do peptydów przy użyciu strategii FPPS Fmoc z odczynnikami sprzęgającymi DIC/HOBt. Arginina została wybrana jako aminokwas flankujący tripeptydów, ponieważ miejsce połączenia peptydu tatrzańskiego z TAR RNA jest bogate w argininę. W środowisku fizjologicznym, grupa guanidynium jest protonowana, tak że istnieje powinowactwo do ujemnie naładowanego RNA. Pozytywnie naładowana jest również lizyna aminokwasowa, której włączenie prowadzi do większej różnorodności. Poprzez dobór (D)-aminokwasów degradacja przez proteazy może zostać spowolniona.

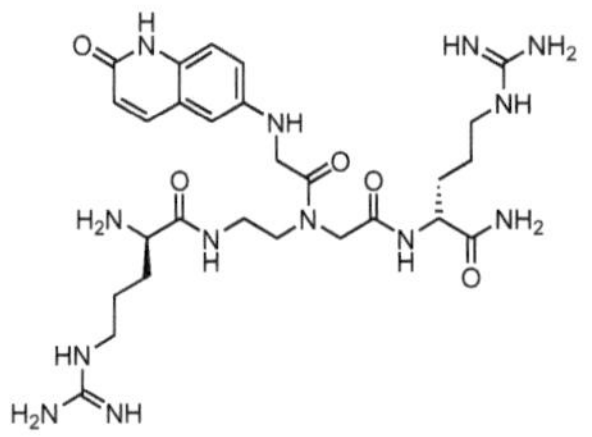

H2N-(D)Arg-Lactam-(D)Arg-CONH2 (**154**) 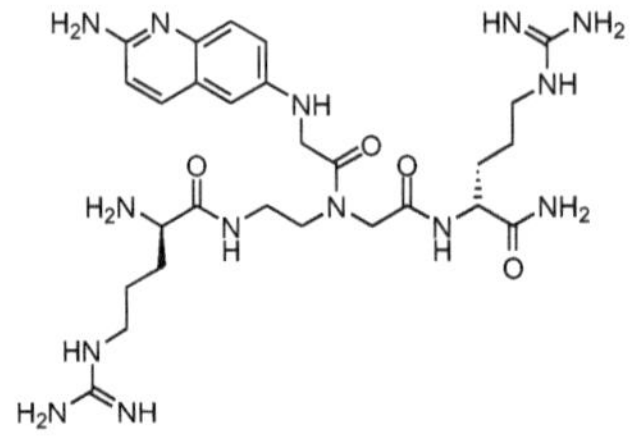 H2N-(D)Arg-Amidine-(D)Arg-CONH2 (**158**)

Tripeptydy z budulcem laktamu i amidyny badano metodą FRET pod kątem ich zdolności do działania jako ligandy RNA z TAR RNA. Wartości IC50 tripeptydów bis-argininy **154** i **158** przedziale 2-3 μM. Zastąpienie argininy lizyną doprowadziło do zmniejszenia powinowactwa do TAR-RNA. W przypadku tripeptydów, w których pozostałą część stanowi laktam i amidyna, wymiana argininy na lizynę nie doprowadziła do wyraźnych różnic w powinowactwie. Znacznie słabsze powinowactwo można było zaobserwować poprzez wymianę obu argininin przez lizynę. Właściwość ta była szczególnie widoczna w tripeptydzie **157** z laktamem jako pozostałością. Wiązanie TAR peptydów **154** i **158** potwierdzono metodą fluorescencyjnej spektroskopii korelacyjnej (FCS). Możliwe jest wyznaczenie stałych inhibicji poprzez pomiar właściwości dynamicznych pojedynczych cząsteczek w roztworze.

Tabela 5: Badanie syntetyzowanych tripeptydów z bloków peptydomimetycznych **151** i **153** pokrewieństwa z HIV-1 i HIV-2 TAR-RNA metodą FRET i FCS.

H2N-(D)X-amidyna/laktam-(D)X-CONH2	**cząsteczka**	**FRET IC50 [μM] HIV-1**	**FRET IC50 [μM] HIV-2**	**FCS IC50 [μM]**
H2N-(D)Arg-Lactam-(D)Arg-CONH2	**154**	2.5	2.1	5
H2N-(D)Arg-Lactam-(D)Lys-CONH2	**155**	1-1.5	0.5-1	
H2N-(D)Lys-Lactam-(D)Arg-CONH2	**156**	1.1-1.5	1.5-2	
H2N-(D)Lys-Lactam-(D)Lys-CONH2	**157**	14	~25	
H2N-(D)Arg-Amidine-(D)Arg-CONH2	**158**	2	1.5-2	3.2
H2N-(D)Arg-Amidine-(D)Lys-CONH2	**159**	4-6	~1	
H2N-(D)Lizy-Amidyna-(D)Arg-CONH2	**160**	2-4	1.4	
H2N-(D)Lizy-Amidyna-(D)Lizy-CONH2	**161**	6-7	~2	

Badania spektrometrii masowej wykonano również przy użyciu cząsteczek **154** i **158** firmy LILBID z oznaczonym na końcu peptydem tatrzańskim testu FRET. Złożona formacja z HIV-1 TAR-RNA i Tatami doprowadziła do powstania obserwowalnych kompleksów 1:1 i 1:2. Te same stechiometrie obserwowano w kompleksach TAR-RNA i **158**. Kompleks Tat-TAR mógł być przemieszczony przez**158** powstały kompleksy 1:1 i 1:2 z tripeptydem **158** oraz powstał kompleks TAR-Tat-158.

Przyjmuje się zatem, że na TAR-RNA znajdują się dwa przestrzennie odrębne miejsca wiążące dla bogatych w argininę peptydów. Ta obserwacja mogłaby doprowadzić do powstania peptydowego ligandu TAR, który oddziałuje jednocześnie z obydwoma wiążącymi stronami. Badania kompleksu peptydów **158** z TAR-RNA prowadzone przez NMR będą prowadzone w niedalekiej przyszłości. Analiza tripeptydów pod kątem selektywności poprzez porównanie pokrewieństw z HIV-1 i HIV-2 TAR-RNA omówiono w rozdziale 7.11 (Badania selektywności syntetyzowanych ligandów RNA).

7.2.1 Badanie właściwości antybakteryjnych tripeptydów z monomerów PNA

Tripeptydy **154** i **158** bezkomórkowemu testowi transkrypcji/przetłumaczenia (CFTT) w celu zbadania ich właściwości przeciwbakteryjnych. W teście wykorzystuje się plazmidowy pIVEX2.3-GFP, dzięki czemu ilość produkowanego GFP można oznaczyć za pomocą spektrometrii fluorescencyjnej. Jednak długości fali użyte przez spektrometr fluorescencyjny (λ_{ex} = 395 nm, λ_{em} = 509 nm) do oznaczenia GFP były takie same jak te użyte przez tripeptydy **154** i **158** (λ_{ex} = 395 nm, λ_{em} = 510 nm), tak więc oznaczenie CFTT nie pozwalało na określenie właściwości antybakteryjnych. Podczas kolejnej inkubacji z modelowym zarodkiem (*B. subtilis* 168) nie można było określić aktywności tripeptydów **154** i **158**

7.2.2 Badanie właściwości przeciwwirusowych w testach komórkowych

Trójpeptydy bis-argininy H2N-(D)Arg-Lactam-(D)Arg-CONH2 (**154**) i H2N-(D)Arg-Amidin-(D)Arg-CONH2 (**158**) produkowane z monomerów były badane zarówno w teście genów reporterowych przy użyciu HeLa P4 (Lai), jak i w teście MT-4 (IIIB). **154** nie wykazała żadnej aktywności, co wynikało z cytotoksycznych właściwości związku. W H2N-(D)Arg-Amidin-(D)Arg-CONH2 (**158**) efekty cytotoksyczne mogą być również obserwowane od stężenia 150 µM. Aktywność przeciwwirusowa przy 10-50 µM nie jest spowodowana działaniem cytotoksycznym. W teście MT-4 (IIIB) oba związki i ich modyfikacje nie wykazywały aktywności.

Tabela 6: Badanie właściwości przeciwwirusowych i cytotoksycznych tripeptydów metodą oznaczania komórek HeLa P4 (Lai) i MT-4 (IIIB).

kontakt seksualny	HeLa P4 (Lai)		MT-4 (IIIB)	
	Zahamowanie IC50 [µM]	Toksycznoś ć CC50 [µM].	Zahamowanie IC50 [µM]	Toksyczność CC50 [µM].
H2N-(D)Arg-Amidine-(D)Arg-CONH2 (**158**)	10-50	150	>104	>104
H2N-(D)Arg-Amidine-(D)Lys-CONH2 (**159**)	n.d.	n.d.	>106	>106
H2N-(D)Lizy-Amidyna-(D)Arg-CONH2 (**160**)	n.d.	n.d.	>21	>21
H2N-(D)Lys-Amidine-(D)Lys-CONH2 (**161**)	n.d.	n.d.	>21	>21
H2N-(D)Arg-Lactam-(D)Arg-CONH2 (**154**)	>150	150	>23	>23

7.3 Tripeptydy z dostępnych w handlu kwasów (D)- lub (L)-aminokwasów

W celu porównania z tripeptydami produkowanymi z bloków peptydomimetycznych, dalsze tripeptydy produkowano z dostępnych w handlu kwasów D- i L-amino i badano w teście FRET z tripeptydem H2N-(D)Arg-(D)Arg-(D)Arg-CONH2 (**164**) produkowanym przez V. Ludwiga. Wartości IC50 związków wskazują, że powinowactwo zależy od liczby argininininin, ale jest niezależne od odpowiedniej konfiguracji. Tripeptydy zawierające tylko lizynę lub histydynę wykazują słabe właściwości jako ligandy RNA.

Tabela 7: Badanie tripeptydów pod kątem pokrewieństwa z wirusem HIV-1 TAR-RNA metodą FRET

H2N-(L/D)X-(L/D)X-(L/D)X-(L/D)X-CONH2	cząsteczka	IC50 [µM] HIV-1
H2N-(D)Arg-(D)Lys-(D)Arg-CONH2	**162**	2-3
H2N-(L)Arg-(L)Arg-(L)Arg-(L)Arg-CONH2	**163**	4
H2N-(D)Arg-(D)Arg-(D)Arg-(D)Arg-CONH2	**164**	4
H2N-(L)Lys-(L)Arg-(L)Lys-CONH2	**165**	14
H2N-(L)Lys-(L)Lys-(L)Lys-(L)Lys-CONH2	**166**	70
H2N-(L)Jego-(L)Jego-(L)Jego-(L)Jego-CONH2	**167**	400-500

7.4 Preparat tripeptydów z pozostałością 2-pirymidynylową

Sztuczny kwas D-aminowy z 2-pirymidyną jako rodnikiem aromatycznym**168** został wytworzony w drodze syntezy pomocniczej opracowanej w pracy doktorskiej V. Ludwiga. Jako punkt wyjścia wybrano stereoselektywną syntezę Myersa, który używał pseudoefedryny z odczynnikiem chiralnym jako substancji pomocniczej. Otrzymany w ten sposób peptyd H2N-(D)Arg-(D)2Pyrim-(D)Arg-CONH2 (**169**) wykazał wartość IC50 równą 2 μM w teście FRET i wartość IC50 równą 150 μM w TARbl. Tripeptyd wykazywał również właściwości przeciwwirusowe (IC50 = 40 μM) w badaniach hodowli komórkowej w teście genowym reportera. Kompleks TAR-RNA i **169** powinien zostać wyjaśniony poprzez analizę strukturalną z wykorzystaniem NMR. Okazało się, że arginina wiąże się z wybrzuszeniem. Dane sugerowały, że peptyd wiąże się w dwóch różnych orientacjach, tak że we współpracy z M. Suhartono, warianty tripeptydowe z lizyną i argininą w różnych pozycjach były produkowane z (D)-skonfigurowanego 2-pyrimidynylowego aminokwasu z C3-linker (**168**) przy użyciu lizyny i argininy, co następnie przyczyniło się do dalszego strukturalnego wyjaśnienia. Przygotowano **168** z kwasu (D)-glutaminowego jako chiralnego związku wyjściowego i sprzężenia Negishi jako kluczowego kroku do wprowadzenia cząsteczki aromatycznej.

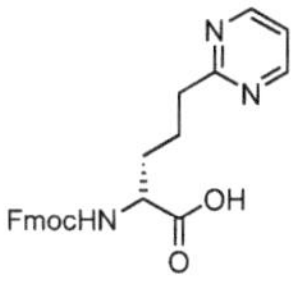

FmocHN OH O N N

168

ε[a][b][c] (248 nm) = 3400

a] określony w EtOH/H2O 2:1 (v:v) [b] L/(cm x mol) [c] błąd ± 5 %.

Kiedy peptyd został oddzielony od żywicy przez działanie zwykłych odczynników (TFA/PhSMe/PhOH/H2O/EDT 82,5:5:5:5:2.5) w ciągu pięciu godzin, powstał pojedynczy produkt, który w spektrometrii masowej ma masę 138 g/mol wyższą niż pożądany tripeptyd. Produkty uboczne o takim samym wzroście masy obserwowano w tych samych warunkach podczas rozszczepiania peptydu H2N-(D)Arg-(D)5Pyrim-(D)Arg-CONH2. [209] Pożądane peptydy otrzymano modyfikując odczynniki do rozszczepiania (TFA/PhSMe/PhOH/H2O/EDT/TIS 81,5:5:5:5:2.5:1) i skracając czas reakcji (90 min):

Tabela 8: Syntetyzowane tripeptydy z kwasu D-aminowego **168**.

H2N-(D)X-(D)2Pyrim-(D)X-CONH2
H2N-(D)Arg-(D)2Pyrim-(D)Arg-CONH2 (**169**)
H2N-(D)Lys-(D)2Pyrim-(D)Arg-CONH2 (**170**)
H2N-(D)Arg-(D)2Pyrim-(D)Lys-CONH2 (**171**)
H2N-(D)Lys-(D)2Pyrim-(D)Lys-CONH2 (**172**)

7.4.1 Badanie tripeptydów z kwasów (D)-aminokwasów z pozostałością 2-pirymidynylową w teście konkurencji fluorescencyjnej

Po oczyszczeniu i oznaczeniu czystości metodą HPLC, analizie metodą ESI-MS lub NMR oraz oznaczeniu stężenia spektrometrem UV uzyskano wartość IC50 wynoszącą około 30 µM w teście fluorescencyjnym dla **169**Wartość ta różniła się od wartości stwierdzonych wcześniej (2 µM). Badano starą próbkę **169** stężenia, czystości i wartości IC50. Stwierdzono, że próbka była czysta zgodnie z HPLC i miała wartość IC50 równą 2 µM. Nowa separacja za pomocą HPLC doprowadziła ostatecznie do uzyskania wartości IC50 wynoszącej ~30 µM. Przyjmuje się zatem, że poprzedni rozdział był niewystarczający. Co ciekawe, tripeptyd **171** wiąże się silniej z TAR-RNA niż analog bizargininy **169**.

Tabela 9: Badanie tripeptydów aminokwasem 2-pirymidynylowym **168** pod kątem powinowactwa do HIV-1 i HIV-2 TAR-RNA metodą FRET.

H2N-(D)X-(D)2Pyrim-(D)X-CONH2	cząsteczka	IC50 [µM] HIV-1	IC50 [µM] HIV-2
H2N-(D)Arg-(D)2Pyrim-(D)Arg-CONH2	**169**	~30	~17
H2N-(D)Lys-(D)2Pyrim-(D)Arg-CONH2	**170**	35	~26
H2N-(D)Arg-(D)2Pyrim-(D)Lys-CONH2	**171**	5-6	4-5
H2N-(D)Lys-(D)2Pyrim-(D)Lys-CONH2	**172**	43	50-55

Kompleksowanie HIV-2 TAR-RNA ze związkami **169** i **171** zostało przeprowadzone przez J. Fernera (Arbeitskreis Schwalbe, Uniwersytet we Frankfurcie) z wykorzystaniem eksperymentów miareczkowania 1D w NMR. Okazało się, że arginina na wybrzuszeniach wchodzi w pierwszą i najsilniejszą interakcję. Zgodnie z danymi NMR, pozostałość 2-pirymidynylowa nie wydaje się być bezpośrednio związana z systemem TAR-RNA. Wiązania tripeptydu **169** występują od nukleobazy A27 do G43. Ponieważ pojedynczy tripeptyd jest zbyt mały, aby dotknąć jednocześnie dwóch usuniętych nukleotydów, zakłada się wyższe kompleksy niż 1:1. Tripeptyd **171** wykazuje jeszcze większe powinowactwo do TAR RNA niż tripeptyd bisargininy **169**. NMR potwierdził tę różnicę powinowactwa między **169** a **171**Wyższe kompleksy **169** z TAR-RNA mogły być również potwierdzone danymi spektrometrii masowej. Pomiary kompleksu RNA/169 wykonane przez LILBID wykazały również kompleksy kilku tripeptydów na jednym RNA.

7.4.2 Badanie właściwości przeciwwirusowych w testach komórkowych

Tripeptydy z pozostałością 2-pyrimidynylową nie wykazywały właściwości przeciwwirusowych zarówno w teście HeLa P4, jak i MT-4. Wcześniej stwierdzone działania w odniesieniu do H2N-(D)Arg-(D)2Pyrim-(D)Arg-CONH2 (**169**) nie zostały zatem potwierdzone i mogą być wyjaśnione zanieczyszczeniami, które kolidują z oświadczeniami z badania genowego reportera.

Tabela 10: Badanie właściwości przeciwwirusowych i cytotoksycznych tripeptydów przy użyciu testów komórkowych HeLa P4 (Lai) i MT-4 (IIIB).

kontakt seksualny	HeLa P4 (Lai)		MT-4 (IIIB)	
	Zahamowanie IC50 [μM]	Toksycznoś ć CC50 [μM].	Zahamowanie IC50 [μM]	Toksyczność CC50 [μM].
H2N-(D)Arg-(D)2Pyrim-(D)Arg-CONH2 (**169**)	150	n.d.	>147	>147
H2N-(D)Arg-(D)2Pyrim-(D)Lys-CONH2 (**171**)	>150	n.d.	>152	>152
H2N-(D)Lys-(D)2Pyrim-(D)Arg-CONH2 (**170**)	>100	>100	n.d.	n.d.
H2N-(D)Lys-(D)2Pyrim-(D)Lys-CONH2 (**172**)	>100	>100	n.d.	n.d.

szerokość błędu: ± 30 %.

7.5 Przygotowanie peptydów oznaczonych jako "dabcylowane" i wykonanie próby hartowniczej

Ponieważ peptydy zawierające 2-pyrimidynyl nie wykazują samofluorescencji, a peptydy zawierające laktam i amidynę nie wykazują zmian fluorescencyjnych podczas kompleksowania, nie jest możliwe określenie stałej dysocjacji niemodyfikowanego peptydu. W związku z tym w kontekście tych prac opracowano oznaczenie poziomu oziębienia (Rysunek 31) w oparciu o znakowany fluoresceiną system TAR-RNA. Peptydy są oznakowane barwnikiem dabcyl za pomocą łącznika. Fluoresceina i dabcyl służą jako pary hartownic fluorophore. Kompleksowe znakowane fluoresceiną TAR RNA z peptydem znakowanym dabcylem zmniejsza jego fluorescencję. Możliwe jest zatem określenie wartości KD peptydów oznaczonych jako dabcylowe. Zaletą testu jest to, że tylko receptor, RNA znakowane fluoresceiną, musi być znany.

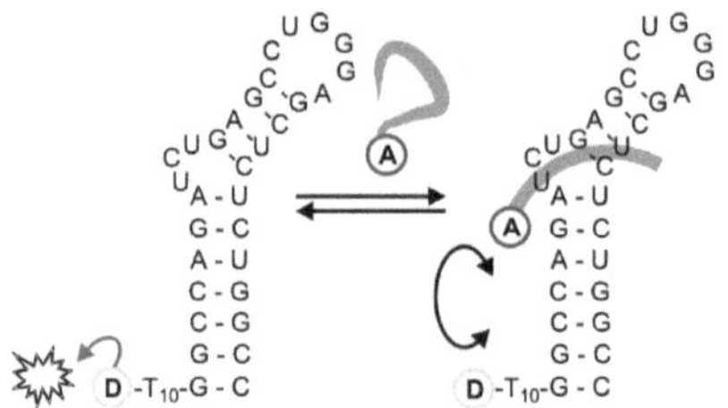

Rysunek 31: Model testu Ouencha

Ponieważ hartowanie fluorescencyjne jest procesem odwracalnym, fluorescencja wzrasta wraz z przemieszczeniem powstałego kompleksu. Można to zrobić poprzez dodanie ligandy, która konkuruje z peptydem oznaczonym jako "dabcyl" dla strony z wiązaniami na TAR RNA. Aby wykluczyć możliwość, że tylko dabcyl i dodatnio naładowane pozostałości są odpowiedzialne za wiązanie z TAR-RNA, etylenodiaminę i TREN połączono z dabcylem, tak aby cząsteczki z jednym dabcylo-NH(CH2)2NH2 (**289**) i dwoma dodatnimi ładunkami dabcylo-NH(CH2)2N((CH2)2NH2)2 (**290**) mogły zostać zbadane. Wykryto wykreślenie fluorescencji w teście hartowania w dolnym zakresie mikromolarnym.

Tabela 11: Etykietowana etykietą Etylenodiamina i TREN

Dabcyl-X	Wartość KD
Dabcyl-NH(CH2)2NH2 (**289**)	50 µM
Dabcyl-NH(CH2)2N((CH2)2NH2)2 (**290**)	4 µM

Następujące tripeptydy zostały oznaczone dabcylem za pomocą łącznika glicynowego jako przekładki i zbadane pod kątem ich właściwości jako tłumiki fluorescencji. 36-letni peptyd tatrzański został wyprodukowany w grupie roboczej Schwalbego S. Menscha i połączony z dabcylem, oddzielony od żywicy i oczyszczony.

Tabela 12: Tripeptydy znakowane zamiennie z glicyną jako łącznikiem.

Dabcyl-Gly-[(L/D)X]n-CONH2	Wartość KD
Dabcyl-Gly-(L)His-(L)His-(L)His-(L)His-CONH2 (**299**)	20±10 µM
Dabcyl-Gly-(L)Arg-(L)Arg-(L)Arg-(L)Arg-CONH2 (**297**)	1,8±0,1 µM
Dabcyl-Gly-(D)Arg-(D)2Pyrim-(D)Arg-CONH2 (**298**)	10 ± 1 µM
Dabcyl-Gly-(L)Arg-(D)2Pyrim-(L)Arg-Gly-(L)His-(L)His-(L)His-CONH2 (**300**)	2,1 ± 0,1 µM
Dabcyl-KSFTTKALGISYGRKRRRRRPPQGSQTHQVLSKQ-CONH2**301**)	7 ± 1 nM

W dochodzeniach V. Ludwiga stwierdzono, że tripeptyd H2N-(L)Jego-(L)Jego-(L)Jego-(L)Jego-CONH2 (**167**) ma większe powinowactwo do TARbla niż do TARwt. H2N-(D)Arg-(D)2Pyrim-(D)Arg-CONH2 (**169**) wykazał preferencje dla regionu wybrzuszenia w badaniach selektywności, tak że segmenty peptydowe wiążące pętlę i wybrzuszenie zostały połączone w jednej cząsteczce przez oznakowany dabcylem oktapeptyd **300**Wewnętrzne porównanie powinowactw do oznakowanych fluoresceiną TAR-RNA wykazuje większe powinowactwo oktapeptydów oznaczonych jako dabcyl**300** do peptydów oznaczonych jako dabcyl **298** i **299** zawierają częściowe sekcje oktapeptydu, co wynika głównie z większej ilości ładunków.

7.5.1 Eksperymenty w zakresie budowy testu przemieszczenia na podstawie peptydów oznaczonych jako "dabcyl".

36-letni peptyd tatrzański został po raz pierwszy oznaczony dabcylem na końcu terminala N. Oczekiwano, że 36-cio letni peptyd tatarski **301** z etykietą dabcyla będzie bardziej selektywny niż poprzednio stosowany model 9-cio letni. Hartowanie emisji fluoresceiny umożliwia określenie wartości KD systemu. Ponieważ proces hartowania fluorescencyjnego powinien być odwracalny, fluorescencja wzrasta, gdy składnik jest wypierany z kompleksu. Można to zrobić poprzez dodanie ligandy, która konkuruje z peptydem oznaczonym jako "dabcyl" dla strony z wiązaniami na TAR RNA. W ten sposób powinowactwo ligandy może być określone przez przemieszczenie.

Całkowite przemieszczenie ligandu było możliwe jedynie poprzez dodanie polargininy i BSA. Ponieważ zachowanie testu w stosunku do znanych ligandów RNA nie było jasne, powstrzymano się od określenia nowej ligandy TAR RNA za pomocą tego testu przemieszczenia.

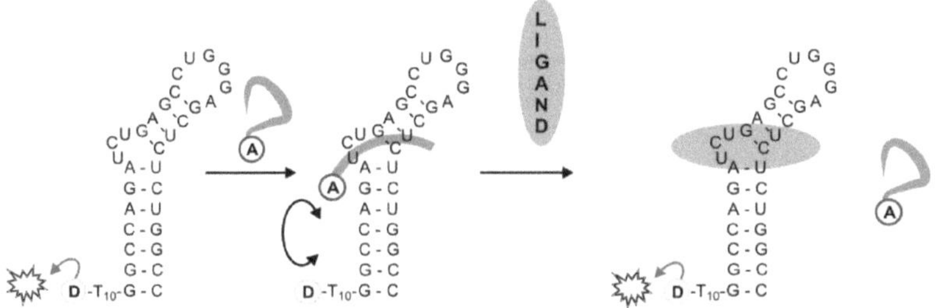

Rysunek 32: Model związku analizy hartowania z przemieszczeniem kompleksu przez ligandy RNA

Kiedy glicyna jest używana jako łącznik, ładunek dodatni zostaje utracony. W celu uzyskania porównania z istniejącymi danymi, Fmoc-Glycine został zastąpiony przez *Nα-Boc-Nε-Fmoc*-(L)-Lysine w FPPS jako łącznik. W rezultacie powstają peptydy dabcylowane z taką samą liczbą ładunków jak peptydy nieetykietowane.

Tabela 13: Tripeptydy z etykietą dabcylową z *Nα-Boc-Nε-Fmoc*-(L)-Lysine jako łącznikiem.

H2N-(L)LysDabcyl-(L/D)Arg-X-(L/D)Arg-CONH2	Wartość KD
H2N-(L)LysDabcyl-(L)Arg-(L)Arg-(L)Arg-(L)Arg-CONH2 (**296**)	0,3 ± 0,1 μM
H2N-(L)LysDabcyl-(D)Arg-(D)Arg-(D)Arg-(D)Arg-CONH2 (**295**)	0,4 ± 0,1 μM
H2N-(L)LysDabcyl-(D)Arg-Lactam-(D)Arg-CONH2 (**291**)	2,8 ± 0,1 μM
H2N-(L)LysDabcyl-(D)Arg-Amidine-(D)Arg-CONH2 (**292**)	0,3 ± 0,1 μM
H2N-(L)LysDabcyl-(D)Arg-(D)2Pyrim-(D)Arg-CONH2 (**293**)	2,1 ± 0,1 μM
H2N-(L)LysDabcyl-(D)Arg-(L)2Pyrim-(D)Arg-CONH2 (**294**)	3,2 ± 0,1 μM

Obrazy formuły znajdują się w rozdziale 10.3.

Pod warunkiem utworzenia kompleksów 1:1, stałą dysocjacji możnaokreślić, wykreślając wzrost kompleksu w stosunku do stężenia dodanego peptydu oznaczonego jako "dabcyl" (Rysunek 33). Ocena danych wykazała odchylenia od teoretycznej krzywej miareczkowania od wyznaczonej doświadczalnie, wskazując na wyższe kompleksy. Dokładne określenie wartości KD nie jest możliwe w ten sposób.

Ustalone wartości pozwalają jednak na względną wycenę między sobą.

Rysunek 33: Wyznaczona doświadczalnie krzywa miareczkowania H2N-(L)LysDabcyl-(D)Arg-Amidin-(D)Arg-CONH2 (**292**) przeciwko znakowanemu fluoresceiną dzikiemu typowi TAR-RNA.

7.6 Synteza 3,5-diaminopyrazolowych pochodnych

Jak wspomniano w rozdziale 2.1.1.4, na podstawie badań NMR[9] i MD[55] ustanowiono wiążący model argininy lub amidku argininy (**21**) do TAR-RNA. Grupa guanidynowa nie wiąże jednocześnie G26 i dwóch fosforanów, ale albo z dwoma fosforanami albo z guanozyną (Rysunek 8i Rysunek 9). [9] Nakładając dwa schematy wiązań, pochodne 3,5-diaminopyrazolu można uznać za możliwe inhibitory kompleksu Tat-TAR-RNA (Rysunek 34). Ponieważ stopień protonacji jest istotny dla wiązania, określono wartości pKa wskazujące, że wszystkie diaminopyrazole mają wartości poniżej 7,0. W ten sposób diaminopyrazole w teście są lekko protonowane. W celu zwiększenia protonacji, badania w teście FRET wykonano dodatkowo przy pH 6,0.

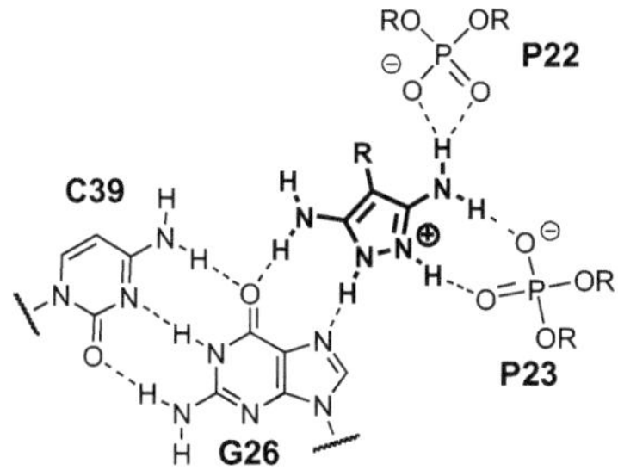

Rysunek 34: Wiążący model pochodnych 3,5-diaminopyrazolu do TAR-RNA

Na początku przedstawiono niezastąpiony 3,5-diaminopyrazol (**176** zaczynając od dinitrylu kwasu jabłkowego (**173**[225, 226] W wyniku dodania bromku otrzymano 3,5-diamino-4-bromopirazol (**177**). [227]

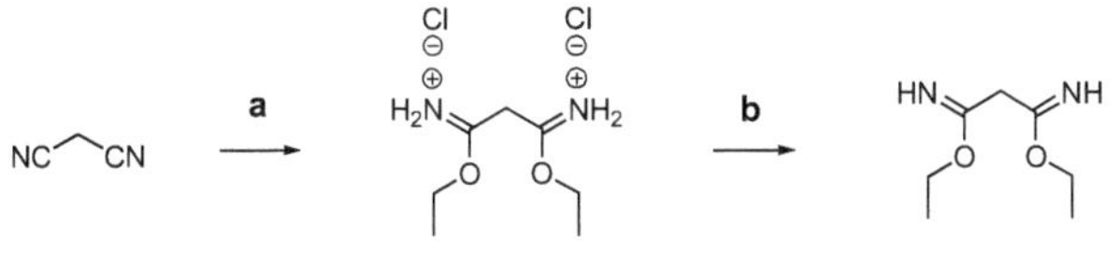

173 **174** **175**

a) EtOH (2,2 Equiv.), 1,4-dioksan, $HCl_{(g)}$, 12 h, 92 %; b) K2CO3, Et2O, 88 %.

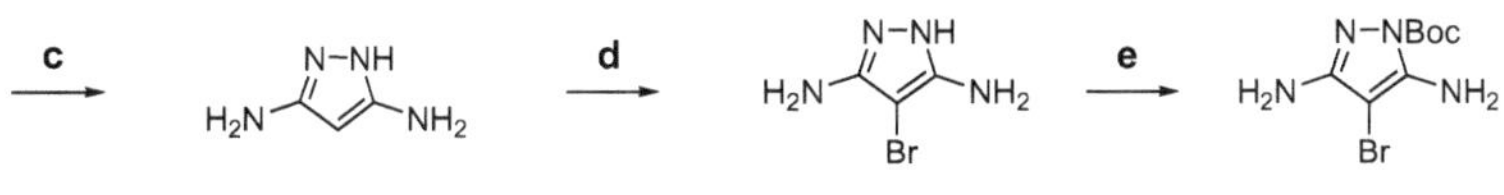

176 **177** **178**

c) $N_2H_4xH_2O$ (odpowiednik 1), EtOH, refluks, 66 %; d) Br_2 (odpowiednik 1), H_2O, 58 % e) $(Boc)_2O$ (odpowiednik 2,5), Et_3N (odpowiednik 2,5), THF, 15 h, RT, 40 %.

Sprzężenie krzyżowe C-C według Sonogashira nie jest możliwe w przypadku bromopyrazolu **177** i chronionego Boc 3,5-diamino-4-bromopyrazolu (**178**

Dalsze pochodne 3,5-diaminopyrazolu otrzymano również z dinitrylu kwasu jabłkowego (**173**). Dinitryl kwasu jabłkowego (**173**) został alkilowany[228] do R = allil **181**, benzyl **183** i metyl **179**, a następnie uwodorniony monohydratem hydrazyny we wrzącym cieple, aby otrzymać pochodne 3,5-diaminopyrazolu **180, 182** i **184**

NC⌒CN —a→ NC⌒CN —b→ H_2N N–NH NH_2

173 **179** **180**

a) jodometan (odpowiednik 1), TBAB (4 mol%), K_2CO_3 (odpowiednik 1), RT, 2 h; b) $N_2H_4xH_2O$ (odpowiednik 1), EtOH, refluks, 5 h, 48 %.

NC⌒CN —a→ NC⌒CN —b→ H_2N N–NH NH_2

173 **181** **182**

a) bromek allilu (odpowiednik 1), TBAB (4 mol%), K_2CO_3 (odpowiednik 1), RT, 13 h; b) $N_2H_4xH_2O$ (odpowiednik 1), EtOH, refluks,15 h, 21 %.

NC⌒CN —a→ NC⌒CN —b→ H_2N N–NH NH_2

173 **183** **184**

a) bromek benzylu (odpowiednik 1), TBAB (4 mol%), K_2CO_3 (odpowiednik 1), RT, 11 h; b) $N_2H_4xH_2O$ (odpowiednik 1), EtOH, refluks, 15 h, 20 %.

7.6.1 Badanie właściwości wiążących pochodnych diaminopyrazolu

W teście fluorescencyjnym badano cykliczne związki tworzone przez model fuzji dwóch guanidyn pod kątem ich właściwości jako inhibitorów Tat-TAR. Diaminopyrazole wykazywały wartości**176**, **178**, **180**, **182** i **184** IC50 między 8 a 12 mM przy pH 7,4. Poprzez wprowadzenie trzeciej grupy aminokwasów do triaminopyrazolu **185** związek staje się bardziej podstawowy (pKa = 5,9) i jest protonowany przy pH 7,4.

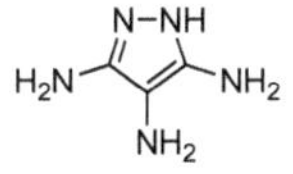

185

Powstały kation ma większe powinowactwo (IC50 = 2-3 mM) niż nieprotonowane diaminopyrazole **176**, **178**, **180**, **182** i **184** zbadania powinowactwa kationów diaminopyrazoli **176**, **178**, **180**, **182** i **184** badanie przeprowadzono przy pH 6,0. Diaminopyrazole z dużymi podstawnikami w pozycji 4 pokazały **182** i **184** wartości IC50 pomiędzy 1,5 i 1,8 mM. Diaminopyrazole bez lub z małymi podstawnikami **176** i **180** te same wartości IC50 (0,7-0,8 mM) co Triaminopyrazol**185**. Związki **176**, **180** i **185** przekraczają zatem wartość liganduicationic arginineamide (**21** wartość IC50 wynoszącą 1,5 mM przy pH 7,4 i 6,0. Wyniki te są zgodne z modelem wiązania, dzięki czemu protonowane diaminopyrazole zachowują się jak "superguanidyny" w stosunku do TAR RNA.

Tabela 14: Badanie pochodnych diaminopyrazolu pod kątem właściwości przeciwwirusowych i przeciwbakteryjnych metodą FRET przy pH 7,4 i pH 6,0 oraz określenie wartości MIC dla *S. aureus*, *E. coli* i *E. faecalis*.

cząsteczka 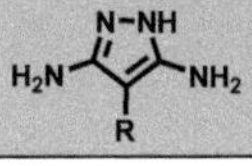		**IC50** pH 7,4 [mM].	**IC50** pH 6,0 [mM].	**pKa**	**MIC** *(S. aureus, E. coli, E. faecalis)*
R = H	**176**	10-12	0.7-0.8	6.1b	>40 µM
R = CH3	**180**	11	0.75-0.8	6.3b 5.[4a]	
R = CH2CHCH2	**182**	10-11	1.5-1.7	6.1b 5.35a	
R = CH2C6H5	**184**	8	1.5-1.8	6.2b	
R = NH2	**185**	2-3	0.7-0.8	3.[3a] 5.9a	
R = Br	**178**	8	-	-	

a) Pomiary zostały przeprowadzone potencjometrycznie przez Infraserv Knapsack i podlegają zapewnieniu jakości zgodnie z normami DIN EN ISO 9001 i DIN EN ISO/IEC 17025. b) Określone za pomocą spektroskopii UV.

7.7 Synteza pochodnych indazolu

Na podstawie wyników uzyskanych z diaminopyrazoli zaproponowano możliwy model wiązania 3,7-diamino-indazolu (**190**).

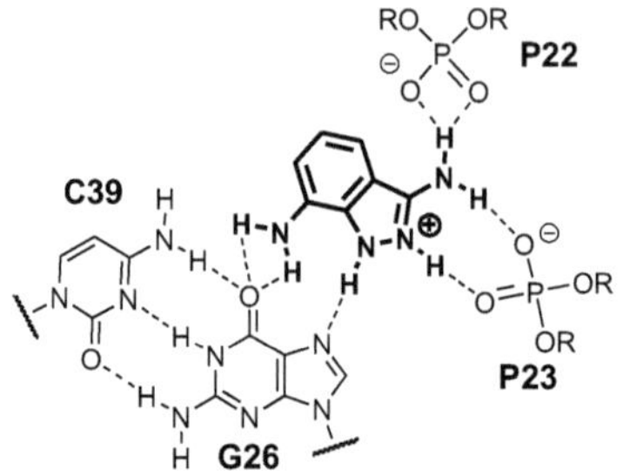

Rysunek 35: Model wiążący 3,7-diamino-indazolu (**190**) do TAR-RNA

Począwszy od kwasu 2-metoksy-3-nitrobenzoesowego (**186**)[229, 230] wytwarzano nitryl **188**, który był przekształcany przez monowodzian hydrazyny do **189**, a następnie redukowany wodorem do 3,7-diamino-indazolu (**190**Redukcja zawartości cyny w 6 N HCl doprowadziła bezpośrednio do powstania dihydrochlorku 3,7-diamino-indazolu**190**. Znana z literatury droga [231, 232] doprowadziła do powstania 3,7-dinitroindazolu (**194** został przerwany po udanej syntezie 3,7-diamino-indazolu (**190**). Redukcja produktu pośredniego **192** z wykorzystaniem wodoru doprowadziła do powstania produktu końcowego - 7-amino-indazolu (**195**). Zarówno 3,7-diamino-indazol (**190**), jak i 7-amino-indazol (**195** nie wykazywały żadnej aktywności jako inhibitory interakcji Tat-TAR przy pH 7,4 i pH 6,0 w teście FRET.

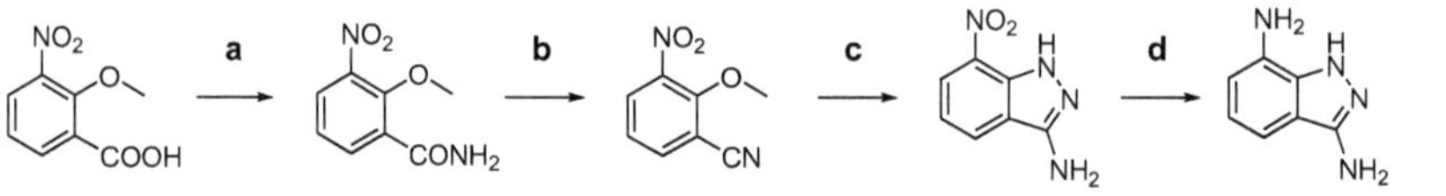

186 **187** **188** **189** **190**

a) 1. PCl5 (1,5 Equiv.), 80 °C; 2. NH3 61 %; b) 1. POCl3 (1,3 Equiv.), pirydyna, 0 °C, 1 h; 2. H2O, 67 %; c) MeOH, refluks, H4N2*H2O (5 Equiv.), 0,5 h, 83 %; d) Pd/C (33 % masy), H2, MeOH, 40 °C, 12 h, 90 %.

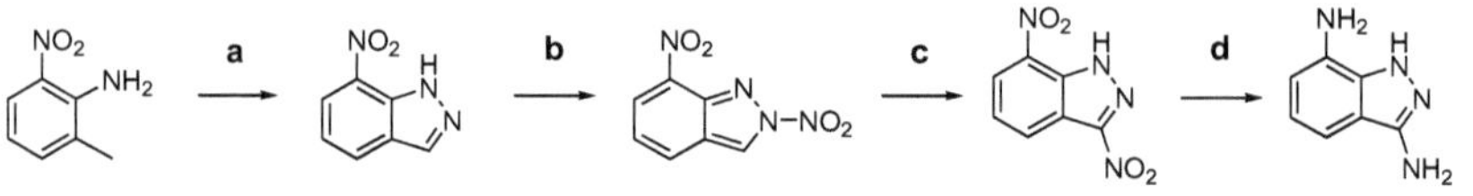

191 **192** **193** **194** **190**

a) 1) Ac2O, 0 °C, 2) NaNO2; H2O, 0 °C, 3. 15 h RT, 18 %; b) HNO3; Ac2O, 15-25 °C; c) 140 °C, 9 h; d) Pd/C (33 % masy), H2, MeOH, 40 °C, 12 h.

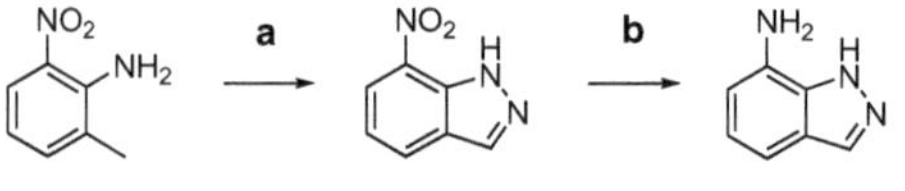

191 **192** **195**

a) 1) Ac2O, 0 °C, 2) NaNO2; H2O, 0 °C, 3) 15 h RT, 18 %; b) Pd/C (30 % masy), H2, MeOH, RT, 30 min, 85 %.

7.7.1 Badanie wiążących właściwości indazolowych instrumentów pochodnych

Pochodne pirazolu 3,7-diamino-indazolu **190** i 7-amino-indazolu **195** nie wykazują powinowactwa do TAR-RNA przy pH 7,4 i 6,0-8 mM. Badania właściwości przeciwbakteryjnych przeprowadzone przez T. A. Wichelhaus (Szpital Uniwersytecki we Frankfurcie nad Menem) wykazały brak aktywności do 160 µM dla**190** i **195** przez inkubację z *gronkowcem złocistym* (ATCC 29213), *Escherichia coli* (ATCC 25922), *Enterococcus faecalis* (ATCC 29212), wieloopornym *Enterococcus faecalis* (VRE) i wieloopornym *gronkowcem złocistym* (MRSA).

Tabela 15: Badanie pochodnych indazolu pod kątem powinowactwa do TAR-RNA metodą FRET przy pH 7,4 i pH 6,0 oraz określenie wartości MIC dla *S. aureus, E. coli, E. faecalis,* multiresistant *E. faecalis* i *S. aureus.*

cząsteczka	IC50 pH 7,4 mM	IC50 pH 6,0 mM	pKa	MIC (*S. aureus, E. coli, E. faecalis* multiresistente *E. faecalis* i *S. aureus*)
190	bezczynny	bezczynny	-	>160 µM
195	bezczynny	bezczynny	-	>160 µM

a) brak działań do 8 mM

7.8 Eksperymenty w zakresie syntezy 1,9-dimetylo-4,9-dihydro-1H-pirazolo[3,4-b]-chinoksaliny-3-aminy (202)

Wprowadzenie struktury triaminopyrazolu (**185**) do szkieletu podobnego do fenazyny prowadzi do powstania związku **196**. Zredukowana postać 1H-pirazolo[3,4-b]chinoksaliny-3-yloaminy (**197**) powinna umożliwić utworzenie **198** dodatkowych wiązań wodorowych w stanie protonowanym, rozwijając tym samym większe powinowactwo z nukleobazami RNA (Rysunek 36).

Red / Ox; $+ H^+$ / $- H^+$

196 **197** **198**

Zredukowana forma **197** jednak bardzo szybko zmieniła się na formę utlenioną **196**. Redukcję uzyskano w teście poprzez dodanie reduktora ditionitu sodu. Późniejsze niepożądane utlenianie zredukowanej formy w teście zachodziło natychmiast, a środek redukujący dodatkowo utrudniał procedurę pomiarową.

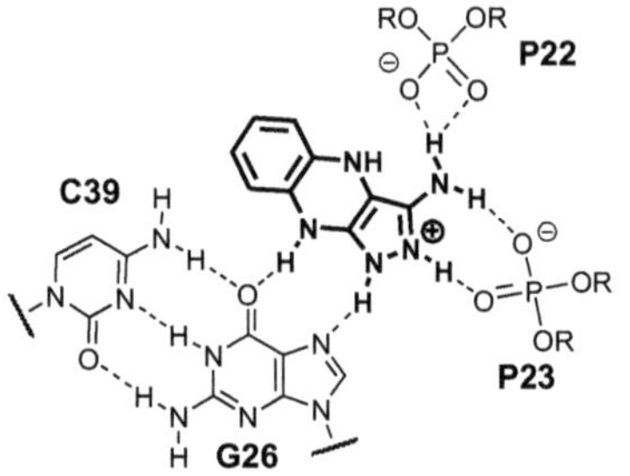

Rysunek 36: Model wiązania formy zredukowanej 1H-pirazolo[3,4-b]chinoksaliny-3-yloaminy (**198**)

Po zmierzeniu potencjału redoks -1,377 V w stosunku do standardowej elektrody kalomelowej, proces reoksydacji jest odwracalny. Powinno być możliwe osiągnięcie potencjału redoks zbliżonego do 0 V poprzez alkilowanie fenazyny **199** lub poprzez wymianę atomu azotu fenazyny na atom tlenu **200**

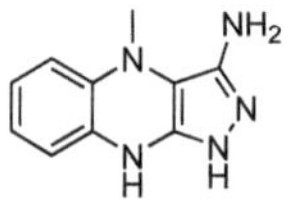

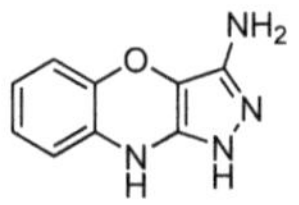

199 **200**

Począwszy od możliwych dróg syntezy do 1-metylo-1H-pirazolo-[4,3-b]-chinoksaliny-3-aminy (**202**) (Rysunek 37), podjęto próbę połączenia 4-bromo-1-metylo-3,5-dinitro-1H-pirazolu (**207**) z **208**[233]. Wystąpiła tylko reakcja z **216** dalsze wprowadzanie grupy metylowej przez alkilację nie powiodło się.

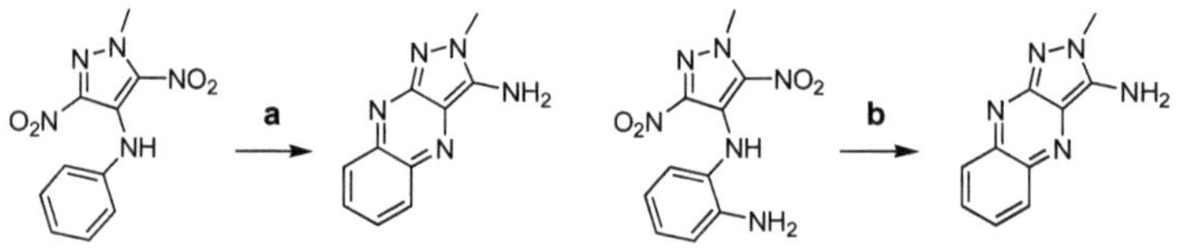

201 **202** **203** **202**

Rysunek 37: Drogi syntezy do 1-metylo-1H-pirazolo-[4,3-b]-chinoksaliny-3-aminy (**202**) a) H2, Pd/C, EtOH, 56 % b) NaBH4, 2 N NaOH, refluks, 59 %.

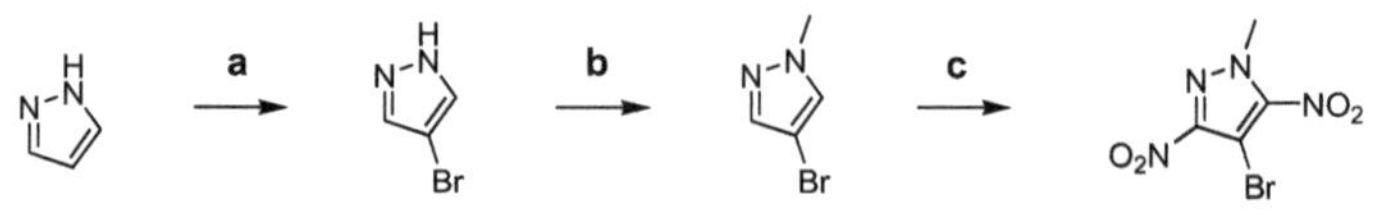

204 **205** **206** **207**

a) Br2 (1 Equiv.), H2O, refluks, 1 h, 88 %; b) KOH (1,5 Equiv.), TEAB (0,15 Equiv.), MeI (1 Equiv.), 15 h, RT, 81 %; c) HNO3, H2SO4 (25:1), refluks, 2 h, 65 %; d) HNO3, H2SO4 (25:1), refluks, 2 h, 65 %.

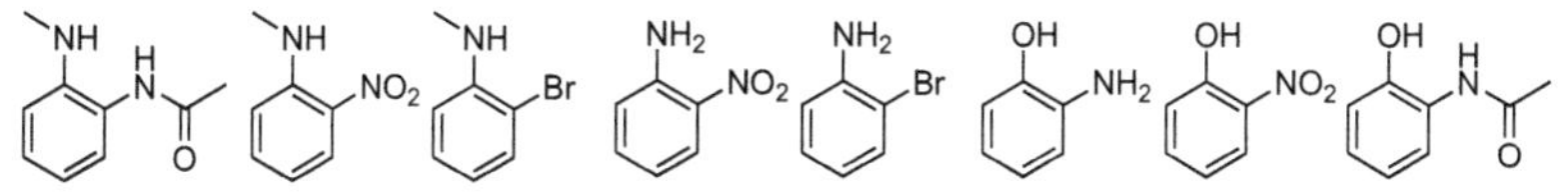

208 **209** **210** **211** **212** **213** **214** **215**

1) 100 °C, DMSO; 2) NaH, THF, 60 °C; 3) Pd(dppf)Cl2, 1,4-dioksan.

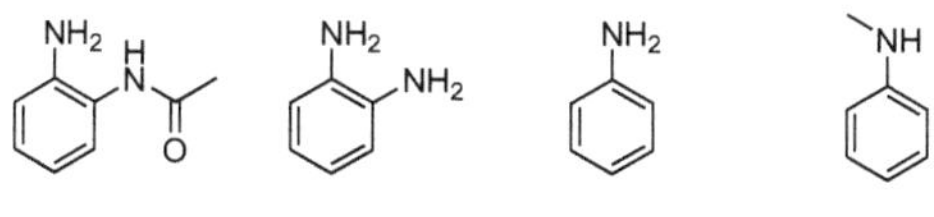

216 **217** **218** **219**

1) 100°C, DMSO

Udana reakcja bromopyrazolu **207** z pochodną aniliny **219** doprowadziła do powstania produktu **220**. **220** została zredukowana za pomocą borowodorku sodu w pracy dyplomowej G. Seiferta. [234] W kontekście tej pracy reakcja została powtórzona i produkt **221** mógł zostać wyizolowany. Następnie zastosowano inne metody syntezy metylowanej fenazyny.

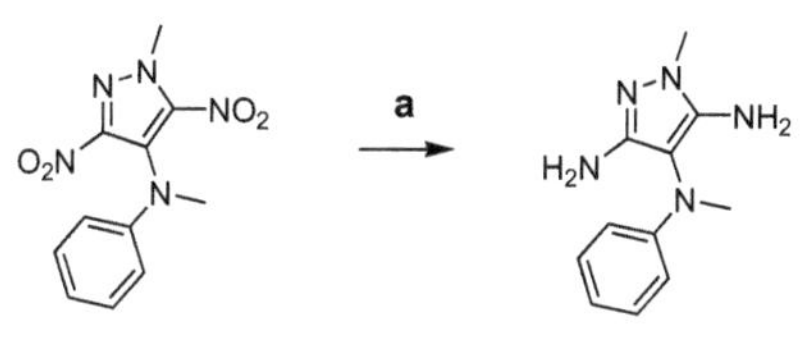

220 **221**

a) NaBH4, 2 N NaOH, refluks, 41

7.9 Eksperymenty w zakresie syntezy 4,9-dihydro-4-metylo-1H-pirazolo[3,4-b]chinoksaliny-3-aminy (199)

Zaczynając od *o-fenylenodiaminy* (**217**) otrzymano poprzez redukcję do**222**, a następnie metylację estru etylowego **223**Alternatywną metodą jest bezpośrednia redukcyjna metylacja**217** do estrów etylowych **223**, które następnie mogą być aminowane amoniakiem pod ciśnieniem. Amid **224** został rozpuszczony w pirydynie i dodano POCl3. Po przetworzeniu w procesie hydrolizy otrzymano nitryl **225**, który został alkilowany solą z wina morskiego. Kolejne reakcje eteru **226** z monohydratem hydrazyny nie prowadziły do uzyskania pożądanej metylowanej fenazyny **199**. Cienkowarstwowa chromatografia reakcji wykazała całkowitą konwersję wychowania i powstanie domniemanego produktu, który szybko rozkładał się do mieszanin po kontakcie z tlenem. Oczyszczanie i analiza nie były zatem możliwe.

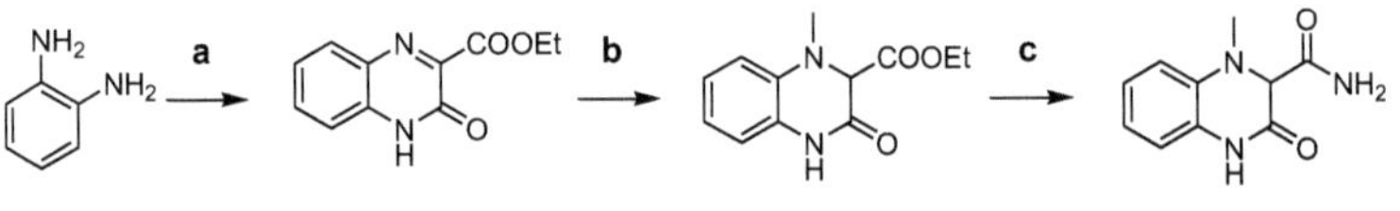

217 **222** **223** **224**

a) EtOH, ketomalonian etylu (1 Equiv.), 1 h, refluks, 77 %[235]; b) 1. Pd/C, MeOH, 3 h, RT, 2. H2CO (2 Equiv.), H2, 12 h, RT, 90 %; c) NH3, 48 h, 120 °C, 50 barów, 78 %.

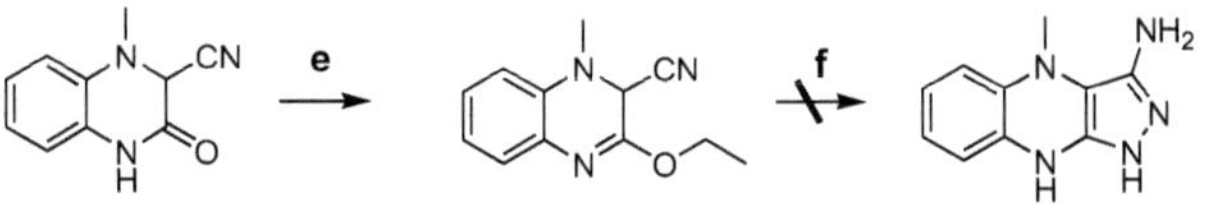

225 **226** **199**

d) pirydyna, 0-5 °C, POCl3 (3 Equiv.), 10 min, 84 %; e) trietylooksyetrafluoroboran sodu (1 Equiv.), DCM, 20 h, RT, 92 %; f) N2H4xH2O, EtOH

Z dodatkiem hydrazyny monohydratu do nitrylu **225**[236] powinna być możliwa reprezentacja **199**. Jednak tylko pochodna hydrazyny**227** mogła zostać wyizolowana.

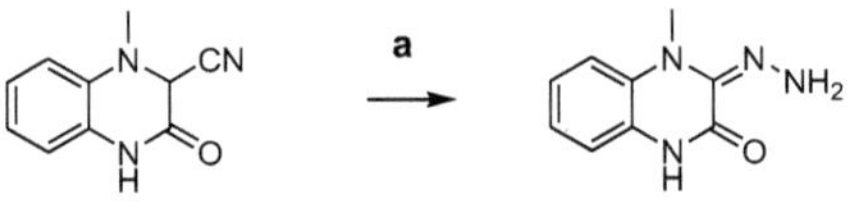

225 **227**

a) N2H4xH2O, EtOH

Do dalszych eksperymentów cyklizacji ester etylowy **223** reagował z monohydratem hydrazyny. Doprowadziło to do powstania produktu **228**. **223** zostało następnie alkilowane solą morską do **229** zwiększenia elektrofilowości. Produkt cyklizowany **230** stracił swoją grupę metylową w wyniku eliminacji, wyizolowano w warunkach niskiego plonu.

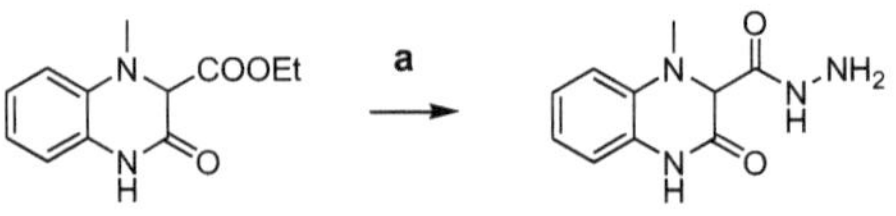

223 **228**

a) N2H4xH2O, EtOH

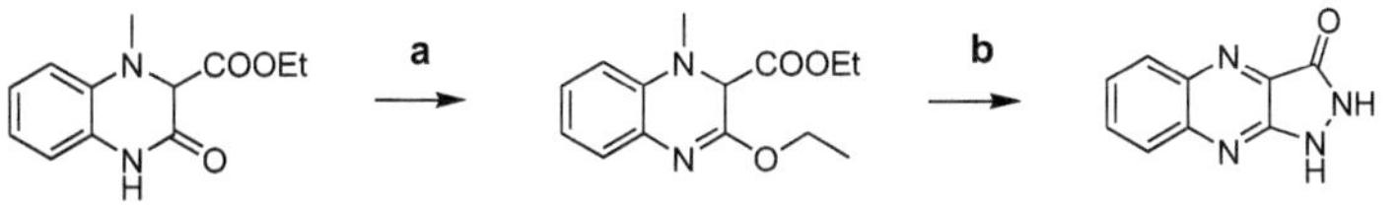

223 **229** **230**

a) trietylooksyetrafluoroboran trietylooksyetrafluoroboru (1 odpowiednik), DCM, 20 h, RT, 79 %; b) N2H4xH2O, EtOH

7.10 Eksperymenty w zakresie syntezy 1,7-dihydro-benzopirazolo[4,3-b][1,4]-oksazyny-3-aminy (200)

Synteza 1,7-dihydro-benzo-pirazolo[4,3-b][1,4]oksazyny-3-aminy (**200** 2-nitrofenolu (**214**). Po dodaniu 2-bromomalonianu dietylu, otrzymany ester dietylowy **231** zredukowany do estru etylowego **232** przekształcony w tiolaktam **233** przez odczynnik Lawessona[237]. [238] Metylacja jodkiem metylu doprowadziła do powstania eteru tiometylu **234**,[239], który po szybkim lub powolnym dodaniu monohydratu hydrazyny w temperaturze RT lub we wrzącym ogniu przekształcił się w pochodną hydrazyny **235**, która natychmiast stała się bezbarwnym proszkiem.

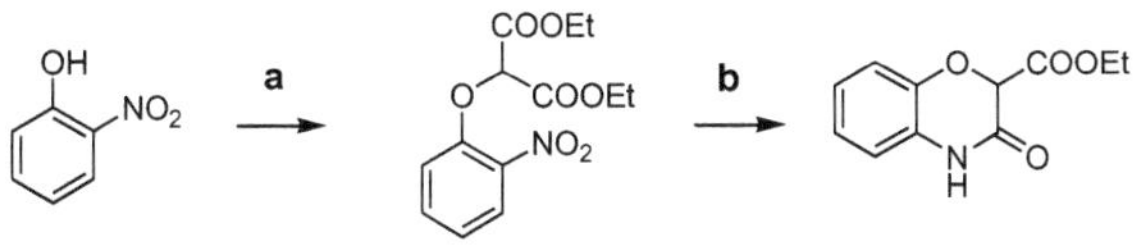

214 **231** **232**

a) 1) 1) KF (2,5 Equiv.), DMF, RT, 2) dwu-bromomalonian dietylu, 6 h, 60 °C, 87 %; b) H2, Pd/C (10 % masy) EtOH, 3 h, 60 °C, 56 %.

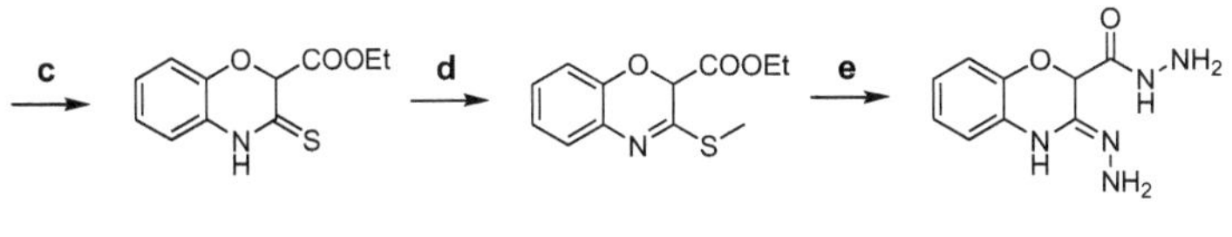

233 **234** **235**

c) Odczynnik trawnikowy (1 Equiv.), THF, 24 h, RT, 89 %; d) NaH (1.1 Equiv.), MeI (1 Equiv.), THF, RT, 87 %; e) N2H4xH2O (1.1 Equiv.), EtOH, RT lub N2H4xH2O (1.1 Equiv.), EtOH, reflux

235 również nie powiodła się po reakcji monohydratu hydrazyny z eterem etylowym **236**

232 236 235

a) trietylooksyetrafluoroboran trietylooksyetrafluoroboru (odpowiednik 1), DCM, 24 h, RT, 69 %; b) N2H4xH2O, EtOH

Po dodaniu roztworu tiolaktamu **233** po kropli do skoncentrowanego roztworu monohydratu hydrazyny, pochodna hydrazyny **235** również nie powiodła się.

233 235

a) N2H4xH2O (1.1 equiv.), EtOH, RT lub N2H4xH2O (1.1 equiv.), EtOH, reflux

Powolne wprowadzanie roztworu monohydratu hydrazyny do stężonego roztworu tiolaktamu **233** spowodowało powstanie pochodnej hydrazyny **237**.

233 237

a) N2H4xH2O (1.1 equiv.), EtOH, RT lub N2H4xH2O (1.1 equiv.), EtOH, reflux

Podobnie jak w przypadku estru etylowego **223** reakcja z monohydratem hydrazyny prowadzi do izolacji laktamu **238**. Dalsza aktywacja solą z wina morskiego, odczynnikiem Lawessona[237] i P2S5 doprowadziła do powstania nierozdzielnych mieszanin.

232 238

a) N2H4xH2O (1.1 Equiv.), EtOH, 1 h, refluks, 94%.

Nitryl **240** może być wytwarzany w znanej sekwencji reakcji (amoniak pod ciśnieniem i POCl3 w pirydynie), począwszy od estru etylowego **232**.

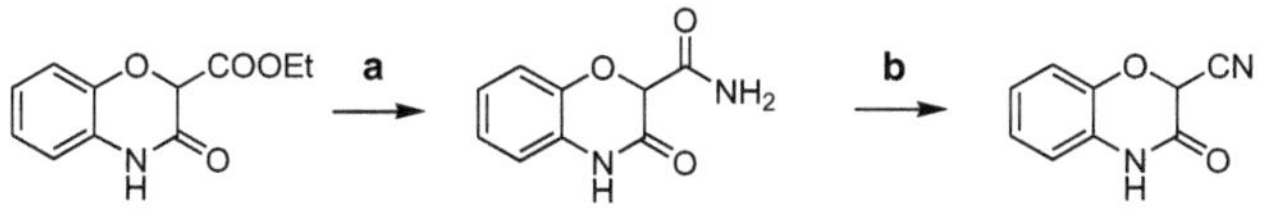

232 **239** **240**

a) NH3, 5 h, 120 °C, 45 barów, 85 %; b) Pirydyna, 0-5 °C, POCl3 (równowaga 3), 5 min, 87 %.

Nitryl **240** został przekształcony w tiolaktam **241** odczynnika Lawessona[237], a następnie zmieszany z monohydratem hydrazyny. Uciekający w cyklizacji siarkowodór można było wykryć, a po całkowitym zużyciu tiolaktamu **241** roztwór reakcyjny zmieszano z roztworem kwasu pikrynowego, tak że pikrynian **200** czysto wytrącany z roztworu. Aby zbadać produkt pod kątem jego właściwości jako inhibitora interakcji Tat-TAR, pikrynian został przekształcony w odpowiedni chlorowodorek. HPLC wykorzystano do monitorowania stabilności szybko rozkładającego się chlorowodorku podczas wymiany solnej i pomiarów metodą FRET.

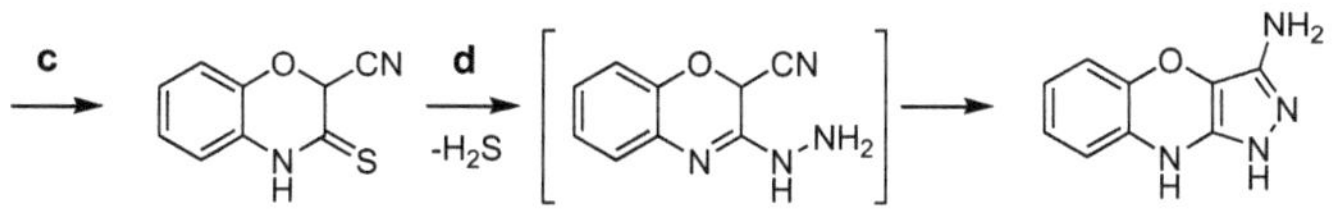

241 **242** **200**

c) Odczynnik trawnikowy (1 Equiv.), THF, 2 h, 50 °C, 35 %; d) 1. N2H4xH2O (1.2 Equiv.), EtOH, 5 min, RT, 2. kwas pikrynowy, MeOH, 92 %.

7.10.1 Badanie właściwości wiążących pochodnych fenazyny

Szkielet triaminopyrazolu wprowadzony do szkieletu podobnego do fenazyny **196** powinien mieć również powinowactwo do TAR-RNA tylko w protonowalnej formie redukcyjnej **197**Prezentacja, stabilizacja i analiza zredukowanego połączenia okazały się trudne. Pomiar utlenionej formy **196** i zredukowanej formy **197** (dodanie Na2S2O4 do testu) w teście FRET nie wykazał powinowactwa do TAR-RNA. Aby ustabilizować zredukowany stan, do szkieletu podobnego do fenazyny **200** dodano tlen zamiast azotu. Pikrate zredukowanej formy przekształcono w chlorowodorek do analizy w teście FRET. Stabilność związku **200** po wymianie soli była monitorowana przez HPLC i natychmiast wykonano analizę metodą fluorescencyjną. **200** nie wykazywało aktywności przy pH 7,4 i wartości IC50 850 µM przy pH 6,0. Jedną z przyczyn niskiej aktywności **200** może być niestabilność, dlatego nie prowadzono dalszych analiz.

196	200
Brak aktywności, ani w stanie utlenionym, ani zredukowanym[a].	IC50 (pH 7,4) = brak aktywności[b] IC50 (pH 6,0) = 850 μM

a) Brak aktywności do 400 μM z powodu limitu rozpuszczalności b) Brak aktywności do 1 mM

7.11 Analiza zsyntetyzowanych ligandów RNA pod kątem selektywności.

Badania selektywności przeprowadzono z użyciem Dabcyl-Gly-(L)Arg-(D)2Pyrim-(L)Arg-Gly-(L)His-(L)His-(L)His-CONH2 (**300**) i H2N-(L)LysDabcyl-(D)Arg-Amidin-(D)Arg-CONH2 (**292**). Chociaż nie powstały żadne kompleksy 1:1, a zatem nie można było dokładnie określić stałej dysocjacji, nadal możliwe było uzyskanie preferowanych pokrewieństw z pewnymi wzorcami strukturalnymi na podstawie danych wiążących syntetyzowanych peptydów wobec różnych mutantów TAR RNA. Do badań wykorzystano następujące RNA oznaczone fluoresceiną: Dziki typ TAR RNA (TARwt) (Rysunek 38), TAR RNA bez wybrzuszeń (TARbl) (Rysunek 39) oraz TAR RNA bez pętli (TARll) (Rysunek 40).

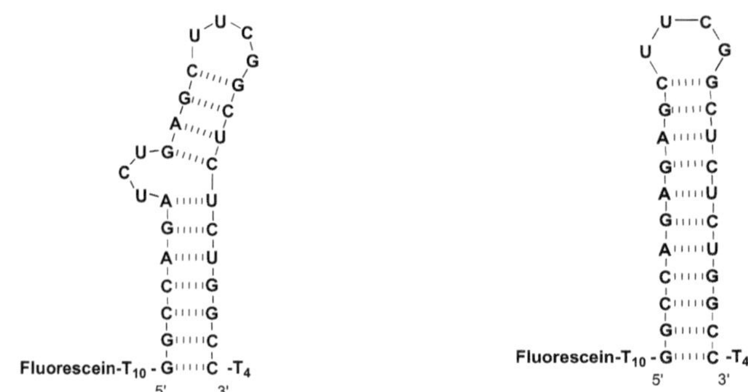

Rysunek 38: Dziki typ TAR RNA (TARwt)

Rysunek 39: Bezwybłędny TAR RNA (TARbl)

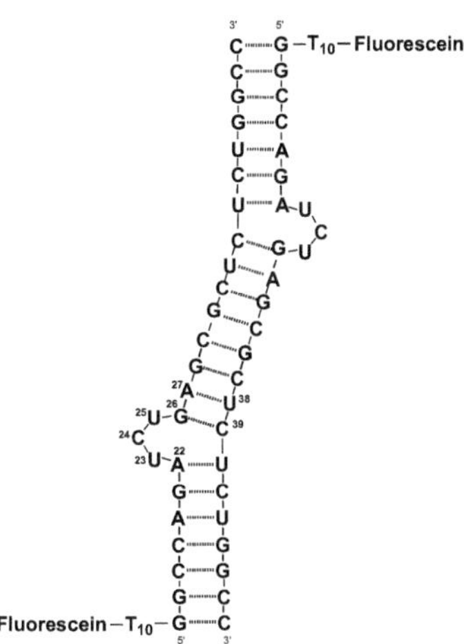

Rysunek 40: Bezpętlowy system TAR RNA (TARII)

Badanie selektywności mutantów TAR-RNA z **292** przeprowadzono z dodatkiem 1 mM soli magnezowej i alternatywnie bez tego dodatku. Podaż magnezu wykorzystano do dostosowania warunków fizjologicznych. Podwójnie naładowane dodatnio jony powinny umożliwiać zwiększenie selektywności poprzez zmniejszenie powinowactwa. Jednakże w żadnym z doświadczeń z **300** i **292** nie można było wykryć preferowanych miejsc wiążących.

Dalsze analizy selektywności wykonano dla wszystkich sztucznych tripeptydów przy użyciu testu FRET z nieoznakowanym HIV-1 i HIV-2 TAR RNA (Tabela 5i Tabela 9).

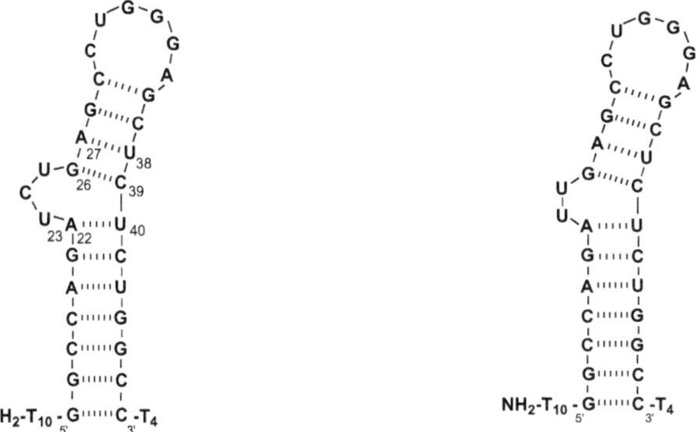

Rysunek 41: Model HIV-1 TAR-RNA

Rysunek 42: Model HIV-2 TAR-RNA

Tripeptydy z laktamem i 2-pyrimidyną jako pozostałościami heteroaromatycznymi wykazują tendencję do nieco lepszego pokrewieństwa z HIV-2 TAR-RNA. Dwie bis-lizyny **157** i **161** mają większe powinowactwo do HIV-1 TAR-RNA. Tripeptydy z amidyną jako pozostałą miały porównywalne dane wiążące do dwóch TAR RNA. Ogólnie rzecz biorąc, tripeptydy z co najmniej jedną argininą wykazywały większe powinowactwo do różnych TAR-RNA niż tripeptydy z lizyną tylko w pozycjach flankujących. Ogólnie rzecz biorąc, wszystkie klasy ligandów TAR RNA charakteryzują się niską selektywnością, co prawdopodobnie wynika z faktu, że złożoność ligandów TAR RNA z czynnikami komórkowymi i ligandami prowadzi do różnych konformacji, co komplikuje ogólną zasadę wiązania małych cząsteczek.

7.12 Synteza ligandów z wirtualnego ekranowania

Wirtualne badanie przesiewowe oparte na ligandzie zostało wykorzystane przez G. Schneidera i wsp· Powinny one być w stanie zahamować interakcję Tat-TAR niezbędną do replikacji HIV. Do wirtualnego przesiewania komercyjnej biblioteki substancji wykorzystano metodę bezosiowości (SQUID) i metodę bez osiowania (CATS3D). W literaturze z acetylpromazyną (**36**) i CGP 40336A (**28**) jako ligandy referencyjne wykorzystano znane związki o silnym powinowactwie do regionu wybrzuszenia TAR-RNA. Systemy pierścieniowe ligandów referencyjnych tworzą interakcje piętrowe i elastycznie naładowane interakcje resztek ładunkuπ. Otrzymane związki były badane testem FRET przez Hamasaki i wsp. SQUID został użyty do przeszukania biblioteki substancji. Otrzymany związek **243** miał wartość IC50 równą 46 μM, co oznacza silniejsze zahamowanie niż ligand referencyjny acetylpromazyny (**36**) (IC50 = 500 μM). Nowa liganda RNA **243** została podzielona na częściowe struktury na podstawie projektu cząsteczek fragmentarycznych i automatycznie zaaranżowana na nową cząsteczkę. 65] Zastosowane oprogramowanie projektowe *de novo* Flux posiada ewolucyjny algorytm aranżacji i optymalizacji fragmentów do nowych, podstawowych struktur[240], takich jak roztwór chinoliny **244** otrzymany z danych ligandów RNA **243**

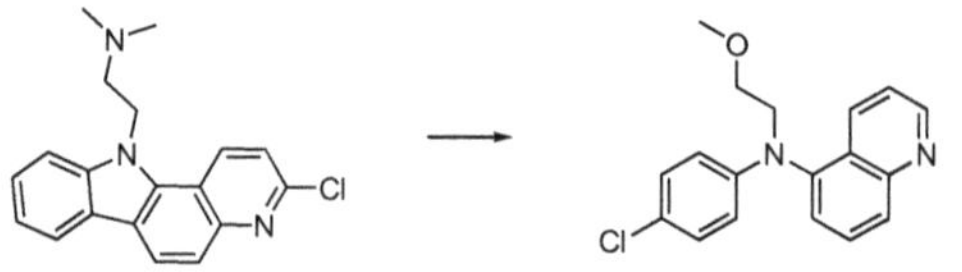

243 **244**

We współpracy z grupą roboczą Schneidera syntezę związku **244** bromowania chinoliny (**136**) po rozważaniach retrosyntetycznych. Dalszymi krokami były reakcja Buchwalda-Hartwiga[241, 242] z 5-

bromochinoliną (**246**)[243, 244] i 4-chloroaniliną, a następnie N-alkilacja z 2-bromometylowym eterem metylowym.

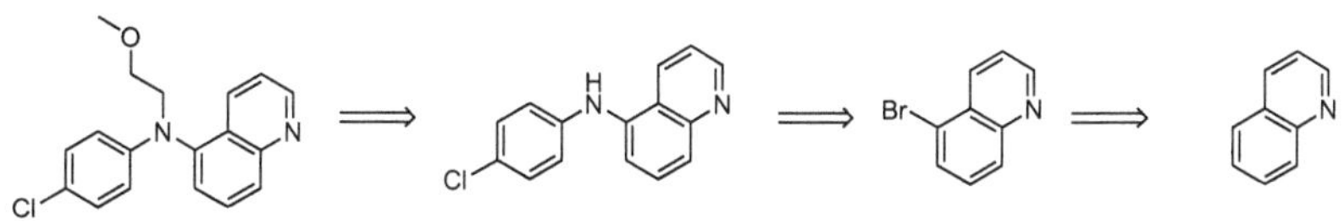

244 **245** **246** **136**

W wyniku bromowania chinoliny (**136**) NBS w 95 % H2SO4 otrzymano mieszaninę. Kolumnowe oczyszczanie chromatograficzne ujawniło mieszaninę **246** i **247**. Dibromochinolinę **248** otrzymano jako czystą frakcję. Późniejsze oczyszczanie za pomocą HPLC pozwoliło na wyizolowanie 5-bromochinoliny (**246**).

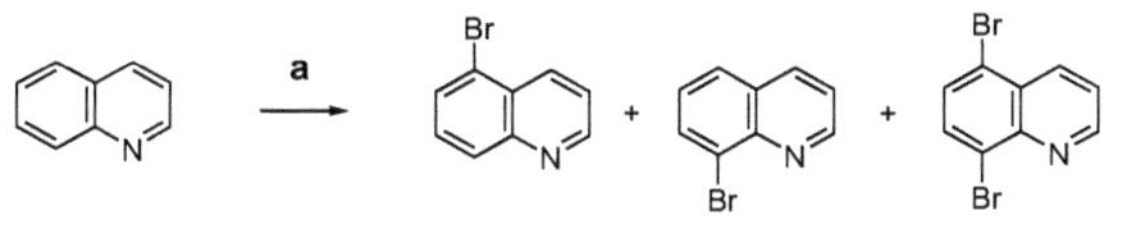

136 **246** **247** **248**

a) NBS H2SO4 (95 % ig), 3 h, RT,**246** 21 %, **248** 12 %.

Reakcję Pd-katalizowaną (Pd(dppf)Cl2) (**249**) Buchwald-Hartwig[241, 242] pomiędzy 5-bromochinoliną (**246**) a 4-chloroaniliną można zoptymalizować poprzez wykorzystanie promieniowania mikrofalowego. Następnie przeprowadzono N-alkilację z 2-bromometylowym eterem metylowym na różnych podstawach (NaH, LiHMDS, Cs2CO3 i K2CO3). Tylko dodanie K2CO3 doprowadziło do uzyskania pożądanego produktu **244**.

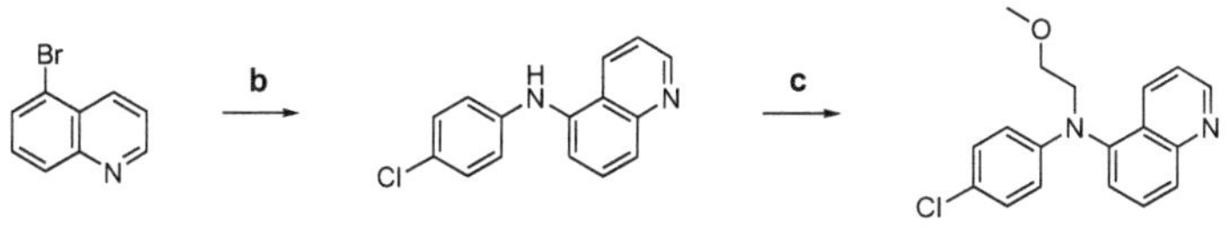

246 **245** **244**

b) 4-chloroanilina (1.1 equiv.), NaOt-Bu (1.5 equiv.), Pd(dppf)Cl2 (**249**) (2.5 mol%), 1,4-dioksan, 15 h, refluks, 18% lub 4-chloroanilina (1.1 equiv.), NaOt-Bu (1.5 equiv.), NaOt-Bu (1.1 equiv.), Pd(dppf)Cl2 (**249**) (2.5), NaOt-Bu (1.1 equiv.), Pd(dppf)Cl2 (**249**) (2.5).), Pd(dppf)Cl2 (**249**) (2,5 mol%), toluen, MW, 100 W, refluks, 20 min, 60 %; c) 2-bromometylowy eter metylowy (równoważnik 1,6), K2CO3 (równoważnik 6), MeCN, 36 h, refluks, 41 %.

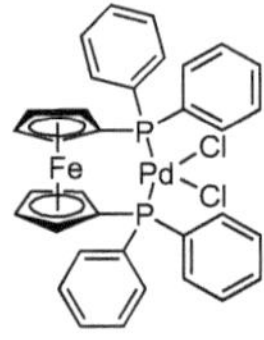

249

W teście wiązań FRET, ligand **244** nie wykazywał pokrewieństwa z TAR-RNA. Kolejne badania wykazały, że granica rozpuszczalności wynosi 100 µM.

Podejście z acetylpromazyną (**36**) jako strukturą szablonową wykazało możliwość zastosowania fragmentarycznego projektu *de novo*, który może być postrzegany jedynie jako punkt wyjścia dla dalszych struktur ołowianych. [240]

W teście antybakteryjnym związek **244** inkubowano z *B. subtilis* 168, a jego aktywność określano na podstawie gęstości optycznej. Można było wykazać efekt hamujący wzrost, ale określenie minimalnego stężenia hamującego (MIC) nie było możliwe. Inne testy przeciwdrobnoustrojowe na obecność *Staphylococcus aureus* (ATCC 29213), *Escherichia coli* (ATCC 25922), *Enterococcus faecalis* (ATCC 29212), *Enterococcus faecalis* (VRE) i *Staphylococcus aureus* (MRSA) również nie wykazały żadnej aktywności.

7.13 Zastosowanie reakcji Buchwalda-Hartwiga

Ze względu na optymalizację reakcji Buchwalda-Hartwiga[241, 242] poprzez napromieniowanie mikrofalami, warunki te zastosowano również do kluczowego etapu syntezy N-arylowanych pochodnych benzimidazolonu, które mogą być dalej przetwarzane jako osiowo-chiralne związki amidynowe w katalizie reakcji Diel-Alder. [245] W tym celu wyprodukowano 2-bromo-3-nitro-benzonitryl (**251** z amidku **250** i pomyślnie przekształcono go w **252** aniliną w reakcji Buchwalda-Hartwiga wspomaganej mikrofalami[242]. W poprzednich pracach poszukiwano różnych sposobów bezpośredniej realizacji. Udane odzyskanie produktu może zatem zaoszczędzić dwa etapy, ale przy wydajności 18 % nadal istnieje pole do poprawy.

O NH2 Br NO2 —a→ CN Br NO2 —b→ CN H N NO2

250 **251** **252**

a) POCl3 (1.2 Equiv.), pirydynę, 0-5 °C, 1 h, 73 %; b) anilinę (1.1 Equiv.), NaOt-Bu (1.5 Equiv.), Pd(dppf)Cl2 (**249**) (2.5 mol%), toluen, MW, 100 W, refluks, 1 h, 18 %.

8. STRESZCZENIE

8.1 Tripeptydy z bloków peptydomimetycznych.

Ponieważ w przyrodzie obecne są tylko cztery aminokwasy aromatyczne (Jego, Trp, Phe i Tyr)[13], istnieje szczególne zainteresowanie badaniem peptydów z dalszymi pozostałościami heteroaromatycznymi. Niektóre heteroaromatyki są potencjalnymi ligandami RNA, ponieważ mogą one podlegać interakcjom elektrostatycznym i hydrofobowym. W poprzednichprojektach, reakcje C-C linkage katalizowane przez metale przejściowe, takie jak Heck, Suzuki i Negishi, były wykorzystywane do łączenia heteroaromatycznych pozostałości z prekursorami aminokwasów. Pozostałości heteroaromatyczne, których nie można było wprowadzić za pomocą tych kluczowych kroków, zostały z powodzeniem wprowadzone do bloków peptydomimetycznych **151** i **153** poprzez wiązanie amidowe w syntezie na poziomie 13 i 16 poprzez chemię analogową PNA w ramach tej pracy.

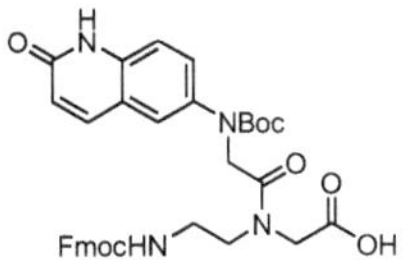

151 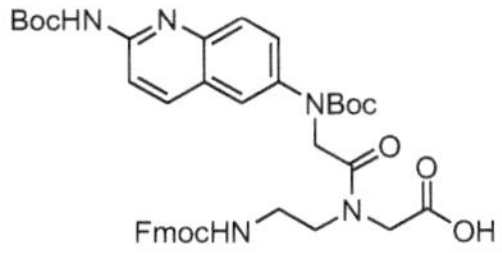 **153**

W celu zwiększenia różnorodności sekwencji tripeptydów lizyna i arginina zostały włączone jako aminokwasy boczne. Właściwości peptydów jako inhibitorów kompleksu HIV-1 lub HIV-2 TAR-RNA do Tat badano metodą fluorescencyjną. Tripeptydy H2N-(D)Arg-Lactam-(D)Arg-CONH2 (**154**) i H2N-(D)Arg-Amidin-(D)Arg-CONH2 (**158**) miały wartości IC50 wynoszące 2-3 µM, które zweryfikowano metodą spektroskopii korelacji fluorescencyjnej (FCS). [246] Wymiana argininy przez lizynę w tripeptydach z laktamem jako pozostałością heteroaromatyczną doprowadziła do zmniejszenia powinowactwa. Właściwości inhibicyjne trójpeptydów amidynowych uległy jedynie niewielkim zmianom w wyniku wymiany lizyny. W teście reporterowym, w którym komórki HeLa P4 są wyposażone w receptory ważne dla zakażenia HIV i gen β galaktozydazy pod kontrolą HIV-1 TAR RNA, oznaczono wartość IC50 równą **158** z 10-50 µM. Efekt ten nie jest spowodowany cytotoksycznością. W badaniach spektrometrii masowej **158** i Tat by LILBID, w obu peptydach obserwowano kompleksy 1:1 i 1:2 z HIV-1 TAR. W eksperymentach wypornościowych kompleksu

Tat-TAR przez **158** można było zaobserwować odpowiednie kompleksy 1:1 i 1:2 oraz dodatkowo **158**[246] Badania właściwości antybakteryjnych nie wykazały aktywności tripeptydów.

8.2 Tripeptydy zawierające 2-pirymidynę

We współpracy z M. Suhartono wyprodukowano**168** tripeptydów z (D)-argininą i (D)-lizyną na C i N-końcówce z (D)-konfigurowanych aminokwasów zawierających 2-pirymidynę z ogniwami C3[208].

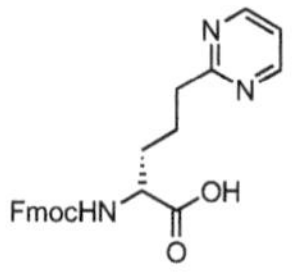

168

Otrzymane tripeptydy miały wartości IC50 w zakresie 30 µM. H2N-(D)Arg-(D)2Pyrim-(D)Lys-CONH2 (**171**) wykazał jednak zahamowanie przy 5-6 µM, co jest godne uwagi w przypadku pozostałości 2-pirymidynylowej, która jest nieprotonowana w warunkach badania. Tripeptydy z pozostałością 2-pyrimidynylową nie wykazywały właściwości przeciwwirusowych zarówno w teście HeLa P4, jak i MT-4. Kompleksowanie HIV-2 TAR RNA ze związkami **169** i **171** badane za pomocą eksperymentu miareczkowania 1D. Zgodnie z wcześniejszymi danymi wydaje się, że jeden z argininowych łańcuchów bocznych w zakresie wybrzuszeń z G26 stanowi największy pojedynczy wkład w wiążące powinowactwo do TAR. Zgodnie z danymi NMR, pozostałość 2-pirymidynylowa nie wydaje się być bezpośrednio zaangażowana w wiązanie TAR-RNA. Kontakty tripeptydu **169** do RNA występują zarówno powyżej (A27), jak i do nukleazy G43, która znajduje się poniżej wybrzuszenia. Ponieważ pojedynczy tripeptyd nie może tworzyć takich wiązań, zakłada się wyższe kompleksy niż 1:1. Tripeptyd **171** wykazuje jeszcze większe powinowactwo do TAR-RNA niż tripeptyd bisargininy **169** Te różnice powinowactwa mogą być potwierdzone przez NMR. Tutaj również powstały wyższe kompleksy, które odpowiadały danym spektrometrii masowej.

8.3 Oznaczanie stałych dysocjacji peptydów

Do oznaczania stałych dysocjacji peptydów zawierających laktam, amidynę i 2-pirymidynę wykorzystano test quencha oparty na znakowanym fluoresceiną TAR-RNA. Ze względu na brak samofluorescencji peptydów zawierających 2-pirymidynę oraz brak zmiany fluorescencji w peptydach zawierających laktam i amidynę podczas kompleksowania z TAR-RNA, bezpośrednie oznaczanie KD dla tych peptydów nie było możliwe. Dlatego też peptydy połączono z barwnikiem akceptorowym dabcylem poprzez łącznik glicynowy lub lizynowy. Fluoresceina i dabcyl służą jako pary hartownic fluorophore. Złożone tworzenie się peptydów z oznakowaniem TAR-RNA zmniejsza ich fluorescencję. Przyjmując kompleks 1:1, stałą dysocjacji można określić na podstawie zmiany fluorescencji. Porównując teoretyczne krzywe z eksperymentalnie określonymi krzywymi, nie można było określić czystych 1:1 stechiometrii, tak aby nie można było określić stałych dysocjacji z peptydów oznaczonych etykietą dabcylacyjną. Nie destotrotz określone wartości są odpowiednie do względnej oceny peptydów między sobą.

8.4 Pirazole i indazole

Opracowano model wiązania oparty na badaniach zmiany konformacyjnej poprzez wiązanie arginineamidu (**21**) do TAR-RNA za pomocą badań NMR[9] i MD[55]. Dwie grupy guanidynowe zostały nałożone na siebie, tak aby protonowane pochodne diaminopyrazolu mogły być uznane za odpowiednie ligandy. Badając zahamowanie kompleksu Tat-TAR metodą FRET, syntetyzowane diaminopyrazole miały wartości**176**, **178**, **180**, **182** i **184** IC50 między 8 a 12 mM przy pH 7,4. Wprowadzenie trzeciej grupy aminokwasów do triaminopyrazolu **185** czyni związek bardziej podstawowym (pKa = 5,9) i nieco bardziej protonowanym przy pH 7,4, co prowadzi do zwiększonego powinowactwa (IC50 = 2-3 mM). Przy pH 6,0 diaminopyrazole są protonowane. Duże podstawniki **182** i **184** prowadzą do wartości IC50 pomiędzy 1,5 a 1,8 mM. Diaminopyrazole z małymi podstawnikami **176** i **180** tę samą wartość IC50 (0,7-0,8 mM) co triaminopyrazole **185**. Związki **176**, **180** i **185** przekraczają zatem wartość liganduicationic arginineamide (**21** wartość IC50 wynoszącą 1,5 mM przy pH 7,4 i 6,0. Wyniki te są zgodne z modelem wiązania, dzięki czemu protonowane diaminopyrazole zachowują się jak "superguanidyny" w stosunku do TAR RNA.

Tabela 16: Badanie pochodnych diaminopyrazolu pod kątem powinowactwa do TAR RNA metodą FRET przy pH 7,4 i pH 6,0 oraz oznaczanie właściwości przeciwbakteryjnych za pomocą wartości MIC dla *S. aureus*, *E. coli* i *E. faecalis*.

cząsteczka 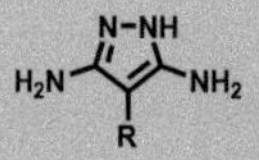		IC50 pH 7,4 [mM].	IC50 pH 6,0 [mM].	pKa	MIC *(S. aureus, E. coli, E. faecalis)*
R = H	**176**	10-12	0.7-0.8	6.1b	>40 µM
R = CH3	**180**	11	0.75-0.8	6.3b 5.[4a]	
R = CH2CHCH2	**182**	10-11	1.5-1.7	6.1b 5.35a	
R = CH2C6H5	**184**	8	1.5-1.8	6.2b	
R = NH2	**185**	2-3	0.7-0.8	3.[3a] 5.9a	
R = Br	**178**	8	-	-	

a) Pomiary zostały przeprowadzone potencjometrycznie przez Infraserv Knapsack i podlegają zapewnieniu jakości zgodnie z normami DIN EN ISO 9001 i DIN EN ISO/IEC 17025. b) Określone za pomocą spektroskopii UV.

Rozszerzenie modelu wiązania prowadzi do 3,7-diamino-indazolu (**190**).

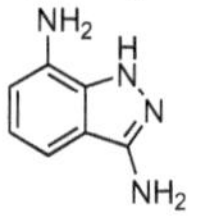

190 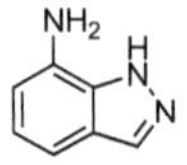 **195**

Indazole **190** i **195** nie wykazywały powinowactwa do TAR RNA przy pH 7,4 i 6,0. **190** i **195** nie wykazywały żadnej aktywności wobec *Staphylococcus aureus, Enterococcus faecalis, Escherichia coli* oraz wieloodpornych szczepów *Staphylococcus aureus* i *Enterococcus faecalis.*

8.5 Związki podobne do fenazyny

Struktura Triaminopyrazolu **185** została osadzona w strukturze przypominającej fenazynę. Zredukowana postać 1H-pyrazolo[3,4-b]chinoksaliny-3-yloaminy (**197**) powinna umożliwić utworzenie **198** dodatkowych wiązań wodorowych wstanie protonowanym i tym samym większe powinowactwo z nukleobazami RNA.

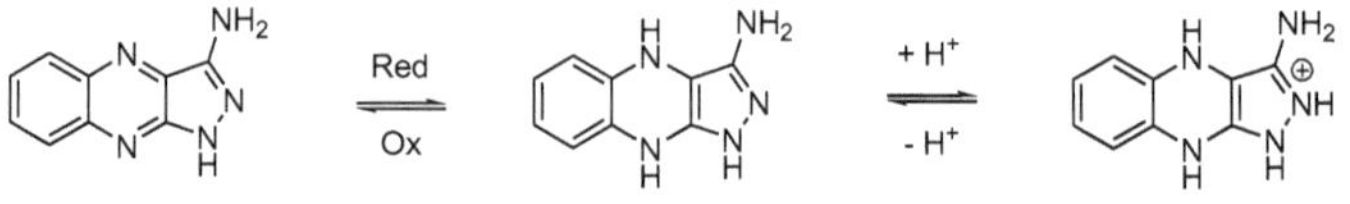

Red / Ox + H⁺ / - H⁺

196 **197** **198**

Związek **198** nie mógł zostać zmierzony z powodu szybkiego ponownego utleniania do **196**Zastąpienie azotu tlenem w pierścieniu fenazynowym powinno ustabilizować zredukowaną formę. Związek**200** został wytworzony w 6-stopniowej syntezie i nie wykazywał powinowactwa do TAR RNA przy pH 7,4. Przy pH 6,0 można było określić wartość IC50 wynoszącą 850 μM. Składnik **200** okazał się niestabilny i nie przeprowadzono dalszych dochodzeń.

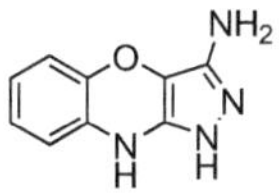

NH_2
O
N
N
N
H H

200

8.6 badania selektywności

Badania selektywności na HIV-1 i HIV-2 TAR RNA nie wykazały różnic w powinowactwie między trójpeptydami zawierającymi laktam, amidynę i 2-pirymidynę. Podobieństwa różnych peptydów do mutacji TAR-RNA (TARwt, TARbl, TARll) były bardzo podobne, tak więc trudno mówić o selektywności. Ogólnie można powiedzieć, że wszystkie klasy ligandów TAR-RNA charakteryzują się niską selektywnością. Ze względu na dużą elastyczność TAR-RNA, konstrukcja strukturalna jest trudna, tak więc małe cząsteczki o większej zmienności strukturalnej na małej przestrzeni mają szanse powodzenia.

8.7 Konstrukcja *de novo* ligand *de novo*

Konstrukcja *de novo wykorzystująca* oprogramowanie Flux[240] zoptymalizowała dobrze znany ligand RNA[65]. Potencjalna liganda RNA**244** wygenerowana przez projekt może być reprezentowana w tej pracy w trzyetapowej syntezie.

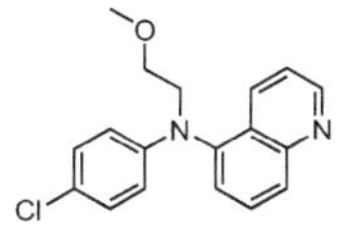

O
N
N
Cl

244

W teście wiązań FRET ligand (**244** nie wykazywał aktywności z powodu niskiej rozpuszczalności. Badania właściwości przeciwbakteryjnych nie wykazały wpływu na *B. subtilis* 168, *Staphylococcus* *aureus, Escherichia coli, Enterococcus faecalis*, wielooporny *Enterococcus faecalis* (VRE) i wielooporny *Staphylococcus aureus* (MRSA).

9. PERSPEKTYWA

W niniejszej pracy celem była synteza ligandów RNA o wysokim powinowactwie i selektywności do TAR-RNA. W tym celu przedstawiono peptydomimetyczne bloki konstrukcyjne z pozostałościami heteroaromatycznymi, które mają możliwość tworzenia dwóch równoległych wiązań wodorowych i oddziaływania z zasadami purynowymi poprzez parowanie baz Hoogsteena (Rysunek 3i Rysunek 4). Trójpeptydy uzyskane z bloków peptydomimetycznych mają wysokie powinowactwo do TAR-RNA i należą do najlepszych ligandów RNA grupy roboczej. W celu zbadania selektywności zmierzono powinowactwo tripeptydów do różnych nieoznakowanych mutantów TAR RNA w teście FRET (Rysunek 19). Dalsze analizy prowadzono przy użyciu znakowanych fluoresceiną mutantów TAR-RNA kompleksujących się z peptydami znakowanymi dabcylem (Rysunek 31). W pracy doktorskiej M. Suhartono do określenia selektywności zastosowano metodę chemii kombinatorycznej. [208] Wszystkie te metody nie wykazały selektywności dla ligandów peptydowych, tak więc praca nad peptydami została ostatecznie zatrzymana. Małe ligandy heterocykliczne oferują większą zmienność strukturalną w małej przestrzeni niż ligandy peptydowe RNA, dzięki czemu stworzono model wiązania oparty na danych wiążących arginineamid (**21**) z TAR-RNA (Rysunek 8i Rysunek 9). Powstałe w ten sposób ligandy potwierdziły podstawowe założenia. Rozszerzanie się zmienności strukturalnej doprowadziło do powstania ligandów, które niestety są niestabilne w warunkach testowych.

W oparciu o obserwacje tej pracy, że związek **71** jest nieaktywny w teście przemieszczenia Tat-TAR i że wśród amidyny **145** ma wartość IC50 równą 500 μM, wybrano podejście, które nie zakłada danego modelu strukturalnego. Podstawa opiera się na faktach, że grupa guanidynowa argininy wiąże się z TAR-RNA, a interakcje układania w stosy są ważne dla wykrywania kwasów nukleinowych. W pracy dyplomowej M. Zeigera, guanidyn**253** oraz cyklicznych pochodnych **256** i **257** badano ich pokrewieństwo z TAR-RNA. Wprowadzenie kolejnej grupy aminokwasów w **256** prowadzi do pochodnej chinazoliny**258**, która ma wartość IC50 wynoszącą 400 μM. Zmniejszenie stałej zahamowania obserwowano również na poziomie 71-145. Połączenie dwóch struktur **145** i **258** doprowadziło do powstania chinazoliny **260**, która jest najlepszym heterocyklicznym inhibitorem w tej linii (IC50 = 40 μM). [247]

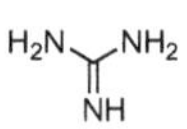

253 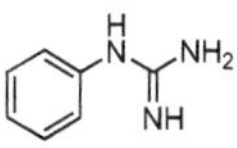 **254** 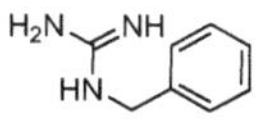 **255** 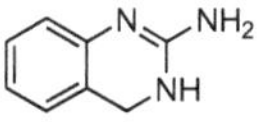 **256** 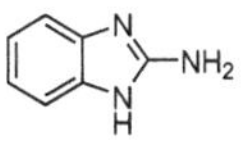 **257**

>>20000 µM	>>20000 µM	bezczynny	>10000 µM	11000 µM
71	**145**	**258**	**259**	**260**
bezczynny	500 µM	400 µM	2000 µM	40 µM

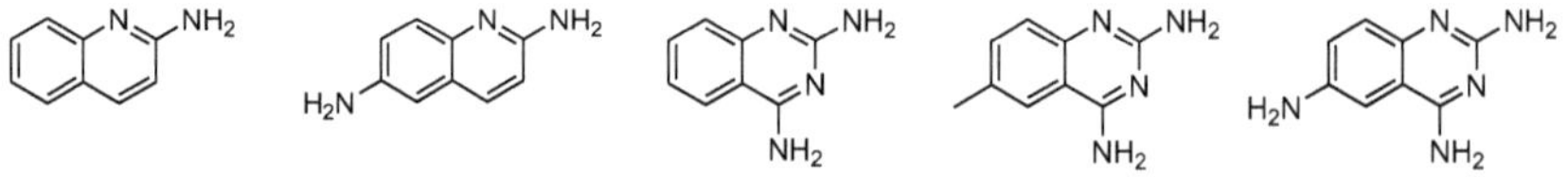

W oparciu o dane zawarte w tej rozprawie oraz pracę dyplomową M. Zeigera można było postawić nową wiążącą hipotezę (Rysunek 43), za pomocą której zaproponowano nowe ligandy, dla których można było wykazać eksperymentalnie wysokie powinowactwo do TAR.

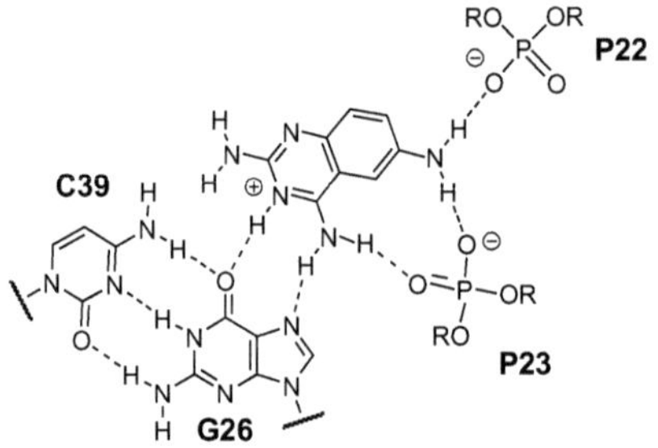

Rysunek 43: Model wiążący inhibitora Tat-TAR RNA **260**.

10. OGÓLNE WARUNKI DOŚWIADCZALNE

Spektroskopia NMR:

Do rejestracji widm NMR wykorzystano urządzenia DPX 250 (^{1H}: 250 MHz; ^{13C}: 62,9 MHz), AM 300 (^{1H}: 300 MHz; ^{13C}: 75,4 MHz) oraz AMX 400 (^{1H}: 400 MHz; ^{13C}: 100,6 MHz) firmy *Bruker.* Widma są rejestrowane za pomocą oprogramowania sterującego TopSpin firmy Bruker; widma są oceniane za pomocą programu MestreC. Przesunięcie chemiczne δ podano w ppm i odniesione do odpowiedniego rozpuszczalnika: DMSO-d6: δ = 2,50 ppm; CDCl3-d1: δ = 7,26 ppm. Stałe sprzężenia *J* podawane są w Hz. Dokładna struktura $^{\text{sygnałów 1H}}$ jest wskazywana przez s dla ^{sygnałów} singlet, bs dla szerokiego singlet, d dla doublet, dd, dla doublet of doublets, t dla triplet, q dla kwartetu, qn dla kwintetu, sx dla sekstetu i m dla multiplet. $^{\text{Sygnały 13C}}$ (δ) zostały odłączone względem CDCl3 (t, 77,0 ppm) lub DMSO (Septet, 39,43 ppm). Protony istotne dla zadania są zaznaczone kursywą. Wszystkie pomiary wykonano przy 300 K.

Spektroskopia w podczerwieni z transformatą Fouriera (FT-IR):

Do nagrywania widm FT-IR wykorzystano serię 420 firmy *Jasco* lub 1600 firmy *Perkin Elmer, która* została podłączona do plotera kolorowego *Hewlett-Packard* i drukarki *Epson* LQ 850. Pomiary przeprowadzono na prasach KBr lub na oknach NaCl odpowiedniej substancji. Sygnały były zaokrąglone do liczb całkowitych i wyrażone w liczbach fal (cm-1). Natężenia pasma są wskazywane przez s dla silnych, m dla średnich i w dla słabych.

Spektrometria masowa:

Dla ESI-MS używane jest urządzenie firmy *Fisons* do natryskiwania elektrolitycznego (VG Platform II). Dla MALDI-MS zastosowano urządzenie VG TOFSpec firmy *Fisons.* Matryca zawierała kwas 2,5-dihydroksybenzoesowy.

Temperatura topnienia:

Temperaturę topnienia oznaczono za pomocą mikroskopu stopnia nagrzewania *Koflera* (nieskorygowanego) oraz aparatu temperatury topnienia typu 9200 z *elektrotermicznego.*

Analiza elementarna:

Analizy elementarne wykonano w Instytucie Chemii Organicznej i Biologii Chemicznej Uniwersytetu we Frankfurcie przy użyciu urządzenia *Heraeus* CHN Rapid. Liczby podane są w procentach (%).

Chromatografia cienkowarstwowa:

Do chromatografii cienkowarstwowej wykorzystano folie aluminiowe pokryte żelem krzemionkowym 60 F254 ze wskaźnikiem fluorescencji (*Merck* nr 5554; grubość warstwy 0,2 mm). Odległość biegu wynosiła 3,5-4,5 cm. Wszystkie wartości Rf oznaczono przy nasyceniu komory. Substancje aktywne UV były widoczne za pomocą lampy UV firmy *Konrad Benda* (typ NU-6KL) przy długości fali odpowiednio 254 nm i 366 nm. Roztwór nadmanganianu potasu (3,00 g KMnO4, 20,00 g K2CO3 w 300 ml wody) został użyty jako odczynnik barwiący dla środków redukujących. woda + 5 ml 5 % roztworu NaOH). Roztwór ninhydryny (3,75 g ninhydryny w 25 ml acetonu i 25 ml *n-butanolu*) został użyty jako odczynnik barwiący dla amin, które zwykle przebarwiają fiolet po podgrzaniu.

Przygotowawcza chromatografia kolumnowa:

Do chromatografii kolumnowej wykorzystano żel krzemionkowy 60 (0,04-0,063 mm) od *firmy Merck* lub alternatywnie od *firmy Macherey Nagel.*

Analityczna wysokociśnieniowa chromatografia cieczowa:

Do analitycznych pomiarów HPLC wykorzystano następujące urządzenia:

Aparat 1: *Jasco* LG-980-02 Ternary Gradient Unit, *Jasco* DG-980-50 Degaser, *Jasco* PU-980 HPLC Pump, *Jasco* UV-975 UV/VIS Detector, *Polymer Laboratories* PL-ELS 1000, *Dr. A. Maisch* ReprosiPur C18-AQ RP Column, *Kipp&Zonen Dual-Channel* Recorder BD112, Merck-Hitachi *D-2500 Chromato-Integrator.*

Aparat 2: *Jasco* LG-980-02 Ternary Gradient Unit, *Jasco* DG-980-50 Degaser, *Jasco* PU-980 HPLC-Pump i *Jasco* UV-970 UV/VIS-Detector z kolumną *Merck* LiChrospher 60 RP-select B (5 µm). Chromatogramy oceniono przy użyciu oprogramowania BorWin w wersji 1.22 firmy JMBS Developments.

Pół-preparatywna wysokociśnieniowa chromatografia cieczowa:

Użyto następujących urządzeń: Programowalna pompa *wody* 590, refraktometr różnicowy R 401, jednokanałowy rejestrator potencjometr BBC Metrawatt *Servogor* 120, kolektor frakcji *Isco* Foxy, detektor UV *Waters* model 440, detektor refraktometryczny *Waters* 410, dwukanałowy rejestrator

Servogor i pakiet integracyjny *Knauer* Eurochrom 2000. Czas retencji został określony izokratycznie.

Bezwodne rozpuszczalniki:

THF był destylowany pod argonem bezpośrednio przed użyciem sodu/benzofenonu. Wszystkie inne wymagane bezwodne rozpuszczalniki zostały zakupione jako towary bezwzględne od *Fluka w* butelkach Crowncap przez sito molekularne i na stałe przechowywane pod argonem. EtOH został kupiony przez firmę *Roth.*

Aparat ciśnieniowy:

Laboratoriumoth autoklaw model 1, objętość reakcji 100 ml, maks. ciśnienie robocze 100 bar, maks. temperatura robocza 150 °C.

Mikrofalówka:

Do eksperymentów mikrofalowych wykorzystano reaktor *CEM* Discover Discover.

Spektroskopia UV/Vis:

Widma UV/Vis zostały wygenerowane przy użyciu instrumentu *Varian* Cary 1E. Kuwety kwarcowe miały objętość 1 ml i grubość warstwy 1,00 cm.

Wirówki:

Do wirowania peptydów i produkcji RNA wykorzystano następujące wirówki: Chłodzone wirówki stołowe Eppendorf 5417R i Hettich EBA 12 R.

Liofilizacja:

Po wysuszeniu w próżni z pompą olejową, połączenia zostały wysuszone przez noc z urządzeniem Christ Alpha 2-4.

Analizy struktury krystalicznej:

Analizy struktury krystalicznej wykonano na inteligentnym dyfraktometrze firmy Siemens w temperaturze -118 °C w Instytucie Chemii Organicznej i Biologii Chemicznej Uniwersytetu we Frankfurcie.

Sterylna praca:

Aby zapobiec zanieczyszczeniu RNazami, wszystkie eksperymenty z RNA zostały przeprowadzone przy użyciu sterylnych urządzeń jednorazowego użytku lub autoklawowanych produktów z tworzyw sztucznych. Woda sterylna była wytwarzana poprzez poddawanie wody z miliporu działaniu 0,1 % (v/v) DEPC przez noc w temperaturze pokojowej, a następnie w autoklawie (30 minut w temperaturze 121 °C). Sterylną wodę (poddaną działaniu DEPC) wykorzystano do produkcji roztworów RNA, buforów reakcyjnych i roztworów peptydów. Podczas tych eksperymentów noszono jednorazowe rękawice lateksowe.

Miareczkowanie fluorescencyjne:

Pomiary in vitro wykonano na 96-dołkowych płytach firmy Corning (powierzchnia niewiążąca, nr 6860) oraz na urządzeniu Safire2 firmy *Tecan* w temperaturze 37 °C. Pomiary wykonano na powierzchni firmy Corning (powierzchnia czarna, powierzchnia niewiążąca, nr 6860).

10.1 Wykaz związków syntetycznych

1. chlorek (E)-3-etoksy-2-propenylu (**133**)
2) E)-3-etoksy-N-fenyloakryloamid (**134**)
3) N-(4-aminofenylo)-(E)-3-etoksyakryloamid N-(4-aminofenylo)-(E)-3-etoksyakryloamid (**139**)
4. 1H-chinolin-2-on (**135**)
5. 6-nitro-1H-chinolin-2-on (**137**)
6. pikrynian 6-amino-1H-chinolin-2-on (**261**)
7. chlorowodorek 6-amino-1H-chinolin-2-onu (**138**)
8) N-N-diacetylo-6-amino-1H-chinolin-2-on (**262**)
9. 6-amino-1H-chinolin-2-on (**140**)
10. 2-aminochinolina (**71**)
11. 2-chloro-6-nitrochinolina (**264**)
12. 6-nitrochinolin-2-yloamina (**143**)
13) dihydrochlorek chinoliny-2,6-diaminy (**145**)
14. ester tert-butylowy kwasu (6-nitro-chinolin-2-yl)karbaminowego (**265**)
15. ester tert-butylowy kwasu (6-amino-chinolin-2-yl)karbaminowego (**146**)
16. ester kwasu octowego (2-tert-butoksykarbonyloamino-chinolin-6-ylamino)metylowego (**266**)
17. *tert-butoksykarbonylo*-(2-(*bis-tert-butoksykarbonylo*)-aminochinolin-6-yl)-amino)tert-butan metylu kwasu octowego (**267**)

18) kwas *tert-butoksykarbonylo*-(2-tert-butoksykarbonylo)-aminochinolin-6-yl)-amino]-octowy (**147**)

19) kwas metylo-tert-butoksykarbonylo-(2-okso-1,2-dihydrochinolin-6-yl)-amino] octowy (**268**)

20 . 20. kwas *tert-butoksykarbonylo*-(2-okso-1,2-dihydrochinolin-6-ylo)amino]octowy (**142**)

21. {{{2-[*tert-Butoksykarbonylo*-(2-tert-butoksykarbonyloamino-chinolin-6-yl)-amino]-acetyl}-[2-(9H-fluoren-9-ylmetoksykarbonyloamino)-etylo]-amino}-essigsäuremethylester (**152**)

22. {{{2-[*tert-Butoksykarbonylo*-(1,2-dihydro-2-oksochinolin-6-ylo)-amino]-acetyl}-[2-(9H-fluoren-9-ylmetoksykarbonylamino)-etyl]-amino}-essigsäuremethylester (**150**)

23. {{{2-[*tert-Butoksykarbonylo*-(1,2-dihydro-2-oksochinolin-6-ylo)-amino]-acetyl}-[2-(9H-fluoren-9-ylmetoksykarbonyloamino)-etyl]-amino}-essigsäure (**151**)

24. {{{2-[*tert-Butoksykarbonylo*-(2-tert-butoksykarbonyloamino-chinolin-6-ylo)-amino]-acetyl}-[2-(9H-fluoren-9-ylmetoksykarbonyloamino)-etylo]-amino}-essigsäure (**153**)

25. kwas (aminoetyloamino)-octowy (**270**)

26. dihydrochlorek 2-(2-aminoetyloamino)octanu metylu (**271**)

27. chlorowodorek kwasu octowego 2-(9H-fluoren-9-ylmetoksykarbonyloamino)etyloamino metylooctowego (**149**)

28) dwuchlorek estru dietylowego kwasu malondiimowego (**174**)

29) ester dietylowy kwasu malondiimowego (**175**)

30. 3,5-diaminopyrazol-(**176**)

31, 3,5-diaminopyrazol-pikrate (**272**)

32, 3,5-diaminopyrazolu chlorowodorek (**273**)

33. 3,5-diamino-4-bromo-pirazol (**177**)

34. ester tert-butylowy kwasu 3,5-diamino-4-bromo-pirazolo-1-karboksylowego (**178**)

35. dinitryl kwasu jabłkowego allilowego (**181**)

36) dinitryl kwasu jabłkowego benzylowego (**183**)

37) dinitryl kwasu metylomalońskiego (**179**)

38. 4-allilo-3,5-diaminopyrazolowy pikrynian (**274**)

39. trifluorooctan 4-allilo-3,5-diaminopyrazolu (**275**)

40. 4-benzylo-3,5-diaminopyrazol Pikrate (**276**)

41. chlorowodorek 4-benzylo-3,5-diaminopyrazolu (**277**)

42. 4-metylo-3,5-diaminopyrazolowy pikrynian (**278**)

43. chlorowodorek 4-metylo-3,5-diaminopyrazolu (**279**)

44. 7-nitro-indazol (**192**)

45. 7-amino-indazol (**195**)

46. 2-Metoksy-3-nitro-benzoesowy kwas (**186**)

47. 2-metoksy-3-nitro-benzamid (**187**)

48. 2-Metoksy-3-nitro-benzonitryl (**188**)

49. 7-nitro-3-amino-indazol (**189**)

50. 3,7-diamino-indazol (**190**)

51. 3,7-diamino-indazol Dihydrochlorek (**281**)

52. 4-bromo-1H-pirazol (**205**)

53. 4-bromo-1-metylo-1H-pirazol (**206**)

54. 4-bromo-1-metylo-3,5-dinitro-1H-pirazol (**207**)

55) N-(2-amino-fenylo)-acetamid (**216**)

56) N-(2-metyloaminofenylo)acetamid (**208**)

57) N,1-dimetylo-3,5-dinitro-N-fenylo-1H-pirazol-4-amina (**220**)

58 N,1-dimetylo-N4-fenylo-1H-pirazol-3,4,5-triamina Pikrate (**283**)

59. ester etylowy kwasu 3-okso-3,4-dihydrochinoksaliny-2-karboksylowego (**222**)

60. ester etylowy kwasu 3-okso-1,2,3,4-tetrahydrochinoksaliny-2-karboksylowego (**284**)

61. 1-metylo-3-okso-1,2,3,4-trachinoksalina-2-karboksylowy kwas etylowy (**223**)

62. 3-etoksy-1-metylo-1,2-dihydrochinoksalina-2-karboksylan etylu (**285**)

63. 1,2,3,4-Tetrahydro-1-metylo-3-oksochinoksalina-2-karboksyamid (**224**)

64. 1-metylo-3-okso-1,2,3,4-tetrahydrochinoksalina-2-karbonitryl (**225**)

65. 3-etoksy-1-metylo-1,2-dihydrochinoksalina-2-karbonitryl (**226**)

66. estry dietylowe kwasu 2-(2-nitrofenoksy)-malonowego (**231**)

67. ester etylowy kwasu 3-Okso-3,4-dihydro-2H-benzo[1,4]oksazyno-2-karboksylowego (**232**)

68. 3,4-dihydro-3-okso-2H-benzo[b][1,4]oksazyno-2-węglowodorek (**238**)

69. ester etylowy kwasu karboksylowego 3-Etoksy-2H-benzo[1,4]oksazyno-2-karboksylowego (**236**)

70. ester etylowy kwasu 3-tiokso-3,4-dihydro-2H-benzo[1,4]oksazyno-2-karboksylowego (**233**)

71. 3-metylosulfanylo-2H-benzo[1,4]oksazyno-2-karboksylowy kwas etylowy (**234**)

72. 3-Okso-3,4-dihydro-2H-benzo[1,4]oksazyna-2-karboksyamid (**239**)

73. 3-okso-3,4-dihydro-2H-benzo[1,4]oksazyna-2-karbonitryl (**240**)

74. 3-tiokso-3,4-dihydro-2H-benzo[1,4]oksazyna-2-karbonitryl (**241**)

75. 1,7-Dihydro-benzo-pirazolo[4,3-b][1,4]oksazyna-3-amina Pikrate (**286**)

76. 5-bromochinolina (**246**)

77. 5,8-Dibromochinolina (**248**)

78. (4-chlorofenylo)-chinolino-5-yloaminę (**245**)

79. (4-chloro-fenylo)-(2-metoksyetyl)-chinolin-5-ylo-aminę (**244**)

80. 2-bromo-3-nitro-benzonitryl (**251**)

81. 3-nitro-2-fenyloamino-benzonitryl (**252**)

82. kwas 4-(4-dimetyloaminofenyloazo)-benzoesowy (dabcyl) (**288**)

83. dabcyl-NH$(CH_2)_2NH_2$ (**289**)

84. dabcyl-NH$(CH_2)_2N((CH_2)_2NH_2)_2$ (**290**)

85) H2N-(D)Arg-Lactam-(D)Arg-CONH2 (**154**)

86) H2N-(D)Arg-Lactam-(D)Lys-CONH2 (**155**)

87) H2N-(D)Lys-Lactam-(D)Arg-CONH2 (**156**)

88) H2N-(D)Lys-Lactam-(D)Lys-CONH2 (**157**)

89) H2N-(L)LysDabcyl-(D)Arg-Lactam-(D)Arg-CONH2 (**291**)

90) H2N-(D)Arg-Amidine-(D)Arg-CONH2 (158)

91) H2N-(D)Arg-amidynae-(D)Lys-CONH2 (**159**)

92. H2N-(D)Lizyamidyna-(D)Arg-CONH2 (**160**)

93) H2N-(D)Lizy-Amidyna-(D)Lizy-CONH2 (**161**)

94) H2N-(L)LysDabcyl-(D)Arg-Amidine-(D)Arg-CONH2 (**292**)

95) H2N-(D)Arg-(D)2Pyrim-(D)Arg-CONH2 (**169**)
96) H2N-(D)Lys-(D)2Pyrim-(D)Arg-CONH2 (**170**)
97 H2N-(D)Arg-(D)2Pyrim-(D)Lys-CONH2 (**171**)
98) H2N-(D)Lys-(D)2Pyrim-(D)Lys-CONH2 (**172**)
99) H2N-(L)LysDabcyl-(D)Arg-(D)2Pyrim-(D)Arg-CONH2 (**293**)
100 H2N-(L)LysDabcyl-(D)Arg-(L)2Pyrim-(D)Arg-CONH2 (**294**)
101st H2N-(L)LysDabcyl-(D)Arg-(D)Arg-(D)Arg-CONH2 (**295**)
102. H2N-(L)LysDabcyl-(L)Arg-(L)Arg-(L)Arg-(L)Arg-CONH2 (**296**)
103. Dabcyl-Gly-(L)Arg-(L)Arg-(L)Arg-(L)Arg-CONH2 (**297**)
104. Dabcyl-Gly-(D)Arg-(D)2Pyrim-(D)Arg-CONH2 (**298**)
105. Dabcyl-Gly-(L)His-(L)His-(L)His-(L)His-CONH2 (**299**)
106. Dabcyl-Gly-(L)Arg-(D)2Pyrim-(L)Arg-Gly-(L)His-(L)His-(L)His-CONH2 (**300**)
107. Dabcyl-KSFTTKALGISYGRKRRRRRPPQGSQTHQVLSKQ-CONH2 (**301**)
108. H2N-(L)Lys-(L)Lys-(L)Lys-(L)Lys-CONH2 (**166**)
109th H2N-(L)Arg-(L)Arg-(L)Arg-(L)Arg-CONH2 (**163**)
110. H2N-(L)Jego-(L)Jego-(L)Jego-(L)Jego-CONH2 (**167**)
111) H2N-(L)Lys-(L)Arg-(L)Lys-CONH2 (**165**)
112) H2N-(L)Arg-(L)Lys-(L)Arg-CONH2 (**162**)

10.2 podsumowanie

10.2.1 (E)-3-etoksy-2-propenylowy chlorek (133)[248]

132 **131** **133**

120,00 ml chlorku szczawiowego (**131**) (1,39 mol, 177,4 g, 1,3 Equiv.) umieszczono w atmosferze argonu w kolbie trójszydełkowej o pojemności 250 ml i schłodzono do 0 °C za pomocą łaźni lodowej. W ciągu 3,5 godziny za pomocą perfuzora dodano 102,30 ml eteru etylowo-winylowego (**132**) (1,07 mol, 77,00 g, 1 odpowiednik). Mieszanina reakcyjna była następnie schładzana do temperatury 0 °C przez kolejne dwie godziny, a następnie mieszana w temperaturze pokojowej przez dwanaście godzin. Nadmiar chlorku szczawiowego (**131**) został następnie oddestylowany z mieszaniny reakcyjnej przez kolumnę Vigreux (30 minut, 120 °C). Po zakończeniu prac rozwojowych nad gazem (CO) produkt był destylowany w temperaturze 70 °C w próżni (10 mbar). Chlorek (E)-3-etoksy-2-propenylu (**133**) otrzymano jako bezbarwną ciecz.

Poddaję się:	102.90 g (75 %)	Teoria: 143,97 g.
Temperatura wrzenia:	80-83 °C przy ciśnieniu 15 mbar	Lit.: 60-61 °C przy ciśnieniu 5 mbar[248]
Współczynnik załamania światła (n20):	1,4880-1,4882	

1H-NMR: (δ[ppm], 250 MHz, CDCl3-d1):
7,76 (d, 1H, J = 12,25, C3-H), 5,48 (d, 1H, J = 12,25, C2-H), 4,04 (q, 2H, J = 7,0, C4-H2), 1,37 (t, 3H, J = 7,0, C5-H3),

13C-NMR: (δ[ppm], 62,9 MHz, CDCl3-d1):
168,26 (C3-H), 164,64 (C1(=O)-Cl), 102,89 (C2-H), 68,90 (C4-H2), 14,43 (*C5-H3*)

IR (film): 2993 (m), 2953 (s), 2895 (s), 1684 (w), 1618 (w), 1603 (w), 1474 (m), 1427 (w), 1306 (w), 1220 (w), 1184 (w), 1112 (s), 1013 (m), 963 (w), 932 (w), 844 (w), 822 (m), 730 (m)

Analiza elementarna: $C_5H_7ClO_2$ (134,56)

zafakturowany	C: 44.63	H: 5.24
odnaleziony	C: 44.63	H: 5.32

10.2.2 (E)-3-etoksy-N-fenyloakryloamid (134)[211, 212].

133 134

108,00 ml aniliny (1,18 mol, 110,38 g, 2 Equiv.) rozpuszczonej w chloroformie 400 ml umieszczono w kolbie trójszkieletowej o pojemności 1 L z mieszadłem KPG, termometrem i lejkiem wrzutowym. Roztwór przechowywano w temperaturze -5 °C za pomocą kąpieli acetonowo-lodowej. Dodać 79,40 g chlorku (E)-3etoksy-2-propenylu (**133**) (0,59 mol, odpowiednik 1) rozpuszczonego w chloroformie 150 ml. Po całkowitym dodaniu roztwór był podgrzewany przez jedną godzinę w celu refluksu, a następnie osad został zassany przez frytę. Oddzielony opad został przemyty chloroformem i wyrzucony. Filtrat został zwęziony do suchości i zrekrystalizowany (MeOH). W rezultacie etoksy-N-fenyloakryamid (**134** otrzymać w postaci żółtego proszku.

Poddaję się:	91.50 g (81 %)	Teoria: 112,80 g
DC:	*n-Hex/EtOAc* 3:1	Rf = 0,16
	n-Hex/EtOAc 5:1	Rf = 0,09
Temperatura topnienia:	141-142 °C	

1H-NMR:

(δ[ppm], 250 MHz, DMSO-d6):
9,70 (s, 1H, *NH*), 7,60 (dd, 2H, J = 1,25, J = 7,5, C2*-H), 7,48 (d, 1H, J = 12,25, C3-H), 7,28 (tt, 2H, J = 2,0, J = 7,5, C3*-H), 7.00 (tt, 1H, J = 1,25, J = 7,5, C4*-H), 5,53 (d, 1H, J = 12,25, C2-H), 3,94 (q, 2H, J = 7,0, C4-H2), 1,26 (t, 3H, J = 7,0, C5-H3),

13C-NMR:

(δ[ppm], 62,9 MHz, DMSO-d6):
164,49 (C1=O), 159,34 (*C3-H*), 139,55 (*C1**), 128,55 (*C3*-H*), 122,57 (*C4*-*

H), 118,85 (*C2*-H*), 99,77 (*C2-H*), 66,37 (*C4-H2*), 14,39 (*C5-H3*)

IR (KBr): 3296 (s), 3253 (s), 3196 (s), 3133 (s), 3082 (s), 2981 (s), 2935 (s), 2882 (m), 2796 (w), 2536 (w), 2396 (w), 2097 (w), 1938 (w), 1860 (w), 1795 (w), 1665 (s), 1600 (s), 1541 (s), 1499 (s), 1471 (s), 1439 (s), 1395 (s), 1357 (s), 1325 (s), 1294 (s), 1245 (s), 1159 (s), 1107 (s), 1078 (s), 1012 (s), 962 (m), 898 (m), 856 (s), 812 (s), 792 (s), 752 (s), 688 (s)

Analiza elementarna:	C11H13NO2 (191.23)			
	zafakturowany	C: 69.09	H: 6.85	N: 7.32
	odnaleziony	C: 69.33	H: 6.81	N: 7.36

10.2.3 N-(4-aminofenylo)-(E)-3-etoksyakryloamid (139)

27,00 g *parafenylenodiaminy* (0,25 mol, 2,5 Equiv.) rozpuszczono w abs. DCM (200 mL) i 28,00 mL trietyloaminy (0,2 mol, 2 Equiv.) oraz dodano szpachlową końcówkę DMAP. Roztwór 13,51 g (E)-3-etoksy-2-propenylochlorku (**133**) (0,1 mol, 1 odpowiednik) pod nieobecność DCM (50 mL) dodawano powoli do RT, energicznie mieszając i mieszając przez noc po całkowitym dodaniu. Powstały osad był filtrowany i kilkakrotnie płukany wodą (2 x 100 mL), faza organiczna suszona (MgSO4), adsorbowana na żelu krzemionkowym i oczyszczona kolumna chromatograficznie w dwóch etapach. Podczas wstępnego czyszczenia (*n-Hex/EtOAc* 10:1) można było uzyskać tylko fazę mieszaną z nadmiarem edukacji. W drodze drugiego oczyszczania (*n-heks/2-propanol* 1:1) N-(4-aminofenylo)-(E)-3-etoksyakryloamid (**139**) może być izolowany jako żółty proszek.

Poddaję się:	16.18 g (78 %)	Teoria: 20,61 g.
DC:	EtOAc/n-Hex 10:1	Rf = 0,35
Temperatura topnienia:	110 °C	

1H-NMR:

(δ[ppm], 250 MHz, DMSO-d6):

9.30 (s, 1H, *NH*), 7.39 (d, 1H, J = 12.2, C3-H), 7.24 (d, 2H, J = 8.7, 2 x C3*-H), 6.49 (d, 2H, J = 8.7, 2 x C2*-H), 5.47 (d, 1H, J = 12,5, C2-H), 4,82 (s, 2H, -NH2), 3,91 (q, 2H, J = 7,0, C4-H2), 1,27 (t, 3H, J = 7,0, C5-H3),

13C-NMR:

(δ[ppm], 62,9 MHz, DMSO-d6):

163,57 (C1=O), 158,24 (*C3-H*), 144,32 (*C4*-NH2*), 128,78 (*C1*-NH*), 120,58 (*C2*-H*), 113,74 (*C3*-H*), 100,08 (*C2-H*), 66,11 (*C4-H2*), 14,42 (*C5-H3*)

IR (KBr):

3404 (w), 3271 (m), 2981 (w), 2359 (w), 1871 (w), 1658 (s), 1608 (s), 1515 (s), 1242 (m), 1153 (s), 1012 (w), 960 (w), 815 (m), 767 (w), 700 (w), 535 (w), 517 (w)

Analiza elementarna: C11H14N2O2O2 (206.24)

	C	H	N
zafakturowany	C: 64.06	H: 6.84	N: 13.58
odnaleziony	C: 64.06	H: 6.88	N: 13.32

10.2.4 1H-chinolin-2-one (135)[211, 212]

134 → 135

Kolba okrągła o pojemności 100 ml zawierała 10 ml stężonego kwasu solnego. 2,00 g etoksyny-N-fenyloakryamidu (**134**) (10 mmol) dodano w porcjach z mieszaniem, zwracając uwagę, aby porcje nie były dodawane jeden po drugim aż do całkowitego rozpuszczenia poprzedniej porcji. Następnie rozwiązanie pozostawało w RT przez dwanaście godzin. Kwas został zdekantowany z wytrąconych kryształów, a pozostałość zmieszano z wodą destylowaną. Dodać wodę (20 ml) i podgrzać do temperatury wrzenia. Filtracja miała miejsce przy wrzącym ogniu. W RT wytrącone kryształy były odsysane, myte wodą i suszone w próżni. 1H-chinolin-2-on (**135** otrzymano jako długie białe kryształy.

Metoda alternatywna[216]

W kolbie okrągłej o pojemności 100 ml wypełnionej niebieskim żelem, w porcjach z 13,00 g (231 mmol, 3,7 ekwiwalentu) drobno sproszkowanego wodorotlenku potasu zmieszano 7,30 ml (8 g, 62 mmol, 1 ekwiwalent) świeżo destylowanej chinoliny (**136** i podgrzano do temperatury 235 °C w celu reakcji. Po czterech godzinach lepka mieszanina reakcyjna przekształciła się w masę stałą, która została schłodzona do temperatury RT w celu przetworzenia. Dodając 50 ml wody, ciało stałe rozpuszcza się. Dodatek 6 N kwasu solnego w kroplówce doprowadził do powstania osadu, który został odfiltrowany i wypłukany wodą. Po dwóch rekrystalizacjach (woda) można było otrzymać 932 mg (10 %) 1H-chinolin-2-onu (**135** w postaci długich białych kryształów.

Poddaję się:	932 mg (10 %)	Teoria: 8,99 g.
DC:	EtOAc	Rf = 0,27

	EtOAc/n-Hex 2:1	Rf = 0,22
	EtOAc/n-Hex 1:1	Rf = 0,16

Temperatura topnienia: 199-200 °C

$^{1H-NMR}$: (δ[ppm], 250 MHz, DMSO-d6):

11,75 (s, 1H, *NH*), 7,89 (d, 1H, J = 9,5, $^{C4-H}$), 7,64 (dd, 1H, J = 1,25, J = 8,0, C8-H), 7,48 (ddd, 1H, J = 1,3, J = 7.3 J = 8,5, C7-H), 7,30 (d, 1H, J = 8,25, C5-H), 7,16 (ddd, 1H, J = 1, J = 7,5, J = 8,5, $^{C6-H}$), 6,49 (d, 1H, J = 9,75, $^{C2-H}$)

$^{13C-NMR}$: (δ[ppm], 62,9 MHz, DMSO-d6):

161,83 (C1=O), 140,12 (*C4-H*), 138,79 (*C10*), 130,24 (*C7-H*), 127,76 (*C9*), 121,82 (*C5-H*), 121,63 (*C6-H*), 119,01 (*C8-H*), 115,02 (*C3-H*).

IR (KBr): 3441 (m), 3253 (w), 3126 (m), 3093 (m), 3063 (m), 3043 (m), 3012 (m), 2960 (m), 2933 (m), 2886 (m), 2847 (m), 1955 (w), 1891 (w), 1808 (w), 1652 (s), 1599 (s), 1556 (s), 1500 (m), 1468 (m), 1427 (s), 1396 (m), 1350 (m), 1283 (m), 1262 (m), 1213 (m), 1153 (m), 1134 (m), 1119 (m), 1027 (m), 984 (w), 946 (m), 924 (w), 757 (s), 729 (m), 697 (w), 618 (m), 532 (m), 506 (m)

Analiza elementarna: C9H7NO (145.16)

zafakturowany	C: 74.47	H: 4.86	N: 9.65
odnaleziony	C: 74.33	H: 4.76	N: 9.50

10.2.5 6-nitro-1H-chinolin-2-one (137)[213, 214, 249].

W kolbie okrągłej o pojemności 100 ml rozpuszczono 1,51 g 1H-chinolin-2-on (**135**) (10 mmol, ekwiwalent 1) w stężonym kwasie siarkowym o stężeniu 5,30 mL w temperaturze RT i schłodzono do -10 °C przy użyciu łaźni acetonowo-lodowej. Następnie do roztworu reakcyjnego dodano w sposób kroplowy wstępnie schłodzoną mieszaninę 735 µl (10 mmol, odpowiednik 1) stężonego kwasu azotowego (65 %) i 5,30 ml stężonego kwasu siarkowego. Następnie mieszaninę reakcyjną mieszano w temperaturze -10 °C przez kolejną godzinę. W celu przetworzenia mieszaninę reakcyjną wylewano na lód, wytrącony materiał stały zasysano i mieszano z dystrybutorami. Płukana woda. Surowiec suszono w próżni, a rekrystalizacja w lodowatym kwasie octowym doprowadziła do powstania 6-nitro-1H-chinolin-2-onu (**137**) w postaci bezbarwnych kryształów.

Poddaję się:	1.49 g (79 %)	Teoria: 1,90 g.
DC:	EtOAc	Rf = 0,36
	EtOAc/n-Hex 1:1	Rf = 0,05
Temperatura topnienia:	287 °C	

1H-NMR: (δ[ppm], 250 MHz, DMSO-d6):
12,29 (s, 1H, *NH*), 8,69 (d, 1H, J = 2,5, C5-H), 8,32 (dd, 1H, J = 2,5, J = 9,0, C7-H), 8,12 (d, 1H, J = 9,75, C4-H), 7,42 (d, 1H, J = 9,0, C8-H), 6,67 (dd, 1H, J = 1,75, J = 9,75, C3-H),

13C-NMR: (δ[ppm], 62,9 MHz, DMSO-d6):
161,87 (C2=O), 143,19 (*C6-H*), 141,38 (*C10*), 140,06 (*C4-H*), 125,00 (*C9*), 124,24 (*C7-H*), 123,76 (*C5-H*), 118,45 (*C8-H*), 115,98 (*C3-H*)

IR (KBr): 2820 (m), 1830 (w), 1656 (s), 1624 (m), 1559 (m), 1540 (m), 1483 (m), 1427 (m), 1379 (w), 1339 (s), 1283 (m), 1255 (m), 1215 (m), 1138 (m), 1126 (m), 1088 (w), 918 (m), 875 (m), 843 (w), 824 (m), 765 (w), 741 (m)

Analiza elementarna:	C9H6N2O3 (190.16)		
zafakturowany	C: 56.85	H: 3.18	N: 14.73
odnaleziony	C: 57.13	H: 3.03	N: 14.86

10.2.6 6-amino-1H-chinolin-2-on pikrate (261)

O, N, H, NH_2

139

4, 9, 6, NH_2, O, 2, N, H, 10

OH, O_2N, 11, NO_2, 13, 13, NO_2

261

5,31 g N-(4-aminofenylo)-(E)-3-etoksyakryloamidu (**139**) (25 mmol, ekwiwalent 1) dodano w porcjach do 15 ml stężonego kwasu siarkowego i mieszano w temperaturze pokojowej przez 12 godzin. W celu przetworzenia mieszaninę reakcyjną dodawano do 300 ml lodu, a następnie dostosowano wartość pH do 9 z 6 N NaOH. Roztwór wodny ograniczał się do stanu suchego, a pozostałość ekstrahowano wrzącym metanolem. Ekstrakt wysuszono nad MgSO4 i zagęszczono. - Pozostałe ciało stałe oczyszczono metodą chromatografii kolumnowej (MeOH/EtOAc 1:9 + 1 % NH3). W celu dalszego oczyszczania surowiec został rozpuszczony w MeOH, a nierozpuszczalne składniki usunięto przez filtrację. 1,40 g (35 %) 6-amino-1H-chinolin-2-on (**140**) otrzymano w postaci żółtego ciała stałego. Czysta próbka została znaleziona po krystalizacji Picrate'a **261**Pikrate **261** przekształcony w chlorowodorek **138** poprzez kolumnę jonowymienną.

Poddaję się: 1,40 g (35 %) 6-amino-1H-chinolin-2-on (**140**) Teoria: 4.00 g.

DC: EtOAc/MeOH = 9:1 Rf = 0,4

	EtOAc	Rf = 0,08

Temperatura topnienia: Rozkład w temperaturze 239 °C

1H-NMR: (δ[ppm], 250 MHz, DMSO-d6):
11,9 (s, 1H, *NH*), 9,6 (bardzo szerokie s, 3H, $^{C6-NH3+}$), 8,59 (s, 2H, 2 x C13-H), 7,97 (d, 1H, J = 9,5, $^{C4-H}$), 7,59 (d, 1H, J = 2.25 , C5-H), 7.44 (dd, 1H, J = 2.25, J = 8.75, C7-H), 7.38 (d, 1H, J = 8.75, C8-H), 6.58 (d, 1H, J = 9.5, $^{C3-H}$)

13C-NMR: (δ[ppm], 62,9 MHz, DMSO-d6):
161,57 ($^{C2=O}$), 160,67 (*C11-O-*), 141,73 (*C14-NO2*), 139,42 ($^{C4-H}$), 137,79 (*C10*), 126,17 ($^{C6-NH3+}$), 125,06 (2xC13-H), 124,79 (*C7-H*), 124,10 (2xC12-NO2), 123,16 ($^{C3-H}$, 121,08 (*C5-H*), 119,24 (*C9*), 116,42 (*C8-H*), 116,42 (*C8-H*).

IR (KBr): 3318 (m), 3080 (m), 2884 (s), 1660 (s), 1610 (s), 1567 (s), 1540 (s), 1498 (s), 1418 (m), 1364 (s), 1332 (s), 1266 (s), 1158 (m), 1123 (m), 1078 (m), 961 (w), 940 (w), 924 (w), 904 (m), 892 (w), 828 (m), 800 (w), 787 (m), 767 (w), 741 (m), 711 (m), 680 (w), 596 (w), 564 (w)

Analiza elementarna: C15H11N5O8 (389.28)

zafakturowany	C: 46.28	H: 2.85	N: 17.99
odnaleziony	C: 46.53	H: 3.01	N: 18.24

10.2.7 Chlorowodorek 6-amino-1H-chinolin-2-on (138)

137 → **138** (NH_2 HCl)

5,50 g 6-nitro-1H-chinolin-2-on (**137**) (28,9 mmol, odpowiednik 1) rozpuszczono w stężonym HCl (70 mL) i dodano 10,00 g sproszkowanej cyny (84,2 mmol, odpowiednik 2,9). Mieszanina reakcyjna była podgrzewana do temperatury 100 °C przez trzy godziny. 1,00 g cyny (8,42 mmol, 0,29 Equiv.) dodano do roztworu reakcyjnego i mieszano w temperaturze 100 °C przez kolejne dziesięć minut. Nadmiar cyny został oddzielony przy użyciu niemiecko-francuskiej fryty. Nadmiar kwasu solnego można było usunąć poprzez destylację, a krystalizację bezbarwnej substancji stałej uzyskano poprzez schłodzenie do RT. Bezbarwne opady przemyto wodą i wysuszono w próżniowej pompie olejowej. 4,80 g chlorowodorku 6-amino-1H-chinolin-2-onu (83 %) (**138**).

2,00 g chlorowodorku 6-amino-1H-chinolin-2-onu (**138** destylowanej. Rozpuszczono wodę (150 ml), uzyskując stężony roztwór. Dodając NaOH (6 N) wartość pH roztworu dostosowano do 8,0. Żółty osad został odfiltrowany, wypłukany wodą i zrekrystalizowany (DMF). 1,52 g (94 %) 6-amino-1H-chinolin-2-on (**140**) można otrzymać jako żółte kryształy.

Poddaję się:	4.80 g (83 %)	Teoria: 5,74 g.
DC:	EtOAc/MeOH = 9:1	Rf = 0,4
	EtOAc	Rf = 0,08
Temperatura topnienia:	249-250 °C	

1H-NMR: (δ[ppm], 300 MHz, DMSO-d6):
11,9 (bs, 1H, N-H), 9,8 (bardzo szerokie s, 3H, -NH3+), 7,97 (d, 1H, J = 9,6, C4-H), 7,58 (bs, 1H, C5-H), 7,44 (dd, 1H, J = 2,4, J = 8,7, C7-H), 7,37 (d, 1H, J = 8,7, C8-H), 6,57 (d, 1H, J = 9,6, J = 9,6, itd), 7,37 (d, 1H, J = 8,7, C8-H), 6,57

(d, 1H, J = 9,6, itd.).

^{13}C-NMR: (δ[ppm], 75,4 MHz, DMSO-d6):
162,14 (*C2=O*), 140,15, 136,25, 130,24, 123,99, 122,97, 119,89, 118,94, 116,76

IR (KBr): 3492 (w), 3020 (s), 2549 (m), 1817 (w), 1705 (s), 1636 (s), 1602 (s), 1566 (s), 1495 (s), 1431 (s), 1387 (m), 1284 (m), 1267 (s), 1168 (m), 1127 (m), 1098 (m), 1060 (m), 958 (m), 899 (m), 834 (s), 819 (s), 680 (m), 601 (m), 553 (m)

Analiza elementarna:	C9H9ClN2O (196.63)			
	zafakturowany	C: 54.97	H: 4.61	N: 14.25
	odnaleziony	C: 54.76	H: 4.61	N: 14.17

10.2.8 N-N-Diacetylo-6-amino-1H-chinolin-2-one (262)

NH$_2$ HCl O N H 4 9 6 N O O O 2 N H 8

138 **262**

100 mg chlorowodorku laktamu **138** (0,51 mmol, 1 równoważnik) zmieszano z 637 µl bezwodnika octowego (629 mg, 6,78 mmol, 13,3 równoważnika) i 71 µl trietyloaminy (0,51 mmol, 1 równoważnik) i podgrzewano przez dwie godziny w celu uzyskania refluksu. Po ochłodzeniu roztworu osad otrzymano przez filtrację, przemyto wodą i wysuszono w próżniowej pompie olejowej. Surowy produkt został oczyszczony metodą chromatografii kolumnowej (EtOAc), przy czym 106 mg (84 %) diacetylu **262** otrzymano w postaci bezbarwnej substancji stałej.

Poddaję się:	106 mg (84 %)	Teoria: 124,56 mg.
DC:	DCM/MeOH = 9:1	Rf = 0,51
	EtOAc	Rf = 0,24
Temperatura topnienia:	246-248 °C	

1H-NMR: (δ[ppm], 300 MHz, DMSO-d6):
11,88 (s, 1H, N-H), 7,86 (d, 1H, J = 9,6, C4-H), 7,59 (d, 1H, J = 2,1, C5-H), 7,40 (dd, 1H, J = 2,1, 8,8, C7-H), 7,35 (d, 1H, J = 8,7, C8-H), 6,54 (d, 1H, J = 9,6, C3-H) , 2,19 (s, 6H, 2x 2x), 2,19 (s, 6H, 2H, 2x).

13C-NMR: (δ[ppm], 75,4 MHz, DMSO-d6):
172,35 (2x N(CO)CH3), 161,71 (C2=O), 139,60 (C4-H), 138,42 (C6-N), 132,97 (*C10*), 130,89 (*C9*), 127,84 (C3-H), 122,45 (*C8-H*), 119,27 (*C7-H*), 115,94 (*C5-H*), 26,49 (2x N(CO)CH3).

IR (KBr): 3567 (w), 3421 (w), 3147 (w), 3007 (w), 2891 (w), 1707 (s), 1560 (w), 1499 (w), 1434 (m), 1361 (m), 1293 (m), 1243 (s), 1216 (s), 1173 (m), 1133 (w), 1024 (w), 966 (w), 950 (w), 887 (w), 839 (m), 818 (w), 765 (w), 699 (m), 661 (w), 639 (w), 607 (m), 573 (w)

Analiza elementarna: C13H12N2O3 (244.24)

zafakturowany	C: 63.93	H: 4.95	N: 11.47
odnaleziony	C: 63.73	H: 5.02	N: 11.27

10.2.9 6-amino-1H-chinolin-2-on (140)

137 → 140

342 mg 6-nitro-1H-chinolin-2-onu (**137**) (1,79 mmol, 1 odpowiednik) zawieszono in abs. EtOH (5 mL) w atmosferze argonu i podgrzano do 40 °C przed dodaniem 35 mg Pd/C (10 % masy). Po wymianie argonu na wodór (1 bar), zawiesinę wymieszano dalej w temperaturze 40 °C. Następnie zawiesinę ponownie wymieszano pod ciśnieniem 1 bar. W wyniku analizy metodą chromatografii cienkowarstwowej (EtOAc/MeOH 9:1) po 30 minutach wykryto całkowitą konwersję 6-nitro-1H-chinolin-2-onu (**137**Mieszaninę reakcyjną przetwarzano poprzez dodanie MeOH (50 mL), podgrzewanie mieszaniny do temperatury 60 °C, filtrację przez Celite®, odparowanie mieszaniny rozpuszczalników, adsorpcję na żelu krzemionkowym, kolumnowe oczyszczanie chromatograficzne (gradient rozpuszczalnika: EtOAc/MeOH 9:1 → EtOAc/MeOH 1:1) oraz rekrystalizację (DMF). 153,8 mg (53 %) 6-amino-1H-chinolin-2-one (**140**) okazało się żółtymi płytkami krwi. 72 mg (25 %) 6-amino-3,4-dihydro-1H-chinolin-2-on (**263**) otrzymano jako bezbarwny produkt uboczny.

Poddaję się:	153,8 mg (53 %)	Teoria: 288 mg.
DC:	EtOAc	Rf = 0,06
	EtOAc/MeOH 9:1	Rf = 0,3
	EtOAc/MeOH 1:1	Rf = 0,67
	DCM/MeOH 19:1	Rf = 0,08
Temperatura topnienia:	Rozkład w temperaturze 297-298 °C	Czarne przebarwienia w temperaturze 245 °C
1H-NMR:	(δ[ppm], 250 MHz, DMSO-d6):	
13C-NMR:	(δ[ppm], 62,9 MHz, DMSO-d6):	

161.12, 143.44, 139.48, 130.41, 121.54, 119.95, 119.14, 115.66, 109.44

IR (KBr):	3377 (m), 3301 (w), 2923 (m), 2840 (m), 1660 (s),1613 (s), 1504 (s), 1429 (s), 1370 (s), 1292 (s), 1255 (m), 1180 (m), 1114 (m), 957 (m), 910 (m), 872 (s), 826 (s), 684 (m)			
Analiza elementarna:	C9H8N2O (160.17)			
	zafakturowany	C: 67.49	H: 5.03	N: 17.49
	odnaleziony	C: 67.63	H: 5.18	N: 17.62
Masa:	ESI+ (obliczone dla M+H+):			
	zafakturowany	161.06		
	odnaleziony	160.8 (100), 161.9 (13.9), 162.9 (5.85)		

10.2.10 6-amino-3,4-dihydro-1H-chinolin-2-on (263)

NO_2 → NH_2

137 **263**

342 mg 6-nitro-1H-chinolin-2-onu (**137**) (1,79 mmol, 1 odpowiednik) zawieszono in abs. EtOH (5 mL) w atmosferze argonu i podgrzano do 40 °C. Następnie roztwór rozpuszczono w wodnym roztworze 1,79 mmol (1 odpowiednik). Po osiągnięciu temperatury dodano 35 mg Pd/C (10 % masy). Następnie atmosfera argonowa mogła zostać wymieniona na atmosferę wodorową (1 bar). Zawiesinę mieszano w temperaturze 40 °C przez 30 minut. Po przeprowadzeniu analizy (DC: EtOAc/MeOH 9:1) mieszaninę reakcyjną przygotowano przez dodanie MeOH (50 mL), podgrzanie mieszaniny do 60 °C, filtrowanie przez Celite®, odparowanie mieszaniny rozpuszczalników, adsorpcję na żelu krzemionkowym, kolumnowe oczyszczanie chromatograficzne (gradient

rozpuszczalnika: EtOAc/MeOH 9:1 → EtOAc/MeOH 1:1). 72 mg (25 %) 6-amino-3,4-dihydro-1H-chinolin-2-on (**263** otrzymano jako bezbarwny proszek. 153,8 mg (53%) pożądanego 6-amino-1H-chinolin-2-onu (**140**) otrzymano w postaci żółtych płytek po rekrystalizacji (DMF).

Poddaję się:	72 mg (25 %)	Teoria: 288 mg.
DC:	EtOAc	Rf = 0,25
	EtOAc/MeOH 9:1	Rf = 0,46
	EtOAc/MeOH 1:1	Rf = 0,74
	DCM/MeOH 19:1	Rf = 0,22
Temperatura topnienia:	176 °C	

1H-NMR: (δ[ppm], 250 MHz, DMSO-d6):
9.65 (s, 1H, N-H), 6.54 (d, 1H, J = 8.25, C8-H), 6.38 (s, 1H, C5-H), 6.34 (dd, 1H, J = 8.25, C7-H), 4.69 (s, 2H, C6-NH2), 2.70 (t, 2H, J = 7.0, C4-H2), 2.34 (t, 2H, J = 7.0, C3-H2)

13C-NMR: (δ[ppm], 62,9 MHz, DMSO-d6):
169.32 (*C2=O*), 143.57 (*C6-NH2*), 127.96 (*C9)*, 124.20 (*C10*), 115.59 (*C8-H*), 113.43 (*C5-H*), 112.35 (*C7-H*), 30.64 (*C3-H2*), 25.17 (*C4-H2*)

IR (KBr): 3373 (s), 3305 (m), 3195 (s), 3044 (s), 2949 (m), 2898 (m), 1865 (w), 1657 (s), 1507 (s), 1431 (s), 1396 (s), 1295 (m), 1259 (s), 1202 (s), 1164 (m), 1023 (w), 937 (m), 822 (s), 763 (s), 725 (s)

Analiza elementarna:	C9H10N2O (163.19)			
	zafakturowany	C: 66.65	H: 6.21	N: 17.27
	odnaleziony	C: 66.44	H: 6.24	N: 17.35

Masa:	ESI+ (obliczone dla M+H+):	
	zafakturowany	163.1
	odnaleziony	162.8 (100), 163.9 (11.44)

10.2.11 2-aminochinolina (71)

136	→	71

15,6 ml chinoliny (**136**) (17 g, 0,132 mol, 1 odpowiednik) rozpuszczono w 300 ml abs. *o-ksylenu*. Po dodaniu 5,7 g sproszkowanego amidku sodu (0,145 mol, 1,1 równoważnik) roztwór reakcyjny podgrzewano do temperatury 100 °C. Następnie roztwór reakcyjny dodawano do wody. Rozwój wodoru można było obserwować za pośrednictwem licznika bąbelkowego. Roztwór reakcyjny został schłodzony po zakończeniu prac rozwojowych nad gazem. Potem użyto tylko wody destylowanej. Woda (20 mL), a następnie stężony HCl (20 mL) dodawano kropla po kropli, w wyniku czego powstał czerwonawy osad, który został odfiltrowany. Fazę wodną oddzielono od filtratu, dostosowano do pH 9 za pomocą 6 N NaOH i wyekstrahowano za pomocą Et2O (3 x 30 mL). Zebrane fazy organiczne były suszone (MgSO4), a rozpuszczalnik destylowany. Niewykorzystaną chinolinę (**136**) oddzielono destylacją (110 °C, 11 mbar). Ostateczne oczyszczenie surowca przeprowadzono metodą rekrystalizacji (woda dest.), przy czym (134 mg, 0,7%) otrzymano 2-aminochinolinę (**71**) w postaci białych kryształów.

Poddaję się:	134 mg (0,7 %)	Teoria: 18,97 g.
DC:	EtOAc	Rf = 0,27
	EtOAc/n-Hex 9:1	Rf = 0,1
Temperatura topnienia:	129.8 °C	Zapalony: 129,5 °C[250].

1H-NMR: (δ[ppm], 250 MHz, DMSO-d6):
7,87 (d, 1H J = 8,75, C4-H), 7,61 (d, 1H, J = 8, C5-H), 7,45 (m, 2H), 7,13 (m, 1H), 6,76 (d, 1H, J = 9, C3-H), 6,44 (s, 2H, -NH2)

13C-NMR: (δ[ppm], 62,9 MHz, DMSO-d6):

158,14 (*C2-NH2*), 147,86 (*C10*), 136,72 (*C4-H*), 128,87 (*C7-H*), 127,35 (*C5-H*), 124,99 (*C8-H*), 122,64 (*C9)*, 120,97 (*C6-H*), 112,35 (*C3-H*)

IR (KBr): 3425 (s), 3301 (w), 3125 (s), 3138 (m), 3058 (m), 3001 (w), 1655 (s), 1618 (s), 1562 (s), 1510 (s), 1484 (m), 1432 (m), 1396 (m), 1359 (m), 1295 (w), 1260 (w), 1243 (w), 1212 (w), 1143 (m), 1124 (m), 1018 (w), 978 (w), 940 (w), 866 (w), 823 (s), 783 (w), 756 (s), 704 (m), 650 (w), 620 (s), 552 (w)

Analiza elementarna:	C9H8N2 (144.17)			
	zafakturowany	C: 74.98	H: 5.59	N: 19.43
	odnaleziony	C: 75.14	H: 5.53	N: 19.46

10.2.12 2-chloro-6-nitrochinolina (264)

NO_2 O N H → 4 9 6 NO_2 Cl 2 N 10

137 **264**

W kolbie okrągłej o pojemności 100 ml z chłodnicą zwrotną 3,45 g 6-nitro-1H-chinolin-2-onu (**137**) (18 mmol, ekwiwalent 1) z tlenochlorkiem fosforu (V) 16,65 mL (181 mmol, 27,81 g, ekwiwalent 10) i 7,54 g pentachlorku fosforu (36 mmol, ekwiwalent 2) ogrzewano przez trzy godziny w kolbie okrągłej o pojemności 6-nitro-1H-chinolin-2-onu (**137** (18 mmol, ekwiwalent 1). Po schłodzeniu mieszaniny reakcyjnej do temperatury RT, w celu przetworzenia musiała ona zostać odlewana na lodzie. Wytrącony produkt został odfiltrowany i dokładnie przemyty wodą, osuszony w próżni, oczyszczony metodą chromatografii kolumnowej (gradient rozpuszczalnika: *n-Hex/EtOAc* 2:1 → *n-Hex/EtOac* 1:1) i zrekrystalizowany (aceton). Otrzymany produkt końcowy to 2-chloro-6-nitrochinolina (**264**) w postaci białych kryształów.

Poddaję się: 2.55 g (67 %) Teoria: 3,78 g.

DC:	EtOAc	Rf = 0,9
	n-Hex/EtOAc 1:1	Rf = 0,75
	n-Hex/EtOAc 3:1	Rf = 0,51
	n-Hex/EtOAc 9:1	Rf = 0,24

Temperatura topnienia:	230-231 °C	Literatura: 226-228 °C[214]

1H-NMR: (δ[ppm], 250 MHz, DMSO-d6):
9.14 (d, 1H, J = 2.75, C5-H), 8.79 (d, 1H, J = 8.75, C4-H), 8.52 (dd, 1H, J = 2.5, J = 9.25, C7-H), 8.17 (d, 1H, J = 9.25, C8-H), 7.83 (d, 1H, J = 8.5, C3-H)

13C-NMR: (δ[ppm], 62,9 MHz, DMSO-d6):
153,44 (C2-Cl), 149,04 (*C10*), 145,15 (C6-NO2), 141,76 (C4-H), 129,58 (*C8-H*), 125,77 (*C9*), 124,93 (*C5-H*), 124,26 (C3-H), 124,01 (*C7-H*).

IR (KBr): 3064 (m), 1654 (w), 1618 (s), 1595 (s), 1563 (m), 1523 (s), 1484 (s), 1448 (s), 1395 (w), 1381 (w), 1336 (s), 1289 (s), 1203 (m), 1143 (s), 1105 (s), 951 (m), 907 (s), 840 (w), 824 (s), 770 (m), 735 (s)

Analiza elementarna:	C9H5ClN2O2 (208,6)			
	zafakturowany	C: 51.82	H: 2.42	N: 13.43
	odnaleziony	C: 51.57	H: 2.52	N: 13.20

10.2.13 6-nitro-chinolin-2-yloamina (143)[215]

Cl, N, NO_2 → H_2N, 2, N, 4, 9, 6, NO_2, 10

264 **143**

Tuleja autoklawu z rdzeniem mieszadła została schłodzona do temperatury -78 °C w zimnej kąpieli z etanolem. Gazowy amoniak skondensowany do autoklawu aż do momentu, gdy tuleja autoklawu została wypełniona do około 2/3 ciekłym amoniakiem (~40 mL, ~28 g, ~1,7 mol). 3,79 g 2-chloro-6-nitrochinoliny (**264**) (18 mmol, 1 odpowiednik) dodano do tulei autoklawu w porcjach. Zawiesina była następnie mieszana w autoklawie przez 20 godzin w temperaturze 75 barów i 150 °C. Zawiesinę usunięto z autoklawu i pozostawiono do wyschnięcia. W celu przetworzenia aparaturę do przeprowadzania reakcji schładzano do temperatury RT, a autoklaw wentylowano. Surowiec musiał być zmieszany z wodą destylowaną. woda (100 ml), przefiltrowana, wysuszona i zrekrystalizowana do toluenu (800 ml), którego produktem końcowym było 6-nitro-chinolin-2-yloamina (**143** postaci żółtych igieł.

Poddaję się: 3.13 g (92 %) Teoria: 3,40 g.

DC: EtOAc Rf = 0,37

DCM/MeOH 19:1 Rf = 0,27

Temperatura topnienia: 264 °C

1H-NMR: (δ[ppm], 250 MHz, DMSO-d6):

8,66 (d, 1H, J = 2,5, C5-H), 8,20 (dd, 1H, J = 2,5, J = 9,25, C7-H), 8,13 (d, 1H, J = 9, C4-H), 7,50 (d, 1H, J = 9,25, C8-H), 7,22 (s, 2H, -NH2), 6,89 (d, 1H, J = 8,75, C3-H)

13C-NMR: (δ[ppm], 62,9 MHz, DMSO-d6):

160,63 (*C2-NH2*), 151,98 (*C10*), 140,39 (*C6-NO2*), 138,34 (*C4-H*), 125,69 (*C8-H*), 124,55 (*C5-H*), 122,99 (*C7-H*), 121,09 (*C9*), 114,32 (*C3-H*)

IR (KBr): 3433 (s), 3329 (w), 3281 (w), 3124 (m), 2759 (w), 1665 (s), 1608 (s), 1571 (s), 1522 (s), 1484 (s), 1418 (s), 1382 (w), 1316 (s), 1253 (s), 1133 (s) 1088 (s), 974 (m), 955 (m), 909 (s), 865 (m), 830 (s), 815 (s), 791 (m), 769 (m), 743 (s), 668 (m), 644 (m)

Analiza elementarna: C9H7N3O2 (189.17)

	C	H	N
zafakturowany	C: 57.14	H: 3.73	N: 22.21
odnaleziony	C: 56.98	H: 3.64	N: 21.97

Masa: MALDI+ (obliczone dla M+Na+):

obliczone: 212,04

znaleziono: 211,80 (100)

10.2.14 Dichlorek chinoliny-2,6-diaminy (145)

143 → 145

400 mg 6-nitrochinoliny-2-yloaminy (**143**) (2,11 mmol, 1 odpowiednik) rozpuszczono in abs. EtOH (6 mL) i zmieszano ze 120 mg Pd/C (30 % masy) w atmosferze argonu. Po wymianie argonu na wodór (1 bar) mieszanina reakcyjna była podgrzewana do temperatury 40 °C i mieszana przez dwie godziny (DC: EtOAc/MeOH 9:1 + $NH4+_{(aq)}$). MeOH (20 ml) dodano do mieszaniny reakcyjnej w celu przetworzenia, podgrzano do temperatury wrzenia i odfiltrowano przez Celite®. Filtrat był stężony i zmieszany z 2,20 mL 2 N metanolowego HCl (314 µL chlorku acetylu w 1,89 mL MeOH) i eterem. W łaźni lodowej produkt skrystalizował się, który można uzyskać poprzez filtrację i przemywanie eterem. Dichlorek chinolin-2,6-diaminy (**145**) otrzymuje się w postaci białego proszku.

Poddaję się:	380 mg (77 %)	Teoria: 490 mg.
DC:	EtOAc + $NH4+_{(aq)}$	Rf = 0,18
	EtOAc/MeOH 9:1 + $NH4+_{(aq)}$	Rf = 0,45
	EtOAc/EtOH/H2O/AcOH 15:5:4:1	Rf = 0,38
	DCM/MeOH 19:1	Rf = 0,04
Temperatura topnienia:	217 °C	
1H-NMR:	(δ[ppm], 250 MHz, DMSO-d6):	

~9 (bardzo szerokie s, 6H, 2xNH3+), 8,37 (d, 1H, J = 9,25, C4-H), 7,74 (d, 1H, J = 8,75, C8-H), 7,66 (s, 1H, C5-H), 7,60 (d, 1H, J = 8,75, C7-H), 7,14 (d, 1H, J = 9,5, C3-H)

13C-NMR: (δ[ppm], 62,9 MHz, DMSO-d6):

153,52 (*C2-NH3+*), 142,82 (*C4-H*), 134,02 (*C10*), 132,73 (*C6-NH3+*), 125,96 (*C7-H*), 121,81 (*C9)*, 118,86 (*C5-H*), 118,54 (*C8-H*), 114,80 (*C3-H*)

IR (KBr): 3304 (w), 3142 (m), 3037 (m), 2802 (s), 2576 (s), 1671 (s), 1617 (m), 1577 (m), 1542 (m), 1515 (m), 1474 (w), 1449 (m), 1394 (w), 1365 (w), 1290 (w), 1267 (w), 1241 (w), 1171 (w), 1135 (w), 967 (w), 939 (w), 900 (w), 853 (w), 836 (m), 687 (m), 659 (w), 600 (w), 584 (w)

Analiza elementarna: C9H11Cl2N3 (232.11)

	C	H	N
zafakturowany	C: 46.57	H: 4.78	N: 18.10
odnaleziony	C: 46.77	H: 4.84	N: 18.17

10.2.15 (6-nitro-chinolin-2-yl)-kwas karbaminowy ester tert-butylowy (265)

NO_2 H_2N N → 13 O 4 9 6 NO_2 12 O 11 N 2 N 10 H

143 **265**

525 mg 6-nitrochinoliny-2-yloaminy (**143**) (2,77 mmol, 1 równoważny) rozpuszczono w DCM (10 mL), a następnie dodano 1,82 g $(Boc)_2O$ (8,32 mmol, 3 równoważny) i 1,17 mL trietyloaminy (8,32 mmol, 3 równoważny) do roztworu reakcyjnego. Analiza metodą chromatografii cienkowarstwowej (EtOAc/n-Hex 3:1) z barwieniem ninhydryną pozwoliła zaobserwować pełną reakcję reaktora po pięciu godzinach. Rozpuszczalnik odparowano, pozostałość pobrano z EtOAc (10 mL), zmieszano z 1 N HCl (1 x 10 mL) i wodą destylowaną. Woda (2 x 10 mL) myta, suszona (MgSO4), adsorbowana na żelu krzemionkowym, oczyszczona chromatograficznie kolumna (*n*-

Hex/EtOAc 9:1 → *n-Hex/EtOAc* 1:1), a następnie suszona w próżni pompy olejowej, w której (6-nitro-chinolin-2-yl)-kwas karbaminowy ester tert-butylowy (**265** otrzymano w postaci żółtego proszku.

Poddaję się:	731,4 mg (91 %)	Teoria: 803 mg
DC:	EtOAc	Rf = 0,95
	n-Hex/EtOAc 3:1	Rf = 0,42
	n-Hex/EtOAc 9:1	Rf = 0,19

Temperatura topnienia: 178-180 °C

1H-NMR: (δ[ppm], 400 MHz, DMSO-d6):
10,53 (s, 1H, N-H), 8,93 (d, 1H, J = 2,4, C5-H), 8,59 (d, 1H, J = 9,2, C4-H), 8,37 (dd, 1H, J = 2.4, J = 9,2, C7-H), 8,20 (d, 1H, J = 9,2, C8-H), 7,87 (d, 1H, J = 9,2, C3-H), 1,50 (s, 9H, -C12(C13H3)$_3$)

13C-NMR: (δ[ppm], 100,6 MHz, DMSO-d6):
154,88 (*C2-NH*), 152,50 (*C11=O*), 149,28 (C10), 143,19 (*C6-NO2*), 140,03 (*C4-H*), 128,20 (*C8-H*), 124,67 (*C5-H*), 123,65 (*C7-H*), 123,18 (*C9*), 114,89 (*C3-H*), 80,37 (-C12(C13H3)$_3$), 27,83 (-C12(*C13H3*)$_3$)

IR (KBr): 3434 (w), 3158 (w), 3056 (w), 2996 (w), 2967 (w), 1730 (s), 1618 (s), 1582 (m), 1515 (s), 1492 (s), 1396 (s), 1368 (m), 1338 (s), 1325 (s), 1232 (s), 1145 (s), 1084 (m), 1059 (m), 960 (w), 905 (w), 881 (w), 852 (m), 828 (s), 758 (m), 741 (s), 638 (w), 597 (w)

Analiza elementarna:	C14H15N3O4 (289.29)			
	zafakturowany	C: 58.13	H: 5.23	N: 14.53
	odnaleziony	C: 58.22	H: 5.42	N: 14.27

Masa: ESI+ (obliczone dla M+H+):
obliczone: 290,11, 190,11 (bez grupy ochronnej Boc)
znaleziono: 290,9 (36,11) 190,9 (100)

10.2.16 (6-amino-chinolin-2-yl)-kwas karbaminowy ester tert-butylowy (146)

265	→	146

1,00 g (6-nitro-chinolin-2-yl)-kwas karbaminowy ester tert-butylowy (**265**) (3,45 mmol, 1 odpowiednik) został zawieszony in abs. EtOH (10 mL) w obrotowej rurce z rdzeniem mieszadła i 300 mg (30 % masy) Pd/C w przeciwprądzie argonowym. Argon został następnie wymieniony na wodór (1 bar). Kontrolę reakcji prowadzono metodą chromatografii cienkowarstwowej z pełną reakcją obserwowaną w temperaturze 40 °C po godzinie. Mieszanina reakcyjna została rozpuszczona przez dodanie 10 ml EtOH i ogrzanie do temperatury 70 °C w celu przetworzenia. Mieszanina reakcyjna została zassana przez Celite® i przemyta EtOH. Po adsorpcji surowca na żel krzemionkowy oczyszczanie przeprowadzono metodą chromatograficzną w kolumnie (*n-Hex/EtOAc* 5:1). Ester tert-butylowy (**146** (6-amino-chinolin-2-ylo)-kwas karbaminowy został wysuszony w próżniowej pompie olejowej i otrzymany jako pianka pomarańczowa.

Poddaję się:	731 mg (81 %)	Teoria: 895,7 mg.
DC:	EtOAc/MeOH 9:1	Rf = 0,78
	EtOAc/n-Hex 1:1	Rf = 0,33

1H-NMR: (δ[ppm], 300 MHz, DMSO-d6):

9,67 (s, 1H, N-H), 7,90 (d, 1H, J = 9,0, C4-H), 7,79 (d, 1H, J = 9,0, C3-H), 7,47 (d, 1H, J = 9,0, C8-H), 7.08 (dd, 1H, J = 2,4, J = 9,0 ,C7-H), 6,77 (d, 1H, J = 2,4, C5-H), 5,36 (s, 2H, *NH2*), 1,47 (s, 9H, -C12(C13H3)$_3$)

13C-NMR: (δ[ppm], 75,4 MHz, DMSO-d6):

152,90 (*C2-NH*), 147,65 (*C11=O*), 145,49 (C10), 139,74 (*C6-NO2*), 134,95 (*C4-H*), 127,37 (*C8-H*), 126,63 (*C9)*, 121,47 (*C7-H*), 113,55 (*C3-H*), 105,46 (*C5-H*), 79,11 (-C12(C13H3)$_3$), 27,93 (-C12(*C13H3*)$_3$)

IR (KBr): 3371 (w), 3208 (w), 2977 (w), 1722 (s), 1632 (m), 1605 (s), 1578 (m), 1501 (s), 1473 (m), 1418 (m), 1384 (w), 1367 (m), 1326 (s), 1240 (s), 1157 (s), 1125 (w), 1074 (m), 962 (w), 934 (w), 888 (w), 861 (w), 825 (m), 773 (w), 756 (w), 686 (w), 668 (w), 621 (w), 578 (w)

Analiza elementarna:	C14H17N3O2 (259,30)			
	zafakturowany	C: 64.85	H: 6.61	N: 16.20
	odnaleziony	C: 64.67	H: 6.84	N: 16.03

10.2.17 Ester metylowy kwasu (2-tert-butoksykarbonyloamino-chinolin-6-ylamino)octowego (266)

BocHN, NH_2, N

146

13, 12, O, 11, N, H, 2, N, 10, 4, 9, 6, H, N, 14, 15, O, 16

266

Dodano 580 mg (6-amino-chinolin-2-ylo)-kwasu karbaminowego ester tert-butylowy (**146**) (2,23 mmol, 1 odpowiednik) rozpuszczony in abs. Po dropwise'owym dodaniu 267 µL estru metylowego kwasu bromooctowego (2,91 mmol, 3 Equiv.) w atmosferze argonu, partia była mieszana w RT przez 15 godzin z wykorzystaniem chromatografii cienkowarstwowej (*n-hex/EtOAc* 1:1) do kontroli reakcji. W celu przetworzenia mieszanina reakcyjna została zmieszana z wodą destylowaną. woda (20 ml), ekstrahowana Et2O (2 x 50 ml), suszona (MgSO4) i chromatograficznie oczyszczona kolumna (*n-Hex/EtOAc* 1:1). Do celów analitycznych przeprowadzono rekrystalizację (EtOAc/n-Hex), w wyniku której ester metylowy **266** otrzymano w postaci żółtego proszku.

Poddaję się:	630 mg (85 %)	Teoria: 741 mg.
DC:	EtOAc	Rf = 0,9

	n-Hex/EtOAc 1:1	Rf = 0,4
	n-Hex/EtOAc 1:2	Rf = 0,13
	DCM	Rf = 0,11

Temperatura topnienia: 64-65 °C

^{1}H-NMR: (δ[ppm], 300 MHz, DMSO-d6):

9,71 (s, 1H, $^{C2-N-H}$), 7,96 (d, 1H, J = 9,0, $^{C4-H}$), 7,83 (d, 1H, J = 9,0, $^{C3-H}$), 7,52 (d, 1H, J = 9,0, C8-H), 7,20 (dd, 1H, J = 2,7, J = 9,0, C7-H), 6.63 (d, 1H, J = 2,4, C5-H), 6,33 (t, 1H, J = 6,3, *NH-C14H2-*), 4,01 (d, 2H, J = 6,3, NH-C14H2-), 3,67 (s, 3H, C(=O)OC16H3), 1,47 (s, 9H, -C12(C13H3)$_3$)

^{13}C-NMR: (δ[ppm], 75,4 MHz, DMSO-d6):

171,46 (C15=O), 152,91 (*C2-NH*), 148,05 (*C11=O*), 144,84 (C10), 140,25 (*C6-NO2*), 135,45 (*C4-H*), 127,41 (*C8-H*), 126,51 (*C9*), 121.17 (*C7-H*), 113,57 (*C3-H*), 102,51 (*C5-H*), 79,20 (-C12(C13H3)$_3$), 51,56 (NH-C14H2), 44,56 (O-C16H3), 27,96 (-C12(*C13H3*)$_3$)

IR (KBr): 3396 (w), 2925 (m), 2853 (w), 1724 (s), 1654 (w), 1628 (m), 1605 (s), 1578 (w), 1510 (s), 1473 (m), 1384 (m), 1366 (s), 1321 (m), 1235 (s), 1156 (s), 1070 (m), 889 (w), 849 (w), 824 (w), 772 (w), 714 (w), 620 (w)

Analiza elementarna: C17H21N3O4 (331.37)

zafakturowany	C: 61.62	H: 6.39	N: 12.68
odnaleziony	C: 61.55	H: 6.51	N: 12.51

Masa: ESI+ (obliczone dla M+H+):

obliczone: 332,15

znaleziono: 332,0 (100)

10.2.18 Kwas (*tert-butoksykarbonylo*-(2-(bis-tert-butoksykarbonylo)-amino-chinolin-6-yl)-amino)metylooctowy (267)

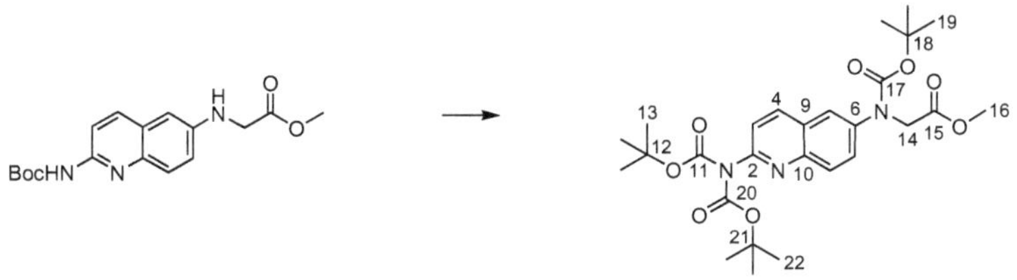

Rozpuścić 1,11 g estrów metylowych **266** (3,3 mmol, 1 odpowiednik) w DMF abs. (10 ml), dodać 2,04 g DMAP (16,7 mmol, 5 odpowiednik) i 3,65 g $(Boc)_2O$ (16,7 mmol, 5 odpowiednik), a następnie wymieszać przez noc w RT. Po całkowitej konwersji reaktanta (DC: *n-Hex/EtOAc* 2:1) dyst. Dodać wodę (20 ml) i ekstrahować Et2O (3 x 40 ml). Fazę organiczną należało przemyć 1 N HCl (20 mL), wysuszyć (MgSO4), adsorbować na żelu krzemionkowym i oczyszczonym chromatograficznie kolumnie (gradient rozpuszczalnika: *n-Hex/EtOAc* 5:1 → *n-Hex/EtOAc* 1:1), uzyskując **267** bezbarwny proszek.

Poddaję się:	1.45 g (82 %)	Teoria: 1,75 g.
DC:	EtOAc	Rf = 0,81
	n-Hex/EtOAc 1:1	Rf = 0,65
	n-Hex/EtOAc 2:1	Rf = 0,26
	n-Hex/EtOAc 3:1	Rf = 0,17
	DCM	Rf = 0,23
Temperatura topnienia:	134-135 °C	

1H-NMR: (δ[ppm], 300 MHz, DMSO-d6):

8,40 (d, 1H, J = 8,7, C4-H), 7,87 (d, 1H, J = 2,4, C5-H), 7,86 (d, 1H, J = 8,7, C8-H), 7,73 (dd, 1H, J = 2,4, J = 9,0, C7-H), 7,53 (d, 1H, J = 8.7, C3-H), 4.48 (s, 2H, NH-C14H2-), 3.71 (s, 3H, C(=O)OC16H3), 1.41 (s, 18H, -C12(C13H3)3), -

C21(C22H3)$_{3}$), 1.40 (s, 9H, -C18(C19H3)$_{3}$),

13C-NMR: (δ[ppm], 75,4 MHz, DMSO-d6):

170,12 (*C15=O*), 153,31 (*C2-NH*), 150,88 (*C17=O*), 150,67 (*C11=O*, *C20=O*), 143,96 (*C10*), 140,52 (*C6-NO2*), 138,06 (*C4-H*), 129,44 (*C8-H*), 127,97 (*C9*), 126,29 (*C7-H*), 122.66 (*C3-H*), 119,93 (*C5-H*), 82,73 (-C18(C19H3)$_{3}$), 80,65 (-C12(C13H3)$_{3}$, -C21(C22H3)$_{3}$), 51,87 (N-C14H2), 51,62 (O-C16H3), 27,63 (-C18(*C19H3*)$_{3}$), 27,34 (-C12(*C13H3*)$_{3}$, -C21(*C22H3*)$_{3}$)

IR (KBr): 2979 (m), 2953 (m), 2938 (m), 2909 (m), 1763 (s), 1736 (s), 1700 (s), 1624 (w), 1599 (m), 1573 (w), 1502 (s), 1477 (s), 1456 (s), 1440 (s), 1356 (s), 1296 (s), 1276 (s), 1246 (s), 1206 (s), 1159 (s), 1124 (s), 1056 (s), 1047 (s), 1036 (s), 995 (s), 976 (w), 951 (s), 925 (w), 909 (m), 896 (w), 856 (s), 837 (m), 806 (s), 785 (m), 777 (m), 761 (s), 746 (w), 718 (w), 702 (w), 691 (w), 629 (w), 612 (w), 556 (w)

Analiza elementarna: C27H37N3O8 (531.60)

zafakturowany	C: 61.00	H: 7.02	N: 7.90
odnaleziony	C: 60.82	H: 7.11	N: 7.74

Masa: ESI+ (obliczone dla M+H+):

obliczone: 532,2 (432,2 o jedną grupę ochrony Boc mniej)

znaleziono: 532,2 (75,7), 432,1 (100)

10.2.19 kwas [*tert-butoksykarbonylo*-(2-tert-butoksykarbonylo)-aminochinolin-6-yl)-amino]-octowy (147)

1,45 g estrów metylowych **267** (2,72 mmol) rozpuszczono w mieszaninie rozpuszczalników MeOH/H2O 1:1 (20 ml) i 705 mg LiOH*H2O (16,8 mmol, równoważnik 6) dodanych w porcjach. Po godzinie w RT można było zaobserwować całkowitą konwersję reaktanta za pomocą chromatografii cienkowarstwowej (EtOAc/MeOH 9:1). W celu przetworzenia mieszanina rozpuszczalników została odparowana, pozostałość po reakcji dostosowano do pH 5 za pomocą 1 N HCl i wyekstrahowano za pomocą EtOAc (2 x 20 mL). Ekstrakty organiczne przemyto 1 N HCl (1 x 20 mL) i nasyconym wodnym NaCl-Lsg. (1 x 20 mL), wysuszono (MgSO4), adsorbowano na żelu krzemionkowym, oczyszczono chromatograficznie (EtOAc/MeOH 9:1) i zrekrystalizowano (EtOAc). W **147** możliwe było wydobycie bezbarwnego materiału stałego.

Poddaję się:	982 mg (86 %)	Teoria: 1,13 g.
DC:	EtOAc/EtOH/H2O/AcOH 15:5:4:1	Rf = 0,91
	EtOAc/MeOH 9:1	Rf = 0,15
	DCM/MeOH 1:1	Rf = 0,86
	DCM/MeOH 5:1	Rf = 0,8
	DCM/MeOH 19:1	Rf = 0,03
Temperatura topnienia:	170-172 °C	
1H-NMR:	(δ[ppm], 300 MHz, DMSO-d6):	

~13 (bs, 1H, COOH), 10.09 (s, 1H, *NH*), 8.26 (d, 1H, J = 9.3, C4-H), 8.02 (d, 1H, J = 9.0, C3-H), 7.72 (d, 1H, J = 2, C5-H), 7.69 (d, 1H, J = 9,3, C8-H), 7,61 (dd, 1H, J = 2, J = 9,0, C7-H), 4,31 (s, 2H, C11-H2), 1,49 (s, 9H, C17-(C18-H3)3), 1,39 (s, 9H, C14-(C15-H3)3)

13C-NMR: (δ[ppm], 75,4 MHz, DMSO-d6):

171,01 (*C12OOH*), 153,56 (C2-NHBoc), 152,74 (*C16=O*), 151,65 (*C13=O*), 144,28 (*C10*), 138,86 (C6), 137,64 (C4-H), 129,27 (*C9*), 126.62 (*C7-H*), 124,67 (*C8-H*), 122,82 (*C5-H*), 113,54 (*C3-H*), 80,09 (*C14*), 79,67 (*C17*), 51,85 (*C11-H2*), 27,89 (-(*C18-H3*)3), 27,69 (-(*C15-H3*)3)

IR (KBr): 3256 (w), 2979 (w), 1737 (s), 1707 (s), 1607 (s), 1498 (s), 1380 (s), 1324 (m), 1237 (s), 1151 (s), 1073 (w), 955 (w), 886 (w), 833 (w), 769 (w), 686 (w), 597 (w)

Analiza elementarna:	C21H27N3O6 (417,46)			
	zafakturowany	C: 60.42	H: 6.52	N: 10.07
	odnaleziony	C: 60.23	H: 6.64	N: 9.84

10.2.20 (2-okso-1,2-dihydrochinolin-6-ylamino)-ester metylowy kwasu octowego (141)

NH2 O N H 140 → 4 9 6 H N O 13 11 12 O O 2 N 10 H 141

1,89 g 6-aminochinoliny-2(1H)-onu (**140**) (11,79 mmol, 1 równoważny) rozpuszczono w DMF abs. (20 mL) i 2,36 mL DIPEA (13,79 mmol, 1,17 równoważny) oraz dodano 1,2 ml bromanu metylu (13,05 mmol, 1,1 równoważny) pod argonem. Po dodaniu, mieszanina reakcyjna była mieszana przez 15 godzin w RT. Po zakończeniu reakcji (DC: EtOAC/MeOH 9:1) rozpuszczalnik został odparowany, mieszanina reakcyjna adsorbowana na żel krzemionkowy, kolumna chromatograficznie oczyszczona (gradient rozpuszczalnika EtOAc → EtOAc/MeOH 9:1) i zrekrystalizowana (MeOH), w wyniku czego 2,25 g (82 %) ester metylowy **141** się jasnożółtymi kryształami.

Poddaję się:	2.25 g (82 %)	Teoria: 2,73 g.
DC:	EtOAc/MeOH 9:1	Rf = 0,53
	DCM/MeOH 9:1	Rf = 0,53
Temperatura topnienia:	197-200 °C	

1H-NMR: (δ[ppm], 300 MHz, DMSO-d6):
11.44 (s, 1H, *NH*), 7.70 (d, 1H, J = 9.3, C4-H), 7.11 (d, 1H, J = 8.7, C8-H), 6.93 (dd, 1H, J = 2.7, J = 8.7, C7-H), 6.65 (d, 1H, J = 2,7, C5-H), 6,39 (d, 1H, J = 9,6, C3-H), 5,96 (bs, 1H, *NH-C11H2*), 3,94 (s, 2H, C11-H2), 3,65 (s, 3H, C13-H3)

13C-NMR: (δ[ppm], 75,4 MHz, DMSO-d6):
171.61 (*C12* =O), 161.08 (*C2=O*), 143.07 (*C6-NH*), 139.58 (*C4-H*), 130.90 (*C9*), 121.67 (*C3-H*), 119.80 (*C10)*, 118.33 (*C7-H*), 115.76 (*C8-H*), 106.83 (*C5-H*), 51.46 (*C13-H3)*, 44.77 (*C11-H2*)

IR (KBr): 3382 (m), 3138 (w), 2953 (w), 2822 (m), 1729 (s), 1670 (s), 1627 (s), 1569 (m), 1498 (s), 1444 (s), 1425 (s), 1369 (m), 1321 (s), 1259 (w), 1224 (s), 1187 (m), 1146 (m), 1110 (m), 985 (w), 957 (w), 912 (m), 866 (m), 821 (m), 807 (m), 772 (w), 685 (w), 607 (m)

Analiza elementarna:	C12H12N2O3 (232.23)		
zafakturowany	C: 62.06	H: 5.21	N: 12.06
odnaleziony	C: 61.84	H: 5.33	N: 12.10

10.2.21 *tert-butoksykarbonylo-*(2-okso-1,2-dihydrochinolin-6-yl)-amino]-metylowy ester octowy (268)

141 → **268**

2,25 g estru metylowego **141** (9,69 mmol, 1 odpowiednik) zostało rozpuszczone in abs. Pod argonem dodano 3,55 g DMAP (29,08 mmol, 3 Equiv.) i 6,35 g $(Boc)_{2O}$ (29,08 mmol, 3 Equiv.) w porcjach. Mieszanka była mieszana przez 6 godzin w RT. Ponieważ edukacja nie została jeszcze w pełni zareagowana (DC: DCM/MeOH 9:1), do mieszaniny reakcyjnej dodano kolejne 1,18 g DMAP (9,65 mmol, 1 równoważnik) i 2,11 g (9,66 mmol, 1 równoważnik) $(Boc)_{2O}$. Po kolejnych 15 godzinach mieszania w temperaturze 60-70 °C reakcja została zakończona. Rozpuszczalnik odparowano, pozostałość rozpuszczono w EtOAc (20 mL), przemyto 1 N HCl (1 x 10 mL), wysuszono (MgSO4), adsorbowano na żelu krzemionkowym i oczyszczono chromatograficznie kolumnowo (gradient rozpuszczalnika: *n-Hex/EtOAc* 3:1 → *n-Hex/EtOAc* 1:1 → EtOAc). Otrzymano 2,58 g **268** bezbarwnych kryształów.

Poddaję się:	2.58 g (80 %)	Teoria: 3,22 g.
DC:	EtOAc/EtOH/H2O/AcOH 15:5:4:1	Rf = 0,5
	EtOAc/n-Hex 9:1	Rf = 0,4
Temperatura topnienia:	178-180 °C	

$^{1H-NMR}$: (δ[ppm], 250 MHz, DMSO-d6):
11,74 (s, 1H, *NH*), 7,88 (d, 1H, J = 9,5, $^{C4-H}$), 7,56 (d, 1H, J = 2,0, C5-H), 7,42 (dd, 1H, J = 2,5, J = 8,75, C7-H), 7.26 (d, 1H, J = 8,75, C8-H), 6,49 (d, 1H, J = 9,75, $^{C3-H}$), 4,33 (s, 2H, C11-H2), 3,69 (s, 3H, C13-H3), 1,37 (s, 9H, C15(-C16-H3)$_3$)

^{13}C-NMR: (δ[ppm], 62,9 MHz, DMSO-d6):

170,07 (*C12=O*), 161,68 (*C2=O*), 153,55 (*C14=O*), 139,79 (*C4-H*), 136,77 (*C6-N*), 136,26 (*C10*), 129,10 (*C7-H*), 124,62 (*C5-H*), 122.14 (*C3-H*), 118,80 (*C8-H*), 115,08 (*C9*), 80,19 (*C15*(C16-H3)$_3$), 51,76 (OC13H3), 51,76 (*C11H2*), 27,66 (C15(*C16-H3*)$_3$)

IR (KBr): 3143 (w), 2975 (s), 2843 (m), 1903 (w), 1751 (s), 1708 (s), 1659 (s), 1626 (s), 1561 (w), 1505 (s), 1477 (m), 1432 (s), 1393 (s), 1368 (s), 1342 (s), 1298 (m), 1281 (m), 1237 (s), 1217 (s), 1155 (s), 1052 (s), 989 (w), 954 (w), 940 (m), 909 (m), 882 (m), 863 (w), 825 (s), 774 (m), 750 (w), 732 (m), 708 (w), 688 (w), 673 (w), 622 (m), 585 (w)

Analiza elementarna:	C17H20N2O5 (332.35)			
	zafakturowany	C: 61.44	H: 6.07	N: 8.43
	odnaleziony	C: 61.61	H: 6.05	N: 8.64

10.2.22 kwas octowy [*tert-butoksykarbonylo-*(2-okso-1,2-dihydrochinolin-6-ylo)-amino] (142)

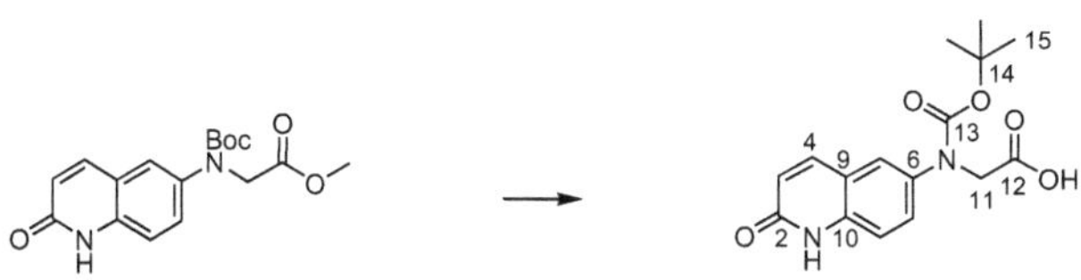

268 → **142**

Rozpuszczono 709 mg estrów **268** (2,13 mmol, ekwiwalent 1) w stosunku 1:1 (2 mL) w mieszaninie MeOH/H2O i dodano 894 mg LiOH*H2O (21,34 mmol, ekwiwalent 10). Mieszanina reakcyjna była następnie mieszana w RT przez 15 godzin. Do celów przetwórstwa mieszaninę rozpuszczalników odparowano, wartość pH dostosowano do pH 4 przez 1 N HCl, wyekstrahowano za pomocą EtOAc (2 x 10 mL), fazę organiczną przemyto 1 N HCl (1 x 10 mL) i nasyconym roztworem NaCl (1 x 10 mL), wysuszono ($MgSO4$), adsorbowano na żelu krzemionkowym i oczyszczono chromatograficznie kolumnowo (*n-hex*:EtOAc 1:9 → EtOAc → EtOAc/MeOH 9:1 → MeOH/EtOAc 1:1). W wyniku rekrystalizacji (EtOAc) można otrzymać 533 mg kwasu karboksylowego **142** w postaci białego proszku. Wykonano izolację ryżową w ilości 70 mg estrów metylowych **268**.

Poddaję się: 533 mg (78 %) Teoria: 679 g

DC: EtOAc/EtOH/H2O/AcOH 15:5:4:1 Rf = 0,75
EtOAc/MeOH 1:1 Rf = 0,41
DCM/MeOH 9:1 Rf = 0,78
DCM/MeOH 19:1 Rf = 0,14

Temperatura topnienia: 205-206 °C

1H-NMR: (δ[ppm], 250 MHz, DMSO-d6):
12,7 (bs, 1H, COOH), 11,74 (bs, 1H, *NH*), 7,88 (d, 1H, J = 9,5, C4-H), 7,55 (d, 1H, J = 2,25, C5-H), 7,42 (dd, 1H, J = 2,5, J = 8).75, C7-H), 7,25 (d, 1H, J = 8,75, C8-H), 6,49 (d, 1H, J = 9,75, C3-H), 4,22 (s, 2H, C11-H2), 1,37 (s, 9H, $C14(-C15-H3)_3$)

13C-NMR: (δ[ppm], 62,9 MHz, DMSO-d6):
170,95 (*C12OOH*), 161,68 (*C2=O*), 153,65 (*C13=O*), 139,84 (*C4-H*), 136,67 (*C9*), 136,49 (*C6-H*), 129,15 (*C7-H*), 124.58 (*C5-H*), 122.09 (*C3-H*), 118.77 (*C10*), 115.02 (*C8-H*), 79.96 (*C14*$(-C15-H3)_{3)}$, 51.70 (*C11-H2*), 27.70 ($C14(-C15-H3)_3$)

IR (KBr): 3143 (w), 2972 (m), 2926 (w), 2719 (w), 2588 (w), 2519 (w), 1924 (w), 1725 (s), 1705 (s), 1646 (s), 1621 (s), 1570 (w), 1556 (w), 1534 (w), 1522 (w), 1507 (w), 1475 (w), 1458 (w), 1429 (s), 1389 (m), 1368 (m), 1344 (w), 1293 (w), 1276 (w), 1256 (m), 1212 (s), 1157 (s), 1046 (w), 961 (w), 943 (w), 900 (w), 882 (w), 858 (w), 830 (w), 773 (w), 737 (w), 708 (w), 692 (w), 670 (w), 651 (w), 630 (w), 585 (w), 561 (w), 542 (w), 525 (w), 516 (w), 470 (w)

Analiza elementarna: C16H18N2O5 (318.32)

zafakturowany	C: 60.37	H: 5.70	N: 8.80
odnaleziony	C: 60.57	H: 5.51	N: 8.73

10.2.23 {{{2-[*tert-Butoksykarbonylo*-(2-tert-butoksykarbonyloamino-chinolin-6-yl)-amino]-acetyl}-[2-(9H-fluoren-9-ylmetoksykarbonyloamino)-etylo]-amino}-essigsäuremethylester (152)

147 **152**

350 mg kwasu karboksylowego **147** (0,838 mmol, 1 Equiv.) rozpuszczono w ogrzewanym 50 ml tłoku sterowniczym w atmosferze argonowej z abs. acetonitrylem (20 mL). Po odgazowaniu roztworu dodano 271 µl trietyloaminy (1,93 mmol, 2,3 equiv.), 409,5 mg HBTU (1,08 mmol, 1,3 equiv.) i 358,9 mg chlorowodorku N-(Fmoc-aminetylo)glicyny (**149**) (0,92 mmol, 1,1 equiv.). Cienkowarstwowa chromatografia (EtOAc/n-Hex 3:1) wykazała pełną reakcję po trzech godzinach, po czym rozpuszczalnik został odparowany i wymieniony na EtOAc (20 mL). Roztwór reakcyjny został ostatecznie przemyty nasyconym NaHCO3 (2 x 20 mL), nasyconym wodnym NaCl-Lsg (2 x 20 mL) i wodą destylowaną (20 mL), wysuszony (MgSO4), adsorbowany na żelu krzemionkowym i oczyszczonym chromatograficznie kolumnowym (gradient rozpuszczalnika: EtOAc/n-Hex 1:1 → EtOAc/n-Hex 9:1 → EtOAc). Po odparowaniu rozpuszczalnika ester metylowy **152** wyizolowany jako biała piana, która była intensywnie suszona w próżni pompy olejowej.

Poddaję się: 450 mg (71 %) Teoria: 632 mg.

DC:	EtOAc	Rf = 0,82
	EtOAc/n-Hex 3:1	Rf = 0,43
	EtOAc/n-Hex 3:2	Rf = 0,11

1H-NMR: (δ[ppm], 400 MHz, DMSO-d6):

10.50-10.39 (bs, 1H, *NHBoc* wymienne z D2O), 8.23-8.19 (d, 1H, J = 9.2, C4-H), 8.01-7.98 (dd, 1H, J = 9.2, C3-H), 7.88-7.86 (m, 2H, Aromat), 7.66-7.60 (m, 5H, Aromat), 7.42-7.27 (m, 5H, aromatyczny, *NH* wymienny z D2O), 4.7-4.0 (m, 7H, C11-H2, C19-H2, C25-H2, C26-H), 3.64 (s, 3H, C21-H3), 3.5-3.3 (m, 2H, C22-H2), 3.3-3.1 (m, 2H, C23-H2), 1.49 (s, 9H, *tert-butyl*), 1.38 (s, 9H, *tert-butyl*)

Dzięki rotamerowi sygnały są dzielone.

13C-NMR: (δ[ppm], 100,6 MHz, DMSO-d6):

169.88, 169.60, 156.17, 153.73, 152.75, 151.57, 144.18, 143.73, 143.64, 140.60, 137.56, 127.46, 126.92, 126.90, 126.38, 124.98, 124.91, 124.62, 119.99, 113.48, 79.95, 79.86, 79.65, 65.26, 52.06, 51.63, 46.63, 46.57, 27.90, 27.73, 27.64

IR (KBr): 3345 (w), 2976 (m), 1723 (s), 1604 (s), 1577 (w), 1495 (s), 1452 (s), 1391 (s), 1368 (s), 1319 (s), 1235 (s), 1151 (s), 1072 (m), 1031 (m), 952 (w), 924 (w), 885 (w), 827 (w), 759 (m), 741 (m), 621 (w)

Analiza elementarna: C41H47N5O9 (753,84)

zafakturowany	C: 65.32	H: 6.28	N: 9.29
odnaleziony	C: 65.08	H: 6.52	N: 9.02

Masa: ESI+ (obliczone dla M+H+):

obliczone: 754,33 (654,28 o jedną grupę ochrony Boc mniej)

znaleziono: 754,1 (100), 654,1 (26)

10.2.24 {{{2-[*tert-Butoksykarbonylo*-(1,2-dihydro-2-oksochinolin-6-ylo)-amino]-acetyl}-[2-(9H-fluoren-9-ylmetoksykarbonylamino)-etyl]-amino}-essigsäuremethylester (150)

142 → **150**

250 mg kwasu karboksylowego **142** (0,785 mmol, 1 odpowiednik) rozpuszczono pod argonem z 3 ml bezwzględnego DMF w wypieczonym 25 ml tłoku sterowniczym. Następnie do odgazowanego roztworu dodano 173 µl N-metylomorfoliny (1,57 mmol, 2 equiv.), 894 mg HBTU (2,36 mmol, 3 equiv.) i 378 mg chlorowodorku glicyny (**149**) (0,97 mmol, 1,2 equiv.). Po trzech godzinach można było określić całkowitą konwersję metodą chromatografii cienkowarstwowej (EtOAc/MeOH 9:1). Następnie rozpuszczalnik został odparowany w próżni i wymieniony na EtOAc (20 ml). Roztwór reakcyjny przemywano nasyconym NaHCO3 (2 x 20 mL) i nasyconym wodnym NaCl-Lsg. (2 x 20 mL), suszonym (MgSO4), adsorbowanym na żelu krzemionkowym i oczyszczonym chromatograficznie kolumnie (gradient rozpuszczalnika: EtOAc/n-Hex 9:1 → EtOAc). Po odparowaniu rozpuszczalnika ester metylowy **150** intensywnie suszony w postaci białej piany w próżni pompy olejowej.

Poddaję się:	357 mg (69 %)	Teoria: 514 mg.
DC:	EtOAc	Rf = 0,38
	DCM/MeOH 9:1	Rf = 0,82

1H-NMR: (δ[ppm], 250 MHz, DMSO-d6):

11.7 (bs, 1H, laktam-NH wymienne z D2O), 7.89-7.86 (m, 3H, aromat), 7.67-

7.60 (m, 2H, aromat), 7.55-7.48 (m, 1H, aromat), 7.43-7.19 (m, 7H, aromat, *NH* wymienne z D2O), 6.45 (d, 1H, J = 9,5, $^{C3-H}$), 4,50-4,12 (m, 7H, C11-H2, C16-H2, C22-H2, C23-H), 3,66 (s, 3H, C18-H3), 3,45-3,25 (m, 2H, C19-H2), 3,25-3,10 (m, 2H, C20-H2), 1,36 (bs, 9H, C14(C15-H3)$_3$)

Dzięki rotamerowi sygnały są dzielone.

13C-NMR: (δ[ppm], 100,6 MHz, DMSO-d6):
169.93, 169.66, 161.73, 161.72, 156.20, 143.77, 143.69, 140.64, 139.87, 136.53, 127.52, 126.95, 125.03, 124.96, 124.59, 122.04, 120.05, 118.70, 114.86, 79.81, 79.70, 65.31, 52.10, 51.68, 46.65, 46.59, 30.09, 27.76

IR (KBr): 3325 (w), 2976 (w), 1707 (s), 1662 (s), 1625 (m), 1560 (w), 1501 (m), 1450 (m), 1431 (m), 1431 (s), 1390 (m), 1368 (m), 1251 (s), 1153 (s), 1048 (w), 941 (w), 830 (w)

Analiza elementarna:	C36H38N4O8 (654,71)			
	zafakturowany	C: 66.04	H: 5.85	N: 8.56
	odnaleziony	C: 65.79	H: 5.80	N: 8.38

Masa: ESI+ (obliczone dla M+H+):
obliczone: 655,27
znaleziono: 655,0 (100), 677,6 (27) Na+, 555,0 (12) bez Boc

10.2.25 {{{2-[*tert-Butoksykarbonylo*-(1,2-dihydro-2-oksochinolin-6-yl)-amino]-acetyl}-[2-(9H-fluoren-9-ylmetoksykarbonyloamino)-etyl]-amino}-essigsäure (151)[224]

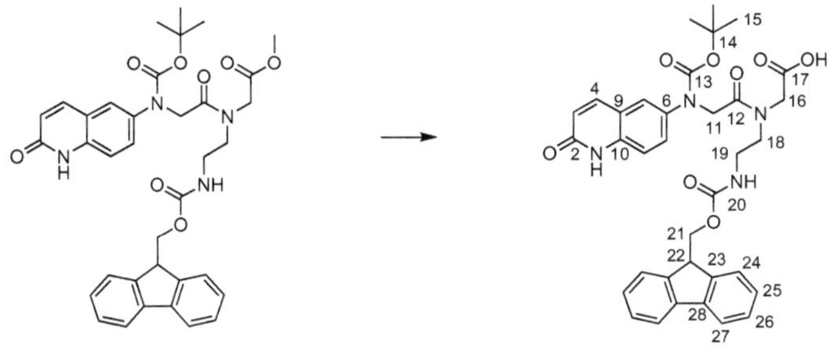

150 → **151**

85 mg estrów **150** (0,129 mmol, 1 równoważnik) umieszczono pod argonem w wypieczonej rurce obrotowej o pojemności 10 ml i rozpuszczono za pomocą 3 ml abs. 1,2dichloroetanu i podgrzano do temperatury 60-80 °C. Następnie roztwór rozpuszczono w roztworze 1,2dichloroetanu. Następnie dodano 201 mg wodorotlenku cyny trimetylowej (1,11 mmol, 8,6 równoważnika). Po dwóch godzinach analiza (DC: EtOAc/MeOH 9:1 i EtOAc/MeOH 1:1) wykazała, że reakcja była kompletna. Następnie rozpuszczalnik został odparowany w próżni i wymieniony na EtOAc (15 ml). Roztwór reakcyjny przemyto KHSO4 (0,01 N) (3 x 15 mL) i nasyconym wodnym NaCl-Lsg. (1 x 15 mL), wysuszono (MgSO4), adsorbowano na żelu krzemionkowym, chromatograficznie kolumnowym (gradient rozpuszczalnika: EtOAc/MeOH 9:1 → EtOAc/MeOH 1:1), a następnie oczyszczono do celów analitycznych przez HPLC. Po liofilizacji rozpuszczalnika otrzymano kwas węglowy **151** w postaci żółtawej piany.

Poddaję się:	71 mg (85 %)	Teoria: 83,2 mg.
DC:	EtOAc/MeOH 3:1	Rf = 0,1
	EtOAc/MeOH 1:1	Rf = 0,57
	DCM/MeOH 3:1	Rf = 0,25

Warunki HPLC: analityczne: Reprosil AQ, 125x4,6, 0,1 % TFA/MeCN 42:58, 0,8 mL/min, tR = 24,23 min.

Preparat: Reprosil AQ 250x20, 0,1 % TFA/MeCN 42:58, 7 mL/min, tR = 4,0 min.

1H-NMR: (δ[ppm], 250 MHz, DMSO-d6):

13.8-12.5 (bs, 1H, COOH wymienne z D2O), 11.7 (s, 1H, laktam-NH wymienne z D2O), 7.89-7.80 (m, 3H, Aromat), 7.67-7.60 (m, 2H, Aromat), 7.50 (d, 1H, J = 2.25, Aromat), 7.43-7.20 (m, 7H, aromatyczny, *NH* wymienny z D2O), 6.45 (d, 1H, J = 9.5, C3-H), 4.49-4.00 (m, 7H, C23-H, C11-H2, C16-H2, C21-H2), 3.3-3.2 (m, 2H, C18-H2), 3.2-3.1 (m, 2H, C19-H2), 1.36 (s, 9H, C14(C15-H3)$_3$)

Dzięki rotamerowi sygnały są dzielone.

13C-NMR: (δ[ppm], 62,9 MHz, DMSO-d6):

170.57, 161.85, 161.67, 156.15, 153.87, 143.74, 143.66, 140.60, 139.84, 136.47, 127.48, 126.93, 124.99, 124.93, 124.42, 121.96, 119.99, 118.66, 114.79, 79.76, 79.64, 65.32, 51.37, 46.93, 46.63, 46.57, 27.74

IR (KBr): 3409 (w), 2974 (w), 1656 (s), 1507 (m), 1450 (m), 1429 (s), 1391 (m), 1368 (m), 1249 (s), 1154 (s), 1048 (w), 959 (w), 831 (w), 759 (w), 741 (s), 621 (w)

Masa: ESI+ (obliczone dla M-H+): C35H36N4O8 (640,68)

obliczone: 639,25

znalezione: 639,5 (100), 640,4 (39), 641,5 (9), 417,2 (7) bez Fmoc

10.2.26 {{{2-[*tert-Butoksykarbonylo*-(2-tert-butoksykarbonyloamino-chinolin-6-yl)-amino]-acetyl}-[2-(9H-fluoren-9-ylmetoksykarbonyloamino)-etylo]-amino}-essigsäure (153)[224]

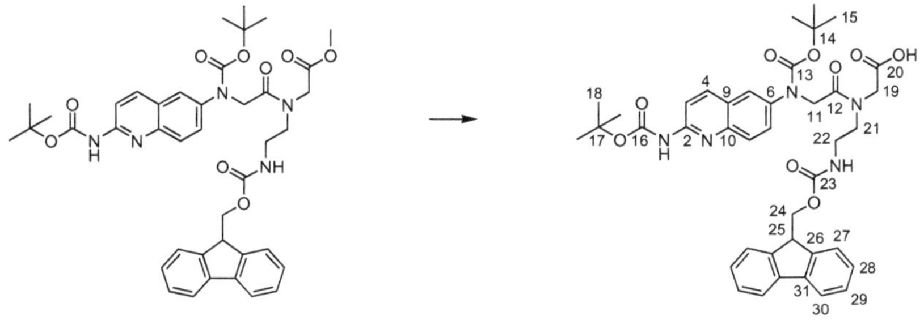

152 → 153

39,2 mg estrów metylowych **152** (0,052 mmol, 1 równoważnik) rozpuszczono w atmosferze argonowej z abs. 1,2-dichloroetanem (2 mL) w wypieczonej rurce o pojemności 10 ml, a reakcję rozpoczęto od wodorotlenku trimetylocyny w ilości 73 mg (0,404 mmol, 7,7 równoważnika). Edukt został całkowicie zareagowany po 2,5 godzinach (DC: EtOAc/MeOH 9:1 i EtOAc/MeOH 1:1). Po odparowaniu rozpuszczalnika pozostałość rozpuszczono w EtOAc (15 mL), przemyto 0,01 N KHSO4 (2 x 20 mL) i nasyconym wodnym NaCl-Lsg. (2 x 20 mL), wysuszono (MgSO4), adsorbowano na żelu krzemionkowym i oczyszczonym chromatograficznie kolumnie (gradient rozpuszczalnika: EtOAc → EtOAc/MeOH 3:1). Do celów analitycznych przeprowadzono dalsze oczyszczanie przy użyciu HPLC, przy czym po liofilizacji produkt **153** wyprodukowany w postaci żółtej piany.

Poddaję się:	32 mg (83 %)	Teoria: 38,4 mg.
DC:	EtOAc/MeOH 3:1	Rf = 0,29
	DCM/MeOH 3:1	Rf = 0,86
	DCM/MeOH 9:1	Rf = 0,28

Warunki HPLC: analityczne: Reprosil AQ, 125x4,6, 0,1 % TFA/MeCN 42:58, 0,8 mL/min, tR = 24,84 min.

Preparat: Reprosil AQ 250x20, 0,1 % TFA/MeCN 42:58, 7 mL/min, tR =

4,1 min.

^{1}H-NMR: (δ[ppm], 250 MHz, DMSO-d6):

10.3 (bs, 1H, *NHBoc* wymienne z D2O), 8.3-8.2 (m, 1H, Aromat), 7.9-7.8 (m, 3H, Aromat), 7.8-7.6 (m, 5H, Aromat), 7.4-7.2 (m, 5H, Aromat, *NH* wymienne z D2O), 4.6-3,9 (m, 7H, C25-H, C11-H2, C19-H2, C24-H2,), 3,5-3,3 (m, 2H, C21-H2), 3,3-3,1 (m, 2H, C22-H2), 1,50 (s, 9H, *tert-butyl*), 1,38 (s, 9H, *tert-butyl*)

Dzięki rotamerowi sygnały są dzielone.

^{13}C-NMR: (δ[ppm], 62,9 MHz, DMSO-d6):

171.03, 169.15, 159.05, 158.51, 156.79, 154.35, 152.86, 151.10, 143.93, 141.01, 128.11, 127.51, 125.45, 124.77, 124.55, 123.25, 121.11, 120.46, 114.10, 111.28, 82.21, 81.05, 80.95, 65.86, 47.00, 31.38, 28.21, 28.14, 28.06, 24.26

IR (KBr): 3423 (m), 2927 (m), 1719 (s), 1675 (s), 1656 (s), 1606 (m), 1560 (w), 1498 (m), 1458 (m), 1387 (m), 1368 (m), 1321 (m), 1239 (s), 1151 (s), 1075 (w), 1048 (w), 958 (w), 844 (w), 760 (w), 742 (w), 696 (w), 671 (w), 621 (w), 588 (w)

Masa: ESI+ (obliczone dla M+H+): C40H45N5O9 (739,81)

obliczone: 740,32 (639,26 o jedną grupę ochronną Boc mniej)

znalezione: 740,5 (100), 741,4 (43), 742,3 (11), 684,3 (4), 640,5 (1)

10.2.27 (Amino-etyloamino) kwas octowy (270)[218, 251]

148	269	270

100 ml etylenodiaminy (**148**) (1,49 mol, 10 Equiv.) zmieszano z 14,10 g kwasu chlorooctowego (**269**) (0,149 mol, 1 Equiv.) w porcjach w temperaturze 4 °C podczas mieszania. Następnie roztwór musiał być mieszany przez kolejne 48 godzin w RT. Następnie zawężono zakres reakcji. Otrzymany olej wymieszano z DMSO/Et2O/EtOH (180 mL: 60 mL: 60 mL), podczas którego małe kryształy wytrącały się w temperaturze -20 °C przez okres dwóch dni. Kryształy ekstrahowano przez odsysanie, przemyto EtOH i Et2O, a następnie wysuszono w próżni. Alkohol matki był przechowywany w lodówce w celu dalszej krystalizacji. Łącznie 13,92 g kwasu (amino-etyloamino)-octowego (**270**) można otrzymać w postaci białych kryształów.

Poddaję się:	13.92 g (79 %)	Teoria: 17,6 g.
DC:	*n-Butanol/AcOH/H2O/EtOAc* 1:1:1:1:1	Rf = 0,19
Temperatura topnienia:	148-151 °C	Lit.:152 °C[220], 149-153 °C[219].

1H-NMR: (δ[ppm], 250 MHz, D2O/DMSO-d6):
3.11 (s, 2H, CH2-COOH), 2.87 (m, 2H, H2NCH2CH2), 2.75 (m, 2H, H2NCH2CH2)

13C-NMR: (δ[ppm], 75,4 MHz, D2O/DMSO-d6):
179,02 (CH2-COOH), 52,68, 47,72, 39,66

IR (KBr): 3292 (s), 2934 (bs), 2173 (m), 1931 (w), 1666 (s), 1599 (s), 1532 (s), 1482 (s), 1468 (s), 1458 (s), 1414 (s), 1365 (s), 1348 (s), 1305 (s), 1241 (s), 1189 (s), 1128 (s), 1085 (m), 1058 (s), 1022 (s), 985 (m), 933 (m), 891 (s), 854 (m), 831 (s), 698 (s), 599 (w), 567 (w)

Analiza elementarna:	C4H10N2O2O2 (118.13)			
	zafakturowany	C: 40.67	H: 8.53	N: 23.71
	odnaleziony	C: 40.66	H: 8.32	N: 23.47

10.2.28 2-(2-aminoetyloamino)octan metylu Chlorek dwuwodorku (271)[218]

H_2N–CH_2CH_2–NH–CH_2–C(O)OH → H_2N–CH_2CH_2–NH–CH_2–C(O)O–CH_3 · 2HCl

270 **271**

Kwas (aminoetyloamino)-octowy (**270**) (2,30 g, 19,47 mmol, 1 odpowiednik) zawieszono w MeOH (70 ml). Do zawiesiny chłodzonej za pomocą kąpieli lodowej wprowadzono stały prąd HCl. Po nasyceniu HCl (2,5 g) mieszaninę podgrzewano przez 8 godzin w celu uzyskania efektu refluksu. Po ochłodzeniu mieszanki do temperatury 0°C, mieszano ją w tej temperaturze przez kolejne trzy godziny. Wytrącony produkt został odfiltrowany i wysuszony w próżni, w wyniku czego otrzymano 3,53 g dwu-(2-aminoetyloamino)octanu metylu (**271** jako bezbarwny proszek.

Poddaję się:	3.53 g (88 %)	Teoria: 3,99 g.
DC:	*n-Butanol/AcOH/H2O/EtOAc* 1:1:1:1:1	Rf = 0,32
Temperatura topnienia:	188-190 °C	Lit.:190-191 °C[220]

1H-NMR: (δ[ppm], 250 MHz, DMSO-d6):
3.94 (s, 2H, CH2-COOCH3), 3.67 (s, 3H, CH2-COOCH3), 3.37-3.31 (m, 2H, H2NCH2CH2), 3.27-3.21 (m, 2H, H2NCH2CH2)

^{13}C-NMR: (δ[ppm], 75,4 MHz, D_2O/DMSO-d6):
168,84 (CH_2-$COOCH_3$), 55,02, 49,06, 45,50, 36,79

IR (KBr): 3395 (m), 3060 (s), 2646 (s), 2529 (m), 2010 (w), 1750 (s), 1609 (m), 1490 (s), 1465 (m), 1442 (s), 1412 (m), 1381 (s), 1352 (s), 1320 (s), 1248 (s), 1185 (w), 1159 (m), 1081 (m), 1062 (s), 1042 (w), 1001 (s), 969 (m), 955 (w), 895 (w), 874 (m), 823 (w), 783 (s), 697 (w)

Analiza elementarna: $C_5H_{14}Cl_2N_2O_2$ (205.08)

zafakturowany	C: 29.28	H: 6.88	N: 13.66
odnaleziony	C: 29.06	H: 6.61	N: 13.46

Masa: ESI+ (obliczone dla M (bez 2HCl) +H+):
obliczone: 133,09
znaleziono: 132,8 (100)

10.2.29 chlorowodorek estrów metylowychkwasu 2-(9H-Fluoren-9-ylmetoksykarbonyloamino)etyloamino]octowego (149)[122, 222] [122, 222].

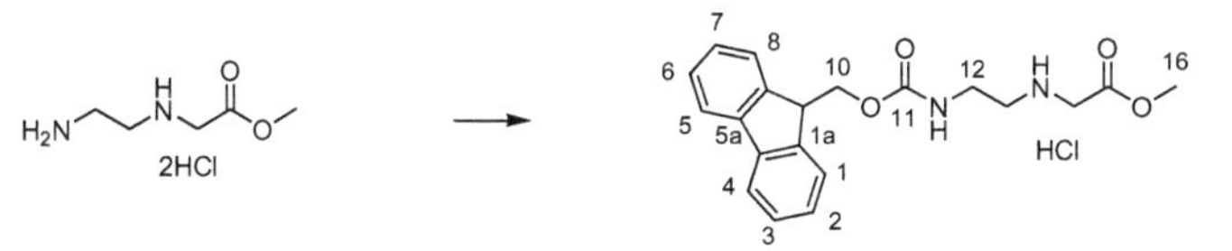

H_2N–CH_2CH_2–NH–CH_2–$COOCH_3$ · 2HCl (271) → 149 · HCl

3,00 g dwu-(2-aminoetyloamino)octanu metylu (**271**) (14,6 mmol, 1 odpowiednik) rozpuszczono w 30 ml wody destylowanej. Rozpuszczono wodę i dodano roztwór 5,00 g Fmoc-ONSu (14,8 mmol, 1 odpowiednik) w 1,4-dioksanie (120 ml), energicznie mieszając. Następnie, w ciągu 20 minut, do wody destylowanej dodano roztwór 3,73 g $NaHCO_3$ (44,4 mmol 3 equiv.). woda (20 ml) kropla po kropli. Mieszaninę reakcyjną mieszano przez 15 godzin w temperaturze pokojowej i zagęszczano w próżni w celu przetworzenia (~15 ml). Otrzymany roztwór został wyekstrahowany za pomocą EtOAc (90 ml). Faza organiczna była mieszana z wodą destylowaną. Woda (3 x 10 ml) umyta, wysuszona (MgSO4), zwężona (~7 ml) i zmieszana z 15 ml DCM. Roztwór zmieszano z 3 ml 2N metanolowego HCl (428 µL chlorku acetylu w 2,57 mL MeOH), uzyskując w ten sposób białe ciało stałe. Całkowite opady atmosferyczne osiągnięto w ciągu nocy w temperaturze 4°C. Ciała stałe zostały zassane, wypłukane niewielką ilością DCM i wysuszone w próżni pompy olejowej. 3,55 g chlorowodorku N-(Fmoc-aminetylo)glicyny (**149**) (62 %) można otrzymać jako biały proszek.

Poddaję się:	3.55 g (62 %)	Teoria: 5,7 g.
DC:	EtOAc/MeOH 9:1	Rf = 0,42
	EtOAc/MeOH 1:1	Rf = 0,8
	EtOAc/EtOH/H2O/AcOH 15:5:4:1	Rf = 0,48
	n-Butanol/AcOH/H2O 3:1:1:1	Rf = 0,62
Temperatura topnienia:	98-100 °C	Lit.:100 °C[252].

1H-NMR: (δ[ppm], 300 MHz, DMSO-d6):
9.42 (bs, 2H, N+H2, wymienne z D2O), 7.90 (d, 2H, J = 7.2, C4-H, C5-H), 7.70 (d, 2H, J = 7.5, C1-H, C8-H), 7.56 (t, 1H, J = 5.6, *NH*, wymienne z D2O), 7.42 (dt, 2H, J = 0.9, J = 7.5, C3-H, C6-H), 7.42 (dt, 2H, J = 0.9, J = 7.5, C3-H, C6-H), 7.90 (d, 2-H, C5-H), 7.70 (d, 2H, J = 7.5, J = 7.5, C3-H, C6-H).33 (dt, 2H, J = 0,9, J = 7,2, C2-H, C7-H), 4,34 (d, 2H, J = 6,9, C10-H2), 4,23 (t, 1H, J = 6,9, C9-H), 4.00 (s, 2H, C14-H2), 3.74 (s, 3H, C16-H3), 3.33 (t, 2H, J = 6, C12-H2), 3.03 (t, 2H, J = 6, C13-H2)

13C-NMR: (δ[ppm], 75,4 MHz, DMSO-d6):
167.17 (*C15=O*), 156.66 (*C11=O*), 143.92 (C1a, *C8a*), 140.94 (C4a, *C5a*), 127.94 (C1-H, *C8-H*), 127.36 (C4-H, *C5-H*), 125.27 (*C2-H, C7-H*), 120.36 (*C3-H, C6-H*), 65.87 (*C10-H2*), 52.96 (*C13-H2*), 46.82 (*C16-H3*), 46.75 (*C12-H2*), 36.66 (*C9-H*)

IR (KBr): 3393 (w), 3246 (s), 3064 (m), 2952 (m), 2725 (m), 2420 (w), 1761 (s), 1706 (s), 1552 (s), 1473 (m), 1449 (s), 1408 (m), 1381 (m), 1312 (s), 1254 (s),

1156 (m), 1131 (m), 1100 (m), 1051 (m), 1009 (m), 976 (w), 946 (w), 895 (w), 862 (w), 785 (w), 755 (m), 735 (s), 644 (w), 620 (w), 576 (w)

Analiza elementarna:	C20H23ClN2O4 (390,86)			
	zafakturowany	C: 61.46	H: 5.93	N: 7.17
	odnaleziony	C: 61.30	H: 5.99	N: 7.36

10.2.30 Dichlorek estru dietylowego kwasu malondiimidowego (174)[225]

NC⌒CN ⟶

173 **174**

320 mL 1,4-dioksanu i 15,4 mL etanolu (265 mmol, 2,2 Equiv.) dostarczono do kolby trójszydełkowej o pojemności 1 L z rurą wlotową i lejkiem wrzutowym. Pod wpływem chłodzenia w kąpieli lodowej, suchy gaz HCl był stale dostarczany, a roztwór 7,93 g dinitrylu kwasu jabłkowego (**173**) (120 mmol, 1 odpowiednik) w 1,4-dioksanie (320 mL) był stale kroplony w ciągu 12 godzin. Po całkowitym dodaniu, gaz HCl został wprowadzony na kolejną godzinę pod chłodzeniem w kąpieli lodowej. W celu przetworzenia bezbarwny krystaliczny osad został zassany przez lejek Büchnera i wypłukany niewielką ilością 1,4-dioksanu, a na koniec eteru dietylowego. 25,5 g (92 %) dichlorowodorku estru dietylowego kwasu malondiimowego (**174**) otrzymano jako bezbarwną, sypką masę stałą, która została wysuszona w próżniowej pompie olejowej i natychmiast przetworzona po ostatecznej analizie.

Poddaję się:	25.5 g (92 %)	Teoria: 27,7 g.
DC:	EtOAc/MeOH = 9:1	Rf = 0,2 kolorowy z KMnO4

Temperatura topnienia: 128-129 °C Literatura: 122 °C[253],123-129 °C[254]

1H-NMR: (δ[ppm], 250 MHz, DMSO-d6):
12.0-11.3 (bs, 1H, *NH*), 8.7-7.9 (bs, 4H, 2x=NH2+), 4.42 (s, 1H, *CH*), 4.21 (q, 4H, J = 7.0, 2xCH2CH3), 1.30 (t, 6H, J = 7.0, 2xCH2CH3)

13C-NMR: (δ[ppm], 62,9 MHz, DMSO-d6):
134.05, 77.21, 65.52, 13.97

IR (KBr): 2909 (s), 2759 (s), 2656 (s), 1741 (w), 1668 (s), 1580 (s), 1464 (m), 1442 (m), 1390 (s), 1356 (s), 1299 (w), 1206 (w), 1137 (s), 1097 (m), 1005 (m), 951 (m), 905 (s), 850 (w), 824 (m), 810 (w), 727 (w), 637 (m)

Analiza elementarna: C7H16Cl2N2O2 (231.12)

	C	H	N
zafakturowany	C: 36.38	H: 6.98	N: 12.12
odnaleziony	C: 36.20	H: 6.96	N: 12.03

10.2.31 Ester dietylowy kwasu malondiimowego (175)[255] [255]

174 → 175

W rozdzielaczu 24,83 g kwasu jabłkowego, dihydrochlorku kwasu jabłkowego (**174**) (107 mmol, 1 odpowiednik) rozpuszczono w nasyconym na zimno K2CO3-Lsg (50 mL) i wymieszano z -20 °C zimnym eterze dietylowym (5 x 50 mL). Połączone fazy organiczne zostały wysuszone (MgSO4), a rozpuszczalnik odparowany. W celu dalszego oczyszczania pozostałość była destylowana próżniowo za pomocą mikrodestylacji (3,7 mbar, 72 °C). 14,92 g (88 %) iminoestru **175** otrzymać jako bezbarwną ciecz.

Poddaję się:	14.92 g (88 %)	Teoria: 16,93 g.
DC:	*n-Hex/EtOAc* 9:1	Rf = 0,27
	n-Hex/EtOAc 4:1	Rf = 0,58
	DCM/MeOH 19:1	Rf = 0,48
Temperatura wrzenia:	72 °C przy ciśnieniu 3,7 mbar	zapalony: 41 °C przy 0,13 mbar[256] °C
	85 °C przy ciśnieniu 9,9 mbar	Lit.: 62-63 °C przy 0,53 mbar[255] °C
Współczynnik załamania światła (n20):	1.4530	Lit.: 1.4530[255]

1H-NMR: (δ[ppm], 250 MHz, DMSO-d6):
7,95 (bs, 2H, 2x=NH), 4,03 (q, 4H, J = 7,0, 2xCH2CH3), 3,19 (s, 2H, *CH2*), 1,17 (t, 6H, J = 7,0, 2xCH2CH3)

13C-NMR: (δ[ppm], 62,9 MHz, DMSO-d6):
165,14 (2xC=NH), 60,45 (2xCH2CH3), 42,00 (CH2), 13,89 (2xCH2CH3)

IR (film): 3272 (m), 2981 (s), 2903 (m), 2345 (w), 2189 (w), 1944 (w), 1651 (s), 1593 (m), 1559 (w), 1479 (m), 1445 (s), 1404 (s), 1375 (s), 1340 (s), 1264 (s), 1173 (s), 1093 (s), 1040 (s), 957 (w), 842 (s), 647 (w), 582 (w)

Analiza elementarna: C7H14N2O2O2 (158.20)

zafakturowany	C: 53.15	H: 8.92	N: 17.71
odnaleziony	C: 52.91	H: 8.70	N: 17.92

10.2.32 3,5-Diaminopyrazol (176)[227] 3,5-Diaminopyrazol (176) [227]

Roztwór monohydratu hydrazyny (4,67 mL, 4,81 g, 96,2 mmol, 1,02 equiv.) in abs. Podczas dodawania w kroplówce 14,78 ml diethylmalonimidatu **175** (14,95 g, 94,5 mmol, 1 odpowiednik), zadbano o to, aby roztwór reakcyjny pozostał w stanie wrzenia bez zewnętrznego ogrzewania. Pięć minut po dodaniu estru **175** roztwór reakcyjny został schłodzony w łaźni lodowej. Osad został przefiltrowany i przemyty małą ilością EtOH. Po rekrystalizacji w EtOH, 6,20 g (66 %) 3,5-diaminopyrazolu (**176** otrzymać jako żółtawe kryształy.

Poddaję się:	6.20 g (66 %)	Teoria: 9,27 g.
DC:	MeOH/EtOAc = 1:1	Rf = 0,5
	MeOH/EtOAc = 2:3	Rf = 0,19
Temperatura topnienia:	108-109 °C	Lit.: 110 °C[227].

1H-NMR: (δ[ppm], 300 MHz, DMSO-d6):
12,9 (bs, 1H, N1-H), 6,5-3,75 (bs, 4H, C3-NH2, C5-NH2), 4,55 (s, 1H, C4-H)

13C-NMR: (δ[ppm], 75,4 MHz, DMSO-d6):
151,51 (*C3-NH2, C5-NH2*), 76,04 (*C4-H*)

IR (KBr): 3400 (s), 3371 (m), 3327 (s), 3153 (s), 2937 (s), 2791 (m), 1794 (w), 1600 (s), 1530 (s), 1497 (s), 1438 (s), 1188 (m), 1062 (s), 1020 (m), 994 (s), 907 (s), 749 (s), 689 (s), 638 (m), 611 (s), 689 (s), 689 (s).

Analiza elementarna: $C_3H_6N_4$ (98.11)

zafakturowany	C: 36.73	H: 6.16	N: 57.11
odnaleziony	C: 36.81	H: 6.07	N: 57.23

Omówienie struktury:

Struktura pokazuje dwie niezależne cząsteczki, których wymiary są bardzo podobne. Pięciopierścień jest w przybliżeniu płaski, z największym kątem skrętu w pierścieniu wynoszącym 1,6 stopnia. Atomy azotu w pierścieniu N1 i N6 są w przybliżeniu płaskie, ponieważ suma trzech kątów walencji N1 i N6 wynosi odpowiednio 359,3 i 360,0 stopni. Atomy azotu z grupy aminokwasów N3, N4, N7 i N8 znajdują się pomiędzy płaszczyzną i piramidą, ponieważ suma trzech kątów walencji wynosi odpowiednio 343,0, 340,3, 34,4 i 342,0 stopni. Siedem z dziesięciu wiązań N-H jest zaangażowanych w wiązania N-H..·N mostu wodorowego, przy czym odległości H...N wahają się od 2,13 (2) do 2,56 (2) Å, co wskazuje na względne osłabienie wiązań mostu wodorowego.Wiązanie N-H jest zaangażowane w wewnątrzcząsteczkowe oddziaływanie N-H...π (pirazol). Kolejne wiązanie N-H jest zaangażowane w wewnątrzcząsteczkową interakcję N-H...C i wiązanie N-H nie wchodzi w interakcję.

Tabela 17: Wiązania wodorowe związku 176

N-H....A.	d (N-H) [Å]	d (H...A) [Å]	d (N...A) [Å]	(N-H-A) [Kąt]
N(1)-H(1A)...N(2)	0.88 (2)	2.23 (2)	2.939 (2)	138 (1)
N(3)-H(3A)...N(5)	0.93 (2)	2.29 (2)	3.154 (2)	153 (2)
N(3)-H(3A)...N(6)	0.93 (2)	2.52 (2)	3.411 (2)	159 (2)
N(3)-H(3B)...N(8)	0.88 (2)	2.23 (2)	3.071 (2)	160 (2)
N(6)-H(6A)...N(5)	0.88 (2)	2.13 (2)	2.880 (2)	143 (2)
N(7)-H(7A)...N(2)	0.89 (2)	2.50 (2)	3.325 (2)	155 (2)
N(8)-H(8A)...N(2)	0.89 (2)	2.56 (2)	3.279 (2)	139 (2)
N(8)-H(8B)...N(4)	0.92 (2)	2.21 (2)	3.097 (2)	161 (2)
N(7)-H(7B)...Cg(1)	0.85 (2)	2.57 (2)	3.387 (2)	164 (2)
N(4)-H(4A)...C(5)	0.86 (2)	2.67 (2)	3.514 (2)	167 (2)

Tabela 18: Kąt skrętu [°] połączenia **176**

atomy	Kąt skręcania [°]	atomy	Kąt skręcania [°]
C(4)-N(5)-N(6)-C(6)	-0.75 (15)	C(1)-N(1)-N(1)-N(2)-C(3)	1.08 (14)
N(5)-N(6)-C(6)-N(8)	178.31 (11)	N(1)-N(2)-C(3)-N(4)	175.90 (11)
N(5)-N(6)-C(6)-C(5)	1.55 (15)	N(1)-N(2)-C(3)-C(2)	-0.17 (14)
C(4)-C(5)-C(6)-N(6)	-1.64 (14)	N(2)-N(1)-C(1)-N(3)	-177.19 (11)
C(4)-C(5)-C(6)-N(8)	-178.01 (13)	N(2)-N(1)-C(1)-C(1)-C(2)	-1.57 (14)
N(6)-N(5)-C(4)-N(7)	-177.43 (12)	N(1)-C(1)-C(1)-C(2)-C(3)	1.35 (13)
N(6)-N(5)-C(4)-C(5)	-0.36 (15)	N(3)-C(1)-C(2)-C(3)	176.38 (13)
C(6)-C(5)-C(4)-N(5)	1.26 (15)	N(2)-C(3)-C(2)-C(1)	-0.74 (14)
C(6)-C(5)-C(4)-N(7)	178.02 (13)	N(4)-C(3)-C(2)-C(1)	-176.50 (12)

Tabela 19: Kąty wiązania [°] i długości wiązania [Å] połączenia **176**

atomy	Kąt wiązania [°] Kąt wiązania [°]	atomy	Długość wiązań [Å] Długość wiązań
C(4)-N(5)-N(6)	103.51 (9)	N(5)-C(4)	1.3339 (16)
C(6)-N(6)-N(6)-N(5)	112.36 (10)	N(5)-N(6)	1.3892 (15)
C(6)-N(6)-H(6A)	132.2 (13)	N(6)-C(6)	1.3418 (16)
N(5)-N(6)-H(6A)	115.4 (13)	N(6)-H(6A)	0.88 (2)
C(6)-N(8)-H(8A)	115.2 (13)	N(8)-C(6)	1.3842 (16)
atomy	Kąt wiązania [°] Kąt wiązania [°]	atomy	Długość wiązań [Å] Długość wiązań
C(6)-N(8)-H(8B)	114.2 (13)	N(8)-H(8A)	0.89 (2)
H(8A)-N(8)-H(8B)	112.6 (19)	N(8)-H(8B)	0.91 (2)
C(6)-C(5)-C(4)	104.34 (10)	C(5)-C(6)	1.3897 (17)
C(6)-C(5)-H(5A)	127.8 (11)	C(5)-C(4)	1.4109 (17)
C(4)-C(5)-H(5A)	127.6 (11)	C(5)-H(5A)	0.967 (19)
N(6)-C(6)-N(8)	122.02 (11)	C(4)-N(7)	1.3911 (16)
N(6)-C(6)-C(6)-C(5)	107.24 (10)	N(7)-H(7A)	0.89 (2)
N(8)-C(6)-C(5)	130.64 (11)	N(7)-H(7B)	0.85 (2)
N(5)-C(4)-N(7)	119.38 (11)	N(4)-C(3)	1.4015 (17)
N(5)-C(4)-C(5)	112.52 (11)	N(4)-H(4A)	0.86 (2)
N(7)-C(4)-C(5)	128.02 (11)	N(4)-H(4B)	0.86 (2)
C(4)-N(7)-H(7A)	115.0 (13)	N(3)-C(1)	1.3765 (16)
C(4)-N(7)-H(7B)	114.7 (13)	N(3)-H(3A)	0.93 (2)
H(7A)-N(7)-H(7B)	117.7 (19)	N(3)-H(3B)	0.88 (2)
C(3)-N(4)-H(4A)	114.2 (12)	N(1)-C(1)	1.3545 (17)
C(3)-N(4)-H(4B)	115.4 (15)	N(1)-N(2)	1.3940 (15)

H(4A)-N(4)-H(4B)	110.7 (19)	N(1)-H(1A)	0.876 (19)
C(1)-N(3)-H(3A)	115.9 (12)	N(2)-C(3)	1.3292 (18)
C(1)-N(3)-H(3B)	111.5 (12)	C(3)-C(2)	1.4093 (18)
H(3A)-N(3)-H(3B)	115.6 (17)	C(1)-C(2)	1.3875 (19)
C(1)-N(1)-N(2)	111.93 (11)	C(2)-H(2A)	0.963 (19)
C(1)-N(1)-H(1A)	127.5 (12)		
N(2)-N(1)-H(1A)	119.9 (12)		
C(3)-N(2)-N(1)	103.51 (10)		
N(2)-C(3)-N(4)	120.17 (12)		
N(2)-C(3)-C(2)	112.97 (11)		
N(4)-C(3)-C(2)	126.73 (12)		
N(1)-C(1)-N(3)	121.50 (12)		
N(1)-C(1)-C(1)-C(2)	107.09 (11)		
N(3)-C(1)-C(2)	131.22 (12)		
C(1)-C(2)-C(3)	104.47 (11)		
C(1)-C(2)-H(2A)	127.7 (11)		
C(3)-C(2)-H(2A)	127.8 (11)		

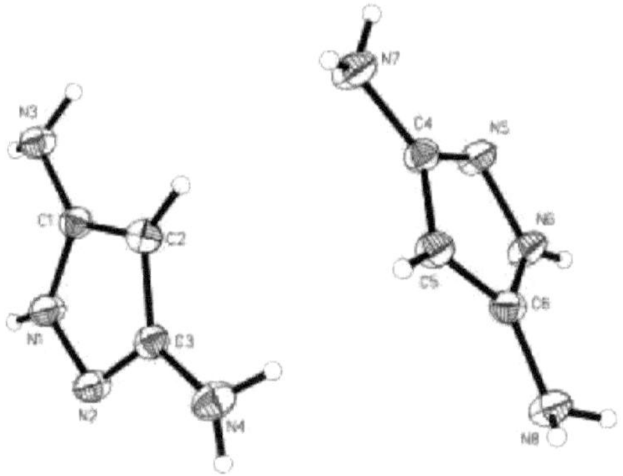

Rysunek 44: Struktura krystaliczna związku 176

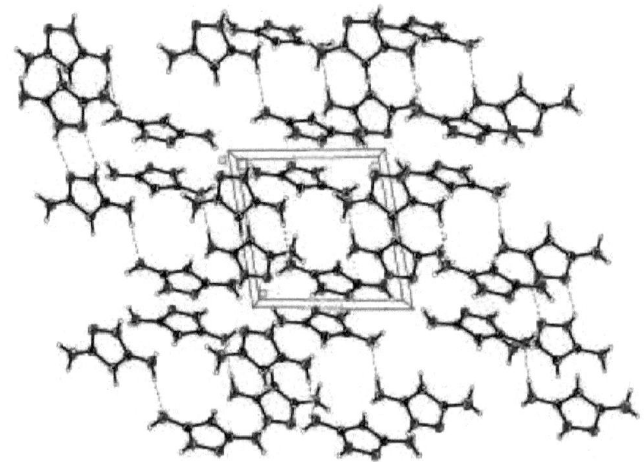

Rysunek 45: Struktura **176** w kompozycie krystalicznym

10.2.33 3,5-diaminopyrazol-pikrate (272)

N–NH
H_2N NH_2
→
N–NH OH
O_2N NO_2
H_2N NH_2
NO_2

176 **272**

100 mg 3,5-diaminopyrazolu (**176**) (1,02 mmol, ekwiwalent 1) rozpuszczono w 1 ml metanolu i zmieszano kroplami z roztworem 856 mg kwasu pikrynowego [~40 % zawiesiny zwilżonej wodą (514 mg, 2,24 mmol, ekwiwalent 2,2)] w 1 ml metanolu. Opady atmosferyczne były filtrowane i myte wodą. Po wysuszeniu w próżni pompy olejowej, 278 mg (83 %) Pikrat **272** może być odzyskany jako żółte ciało stałe.

Poddaję się: 278 mg (83 %) Teoria: 333,5 mg.

DC: *n-Hex/EtOAc* = 1:3 Rf = 0,31

Temperatura topnienia: 231 °C Początek rozkładu: 221 °C

1H-NMR: (δ[ppm], 300 MHz, DMSO-d6):
11.5-10.9 (bs, 1H, N1-H), 8.59 (s, 2H, 2xCPikrat-H), 6.9-6.4 (bs, 4H, C3-NH2, C5-NH2), 4.73 (s, 1H, C4-H)

13C-NMR: (δ[ppm], 75,4 MHz, DMSO-d6):
160,74 (*C6-OH*), 156,65 (*C3-NH2, C5-NH2*), 141,74 (*C9-H*), 125,11 (*C7-NO2, C11-NO2*), 124,17 (*C8-H, C10-H*), 73,81 (*C4-H*)

IR (KBr): 3444 (s), 3346 (s), 3234 (m), 3076 (m), 1630 (s), 1589 (s), 1556 (s), 1465 (m), 1427 (m), 1363 (s), 1315 (s), 1244 (s), 1155 (s), 1077 (s), 1009 (m), 941 (m), 914 (m), 822 (m), 790 (m), 770 (s), 740 (m), 708 (s)

Analiza elementarna:	C9H9N4O7 (327,21)			
	zafakturowany	C: 33.04	H: 2.77	N: 29.96
	odnaleziony	C: 33.22	H: 2.91	N: 30.08

10.2.34 chlorowodorek 3,5-diaminopyrazolu (273)

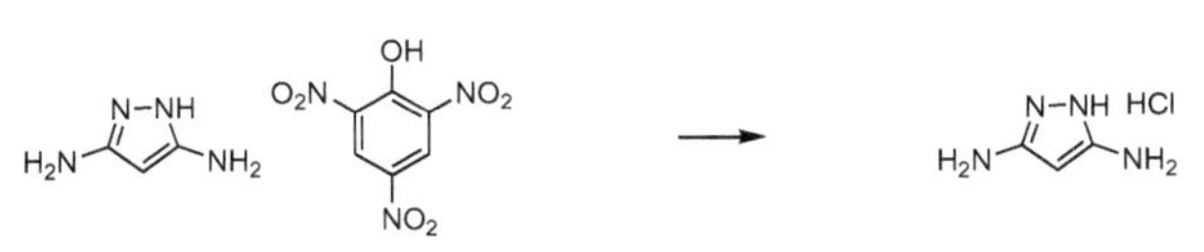

272 **273**

200 mg pikrynianu **272** (0,61 mmol, odpowiednik 1) rozpuszczono w 5 ml MeOH i przeniesiono do chlorowodorku **273** chromatografii kolumnowej (MeOH) przy użyciu kolumny Dowex® 1X8 200-

400 MESH Cl coated column. Po usunięciu rozpuszczalnika i rekrystalizacji (EtOH) otrzymano 78 mg (95 %) chlorowodorku 3,5-diaminopyrazolu (**273** w postaci białego ciała stałego.

Poddaję się:	78 mg (95 %)	Teoria: 82 mg.
DC:	*n-Hex/EtOAc* = 1:1	Rf = 0,58
	n-Hex/EtOAc = 3:1	Rf = 0,15
Temperatura topnienia:	124 °C	

1H-NMR: (δ[ppm], 300 MHz, DMSO-d6):
11,50 (bs, 2H, N1-H2+), 6,9-6,2 (bs, 4H, C3-NH2, C5-NH2), 4,74 (s, 1H, C4-H)

13C-NMR: (δ[ppm], 75,4 MHz, DMSO-d6):
156,27 (*C3-NH2, C5-NH2*), 73,73 (*C4-H*)

IR (KBr): 3439 (s), 3321 (s), 3064 (s), 2913 (s), 2811 (s), 2717 (m), 1614 (s), 1573 (s), 1526 (m), 1461 (m), 1054 (w), 1004 (w), 770 (m), 757 (m), 658 (m), 550 (m)

Analiza elementarna: $C_3H_7ClN_4$ (134,57)

zafakturowany	C: 26.78	H: 5.24	N: 41.63
odnaleziony	C: 26.73	H: 5.36	N: 41.61

10.2.35 3,5-Diamino-4-bromo-pirazol (177)[227]

N–NH
H_2N NH_2
176
→
N–NH
H_2N NH_2
Br
177

Roztwór 53 µl bromku (162,8 mg, 1,02 mmol, 1 odpowiednik) w 15 ml wody dodano w kroplówce do roztworu 100 mg 3,5-diaminopyrazolu (**176**) (1,02 mmol, 1 odpowiednik) w wodzie (5 ml). Ciemnoziarnisty roztwór reakcyjny podgrzewano do temperatury 80 °C i mieszano w tej temperaturze przez trzy godziny. W celu przetworzenia roztwór reakcyjny został zmieszany z węglem aktywnym i odfiltrowany. Słabo żółty filtrat został zneutralizowany za pomocą Na2CO3 i skoncentrowany. Pozostałości ekstrahowano za pomocą EtOH, a ekstrakt zagęszczano w próżni. Uzyskany osad w temperaturze -20 °C został odfiltrowany, wypłukany niewielką ilością EtOH i wysuszony w próżniowej pompie olejowej. 106 mg (58 %) bromopyrazolu **177** można otrzymać w postaci żółtej substancji stałej.

Poddaję się: 106 mg (58 %) Teoria: 180 mg.

DC: EtOAc/MeOH+1 % NH3 = 9:1 Rf = 0,24

Temperatura topnienia: 142-143 °C Lit.:135-136 °C[227]

1H-NMR: (δ[ppm], 250 MHz, DMSO-d6):

10.45 (bs, 1H, N-H), 5.3-3.8 (2bs, 4H, 2xN-H2)

13C-NMR: (δ[ppm], 62,9 MHz, DMSO-d6):

184,69 (2xC-NH2), 62,78 (*C-Br*)

IR (KBr): 3419 (m), 3378 (m), 3268 (m), 3154 (s), 2934 (m), 2781 (w), 1619 (s), 1591 (m), 1507 (s), 1449 (m), 1356 (m), 1141 (w), 1036 (m), 787 (m), 700 (s), 614 (s)

Analiza elementarna: C3H5BrN4 (177,00)

	C	H	N
zafakturowany	C: 20.36	H: 2.85	N: 31.65
odnaleziony	C: 20.63	H: 2.97	N: 31.86

10.2.36 3,5-Diamino-4-bromo-pirazolo-1-karboksylowy kwas tert-butylowy ester (178)

177 → 178

300 mg 3,5-diamino-4-bromo-pirazolu**177**) (1,69 mmol, 1 równoważny) rozpuszczono in abs. THF (10 mL) i 595 µL trietyloaminy (428 mg, 4,23 mmol, 2,5 równoważny) oraz 924 mg $(Boc)_2O$ (4,23 mmol, 2,5 równoważny) dodano i mieszano w RT przez 15 godzin. W celu przetworzenia rozpuszczalnik został odparowany, a mieszanina reakcyjna została kilkakrotnie graficznie oczyszczona w kolumnie chromato(1. EtOAc, 2. EtOAc/n-Hex 1:1). Można uzyskać 190 mg (40 %) kwasu 3,5-diamino-4-bromo-pirazolo-1-karboksylowego, ester tert-butylowy (**178**).

Poddaję się:	190 mg (40 %)	Teoria: 466 g
DC:	EtOAc	Rf = 0,67
Temperatura topnienia:	212 °C	

$^{1H-NMR}$: (δ[ppm], 250 MHz, DMSO-d6):
6.24 (s, 2H, C5-NH2), 5.30 (s, 2H, $^{C3-NH2}$), 1.50 (s, 9H, C(*CH3*)$_3$)

$^{13C-NMR}$: (δ[ppm], 62,9 MHz, DMSO-d6):
153,73 (*NC=O*), 149,67 (*C5-NH2*), 147,26 ($^{C3-NH2}$), 83,07 ((*C*(CH3)$_3$), 64,71 (*C-Br*), 27,64 (C(CH3)$_3$)

IR (KBr): 3453 (m), 3356 (m), 3160 (m), 2983 (w), 1742 (m), 1717 (s), 1630 (s), 1560 (m), 1534 (w), 1485 (s), 1402 (s), 1371 (s), 1352 (s), 1255 (w), 1141 (s), 1080 (w), 889 (w), 845 (w), 797 (w), 756 (w)

Analiza elementarna: C8H13BrN4O2 (277.11)
zafakturowany C: 34.67 H: 4.73 N: 20.22

odnaleziony C: 34.87 H: 4.83 N: 20.36

10.2.37 Allyl malonic acid dinitrile (181)[228, 257].

173	→	181

10,00 g dinitrylu kwasu jabłkowego (**173**) (152 mmol, 2 Equiv.), 6,50 mL bromku allilu (75 mmol, 1 Equiv.) i 1,93 g TBAB (6 mmol, 4 mol%) mieszano w atmosferze argonu przez 30 minut w kolbie dwuszkieletowej o pojemności 250 ml z chłodnicą zwrotną. Żółtawe zawiesina była następnie chłodzona w kąpieli lodowej i dodawano 10,40 g bezwodnego węglanu potasu (75 mmol, 1 odpowiednik) w porcjach z tłoka kierownicy przez rurkę sterującą. Zielonkawa zawiesina była następnie mieszana przez kolejne 12 godzin w RT. Mieszaninę reakcyjną ekstrahowano za pomocą DCM (5 x 200 ml) w celu przetworzenia. Po wysuszeniu nad MgSO4 rozpuszczalnik został oddestylowany, a następnie oczyszczony chromatograficznie w kolumnie (*n-Hex/EtOAc* 9:1). Powstało w ten sposób 5,9 g żółtej cieczy. W celu dalszego oczyszczania produkt poddano destylacji próżniowej (82 °C przy ciśnieniu 9,1 mbar). 4,61 g (58 %) dinitrylu kwasu jabłkowego allilu (**181** otrzymać jako bezbarwną ciecz.

Wydajność $_{\text{przed destylacją}}$:	5.9 g (74 %)	Teoria: 7,96 g.
Wydajność $_{\text{po destylacji}}$:	4.61 g (58 %)	
DC:	*n-Hex/EtOAc* = 5:1	Rf = 0,28
	n-Hex/EtOAc = 9:1	Rf = 0,13
Temperatura wrzenia:	82 °C przy ciśnieniu 9,1 mbar	Literatura: 217-218 °C przy ciśnieniu 1013 mbar[228]

Współczynnik załamania światła (n20):	1.4495

1H-NMR:	(δ[ppm], 250 MHz, CDCl3-d1):
	5.89-5.73 (m, 1H, C4H=CH2), 5.40 (m, 1H, CH=C5-HH), 5.34 (m, 1H, CH=C5*-HH), 3.82 (t, 1H, J = 6.75, C2-H(CN)2), 2.70 (tt, 2H, J = 1.1, J = 6.75, C3-H2)
13C-NMR:	(δ[ppm], 62,9 MHz, CDCl3-d1):
	129,06 (*C4-H*), 121,98 (C1≡N, *C1*C1≡N)*, 112,25 (*C5-H2*), 34,20 (*C3-H2*), 22,65 (*C2-H*).
IR (film):	3089 (m), 2989 (m), 2919 (s), 2259 (m), 1879 (w), 1645 (m), 1444 (s), 1420 (m), 1331 (w), 1302 (m), 1261 (w), 1204 (w), 1132 (w), 1105 (w), 1024 (m), 990 (s), 938 (s), 823 (m), 782 (w), 722 (m), 639 (m), 578 (w)

Analiza elementarna:	C6H6N2 (106.12)			
	zafakturowany	C: 67.90	H: 5.70	N: 26.40
	odnaleziony	C: 67.66	H: 5.88	N: 26.68

10.2.38 Dinitryl kwasu benzylowego kwasu jabłkowego (183)[228]

NC‿CN ⟶ (183)

173 **183**

8,25 g dinitrylu kwasu jabłkowego (**173**) (125 mmol, 2 Equiv.), 7,40 mL bromku benzylu (62,5 mmol, 1 Equiv.) i 1,60 g TBAB (5 mmol, 4 mol%) mieszano pod argonem przez 30 minut w kolbie dwuszkieletowej o pojemności 250 ml z chłodnicą zwrotną. Następnie żółtawą zawiesinę chłodzono w łaźni lodowej i dodawano 8,65 g bezwodnego węglanu potasu (62,5 mmol, 1 Equiv.) w porcjach z kolby spiralnej przez wolutę. Niebieskawe zawieszenie było następnie mieszane przez kolejne 10 godzin w RT. Mieszaninę reakcyjną ekstrahowano za pomocą DCM (5 x 200 ml) w celu przetworzenia. Po wysuszeniu nad MgSO4 rozpuszczalnik został oddestylowany, a następnie oczyszczono kolumnowąwysepkę chromatograficzną (toluen), przy czym 5,87 g (60 %) dinitrylu kwasu jabłkowego (**183**) można było otrzymać jako bezbarwne igły.

Poddaję się:	5.87 g (60 %)	Teoria: 9,76 g.
DC:	*n-Hex/EtOAc* = 9:1	Rf = 0,28
Temperatura topnienia:	88-89 °C	zapalony: 92 °C[258].

1H-NMR: (δ[ppm], 250 MHz, CDCl3-d1):
7.44-7.26 (m, 5H, Aromat-H), 3.90 (t, 1H, J = 5.75, C2-H(CN)2), 3.28 (d, 2H, J = 5.75, C3-H2)

13C-NMR: (δ[ppm], 62,9 MHz, CDCl3-d1):
132,89 (*C4*), 129,24 (*C6-H*), 129,08 (*C5-H*), 128,76 (*C7-H*), 112,14 (≡N, *C1**≡N), 36,65 (*C3-H2*), 24,94 (*C2-H*).

IR (KBr): 3089 (w), 3066 (w), 3029 (w), 2986 (w), 2955 (w), 2914 (m), 2257 (m), 1958 (w), 1885 (w), 1812 (w), 1763 (w), 1602 (w), 1496 (s), 1453 (s), 1446 (s), 1395 (w), 1328 (m), 1283 (m), 1251 (m), 1205 (m), 1163 (m), 1075 (s), 1030 (s), 1015 (m), 942 (w), 824 (w), 805 (w), 748 (s), 700 (s), 621 (w), 591 (m), 566 (s)

Analiza elementarna: C10H8N2 (156.19)

zafakturowany	C: 76.90	H: 5.16	N: 17.94
odnaleziony	C: 77.09	H: 5.30	N: 18.07

10.2.39 Metylomalońskі kwas jabłkowy dinitryl (179)[228]

NC‿CN ⟶ (N≡C)₂CH–CH₃

173 **179**

10,00 g dinitrylu kwasu jabłkowego (**173**) (150 mmol, 2 equiv.), 4,67 mL jodometanu (10,65 g, 75 mmol, 1 equiv.) i 967 mg TBAB (3 mmol, 2 mol%) mieszano pod argonem przez 30 minut w temperaturze pokojowej w kolbie dwuszkieletowej o pojemności 250 ml z chłodnicą zwrotną. Zawiesinę chłodzono w łaźni lodowej i dodawano 8,41 g tert-butanolanu potasu (75 mmol, 1 Equiv.) w porcjach z kolby spiralnej przez wolutę. Żółte zawieszenie było następnie mieszane przez kolejną godzinę w RT. Mieszaninę reakcyjną ekstrahowano za pomocą DCM (5 x 200 ml) w celu przetworzenia. Po wysuszeniu przez MgSO4 rozpuszczalnik był destylowany, a następnie oczyszczany metodą chromatografii kolumnowej (DCM). Powstało w ten sposób 4,25 g żółtego oleju. W celu dalszego oczyszczania produkt poddano destylacji stałej (63 °C przy ciśnieniu 8,3 mbar). W procesie można otrzymać 3,86 g (64 %) dinitrylu kwasu metylomalońskiego (**179**) w postaci bezbarwnej substancji stałej.

Wydajność $_{\text{przed destylacją}}$:	4.25 g (70 %)	Teoria: 6.00 g.
Wydajność $_{\text{po destylacji}}$:	3.86 g (64 %)	
DC:	*n-Hex/EtOAc* = 9:1	Rf = 0,11
	n-Hex/EtOAc = 5:1	Rf = 0,29
	DCM	Rf = 0,68
Temperatura topnienia:	35 °C	Lit.: 33-35 °C[259]
Temperatura wrzenia:	63 °C przy ciśnieniu 8,3 mbar	Literatura: 90-100 °C/20mbar[260]
$^{1H\text{-}NMR}$:	(δ[ppm], 250 MHz, DMSO-d6):	
	4,75 (q, 1H, J = 7, $^{C2\text{-}H}$), 1,63 (d, 3H, J = 7, $^{C3\text{-}H3}$)	
$^{13C\text{-}NMR}$:	(δ[ppm], 62,9 MHz, DMSO-d6):	

115.20 (C1≡N, *C1**≡N), 16.67 (*C2-H*), 15.73 (*C3-H3*)

IR (KBr): 2937 (s), 2262 (s), 1457 (s), 1388 (m), 1304 (m), 1127 (s), 1068 (s), 1021 (s), 912 (m), 569 (s)

Analiza elementarna:	$C_4H_4N_2$ (80.09)			
	zafakturowany	C: 59.99	H: 5.03	N: 34.98
	odnaleziony	C: 59.95	H: 5.09	N: 35.18

10.2.40 4-Allyl-3,5-diaminopyrazol Pikrate (274)

NC CN → H N-N NH2 H2N OH O2N NO2 NO2

181 **274**

459 µl dinitrylu kwasu jabłkowego allilu (**181**) (470 mg, 4,4 mmol, 1 odpowiednik) rozpuszczono w 10 mL abs. EtOH w kolbie dwuszkieletowej o pojemności 25 mL z zamontowanym chłodnicą zwrotną i przegrodą oraz podgrzano do refluksu. W cieple wrzenia dodano 220 µl monohydratu hydrazyny (213 mg, 4,4 mmol, 1 odpowiednik) w kroplówce pod argonem przy użyciu strzykawki. Roztwór reakcyjny był podgrzewany pod refluksem przez kolejne pięć godzin. Po dalszym dodaniu 110 µl monohydratu hydrazyny (107 mg, 2,2 mmol, 0,5 equiv.) w kroplówce roztwór podgrzewano przez kolejne 15 godzin dla refluksu. W celu oczyszczenia rozpuszczalnik został odparowany, a czarny olej został oczyszczony metodą chromatograficzną w kolumnie (EtOAc/EtOH/H2O/ AcOH 20:1:1:1:1). Otrzymany ciemno-brązowy olej rozpuszczono w małej ilości MeOH i zmieszano z roztworem 1,83 g kwasu pikrynowego (1,10 g, 4,8 mmol ~40 % zawiesiny zwilżonej wodą, odpowiednik 1,1) w małej ilości ciepłego MeOH. Po dodaniu kilku kropel wody, roztwór stał się mętny, tak że żółte kryształy oddzielały się przez noc w temperaturze 4 °C, które były odsysane, myte zimną wodą i suszone w próżni. Pozwoliło to na wyizolowanie 347 mg (21 %) Pikrat **274**

Poddaję się: 347 mg (21 %) Teoria: 1,61 g.

DC:	EtOAc/EtOH/H2O/AcOH = 15:5:4:1	Rf = 0,52
	EtOAc/EtOH/H2O/AcOH = 20:1:1:1:1:1	Rf = 0,19
	DCM/MeOH = 19:1	Rf = 0,10
	EtOAc/MeOH = 1:1	Rf = 0,47

Temperatura topnienia: 212-213 °C

1H-NMR: (δ[ppm], 300 MHz, DMSO-d6):
11.14 (bs, 2H, pirazol-NH2+), 8.59 (s, 2H, 2 x picrate-H), 6.53 (bs, 4H, 2x-NH2), 5.79-5.68 (m, 1H, CH2CH=CH2), 5.04-4.93 (m, 2H, CH2CH=CH2), 2.95 (d, 2H, I = 6, CH2CH=CH2)

13C-NMR: (δ[ppm], 75,4 MHz, DMSO-d6):
160.69, 154.84, 141.76, 135.12, 125.08, 124.03, 114.49, 82.65, 23.26

IR (KBr): 3473 (s), 3374 (s), 3354 (s), 3272 (m), 3047 (m), 1624 (s), 1549 (s), 1478 (s), 1432 (s), 1363 (s), 1294 (s), 1153 (s), 1074 (s), 914 (s), 789 (s), 742 (s), 713 (s), 550 (w)

Analiza elementarna:	C12H13N7O7 (367.27)			
	zafakturowany	C: 39.24	H: 3.57	N: 26.70
	odnaleziony	C: 39.39	H: 3.73	N: 26.78

Omówienie struktury:

Pięciopierścieniowy pierścień pirazolu pokazuje małe odchylenia planarności. Ma on w przybliżeniu budowę skrętną N3, N4, z atomami N3 i N4 odbiegającymi od płaszczyzny C1, C2 i C3 odpowiednio o 0,06 i 0,04 Å w przeciwnym kierunku. Pierścień benzenowy jest płaski (średnie odchylenie od płaszczyzny: 0,006 Å). Kąt między płaszczyzną pierścienia benzenowego a płaszczyzną trzech grup nitro wynosi odpowiednio 12,3, 2,6 i 36,1 stopnia. Kationy i aniony są połączone trójwymiarową siecią międzycząsteczkowych wiązań wodorowych N-H···O. Różne wiązania wodorowe są raczej słabe. Trzy z wiązań wodorowych są rozwidlone. Każdy kation jest związany z pięcioma anionami symetrii. Kation wykazuje również słaby wewnątrzcząsteczkowy efekt naprzemiennego oddziaływania pomiędzy wiązaniem N2-H2A a systemem podwójnego wiązania C5-C6 π.

Tabela 20: Wiązania wodorowe związku **274**

N-H....O.	d (N-H) [Å]	d (H...O) [Å]	d (N...O) [Å]	(N-H-O) [Kąt]
N(1)-H(1A)...O(6)	0.91 (3)	2.56 (5)	3.191 (4)	127 (4)
N(1)-H(1A)...O(7)	0.91 (3)	2.58 (5)	3.190 (4)	124 (4)
N(1)-H(1B)...O(4)	0.89 (5)	2.26 (5)	3.132 (4)	167 (4)
N(2)-H(2A)...O(3)	0.80 (3)	2.58 (3)	3.109 (4)	125 (3)
N(2)-H(2B)...O(1)	0.83 (4)	2.23 (4)	2.938 (4)	144 (3)
N(3)-H(3A)...O(1)	0.82 (3)	1.94 (3)	2.652 (4)	143 (3)
N(3)-H(3A)...O(2)	0.82 (3)	2.22 (3)	2.875 (4)	136 (3)
N(4)-H(4A)...O(6)	1.00 (3)	2.11 (3)	3.098 (4)	167 (3)
N(4)-H(4A)...O(7)	1.00 (3)	2.35 (3)	3.149 (3)	135 (3)

Tabela 21: Kąt skrętu [°] połączenia **274**

atomy	Kąt skręcania [°]	atomy	Kąt skręcania [°]
O(3)-N(5)-C(8)-O(9)	11.6 (4)	C(3)-N(3)-N(3)-N(4)-C(1)	7.6 (3)
O(2)-N(5)-C(8)-C(9)	-167.5 (3)	C(7)-C(12)-C(11)-C(10)	2.4 (4)
O(3)-N(5)-C(8)-C(7)	-167.5 (3)	N(7)-C(12)-C(11)-C(10)	-179.2 (3)
O(2)-N(5)-C(8)-C(7)	13.4 (4)	C(8)-C(9)-C(10)-C(11)	0.0 (4)
C(7)-C(8)-C(9)-C(10)	0.8 (4)	C(8)-C(9)-C(10)-N(6)	-178.7 (3)
N(5)-C(8)-C(9)-C(10)	-178.2 (3)	C(12)-C(11)-C(10)-C(9)	-1.5 (4)
C(9)-C(8)-C(7)-O(1)	-176.7 (3)	C(12)-C(11)-C(10)-N(6)	177.2 (2)
N(5)-C(8)-C(7)-O(1)	2.3 (4)	O(5)-N(6)-C(10)-C(9)	-179.1 (3)
C(9)-C(8)-C(7)-C(12)	0.0 (4)	O(4)-N(6)-C(10)-C(9)	1.1 (4)
N(5)-C(8)-C(7)-C(12)	179.0 (3)	O(5)-N(6)-C(10)-C(11)	2.2 (4)
O(1)-C(7)-C(12)-C(11)	175.1 (3)	O(4)-N(6)-C(10)-C(11)	-177.6 (3)
C(8)-C(7)-C(12)-C(11)	-1.6 (4)	N(1)-C(1)-C(1)-C(2)-C(3)	-177.6 (3)
O(1)-C(7)-C(12)-N(7)	-3.2 (4)	N(4)-C(1)-C(2)-C(3)	1.9 (3)
C(8)-C(7)-C(12)-N(7)	-180.0 (2)	C(8)-C(7)-C(2)-C(1)	0.7 (2)
N(4)-N(3)-C(3)-N(2)	173.2 (3)	N(1)-C(1)-C(1)-C(2)-C(4)	3.8 (5)
atomy	**Kąt skręcania [°]**	**atomy**	**Kąt skręcania [°]**
N(4)-N(3)-C(3)-C(2)	-6.4 (3)	N(4)-C(1)-C(2)-C(4)	-176.7 (3)
C(11)-C(12)-N(7)-O(7)	144.8 (3)	N(3)-C(3)-C(3)-C(2)-C(1)	2.8 (4)
C(7)-C(12)-N(7)-O(7)	-36.7 (4)	N(2)-C(3)-C(2)-C(1)	-176.8 (4)

C(11)-C(12)-N(7)-O(6)	-35.0 (4)	N(3)-C(3)-C(3)-C(2)-C(4)	-178.6 (3)
C(7)-C(12)-N(7)-O(6)	143.4 (3)	N(2)-C(3)-C(2)-C(4)	1.8 (6)
N(1)-C(1)-N(4)-N(3)	173.8 (3)	C(1)-C(2)-C(4)-C(5)	155.0 (4)
C(2)-C(1)-N(4)-N(3)	-5.8 (3)	C(3)-C(2)-C(4)-C(5)	-23.3 (6)
C(2)-C(4)-C(5)-C(6)	116.2 (5)		

Tabela 22: Kąty wiązania [°] i długości wiązania [Å] połączenia **274**

atomy	Kąt wiązania [°] Kąt wiązania [°]	atomy	Długość wiązań [Å] Długość wiązań
O(3)-N(5)-O(2)	122.1 (3)	N(5)-O(3)	1.223 (3)
O(3)-N(5)-C(8)	118.8 (3)	N(5)-O(2)	1.229 (3)
O(2)-N(5)-C(8)	119.1 (3)	N(5)-C(8)	1.460 (4)
C(3)-N(3)-N(3)-N(4)	108.4 (3)	O(1)-C(7)	1.245 (4)
C(9)-C(8)-C(7)	123.1 (3)	N(3)-C(3)	1.340 (4)
C(9)-C(8)-N(5)	116.6 (2)	N(3)-N(4)	1.385 (3)
C(7)-C(8)-N(5)	120.2 (3)	C(8)-C(9)	1.386 (4)
C(10)-C(9)-C(8)	120.1 (3)	C(8)-C(7)	1.457 (4)
O(1)-C(7)-C(12)	123.2 (3)	O(5)-N(6)	1.232 (3)
O(1)-C(7)-C(8)	125.1 (3)	C(9)-C(10)	1.381 (4)
C(12)-C(7)-C(8)	111.6 (3)	C(7)-C(12)	1.450 (4)
C(11)-C(12)-C(7)	125.7 (3)	O(4)-N(6)	1.239 (3)
C(11)-C(12)-N(7)	116.9 (3)	C(12)-C(11)	1.368 (4)
C(7)-C(12)-N(7)	117.3 (3)	C(12)-N(7)	1.465 (4)
N(3)-C(3)-N(2)	119.6 (3)	C(3)-N(2)	1.344 (4)
N(3)-C(3)-C(3)-C(2)	109.3 (2)	C(3)-C(2)	1.405 (5)
N(2)-C(3)-C(2)	131.1 (3)	O(6)-N(7)	1.231 (3)
O(7)-N(7)-O(6)	122.3 (3)	N(7)-O(7)	1.226 (4)
O(7)-N(7)-C(12)	119.5 (3)	C(1)-N(1)	1.346 (4)
O(6)-N(7)-C(12)	118.5 (3)	C(1)-N(4)	1.358 (4)
N(1)-C(1)-N(4)	121.2 (3)	C(1)-C(2)	1.397 (4)
N(1)-C(1)-C(1)-C(2)	129.6 (3)	N(6)-C(10)	1.439 (4)
N(4)-C(1)-C(2)	109.2 (3)	C(11)-C(10)	1.394 (4)
C(1)-N(4)-N(3)	107.5 (2)	C(2)-C(4)	1.509 (4)
O(5)-N(6)-O(4)	122.4 (3)	C(4)-C(5)	1.453 (5)
atomy	Kąt wiązania [°] Kąt wiązania [°]	atomy	Długość wiązań [Å] Długość wiązań
O(4)-N(6)-C(10)	118.9 (2)		
C(12)-C(11)-C(10)	118.3 (3)		

C(9)-C(10)-C(11)	121.0 (3)		

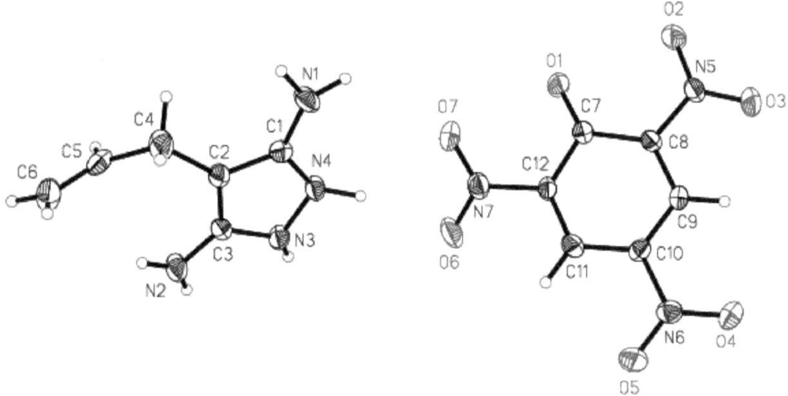

Rysunek 46: Struktura krystaliczna związku **274**

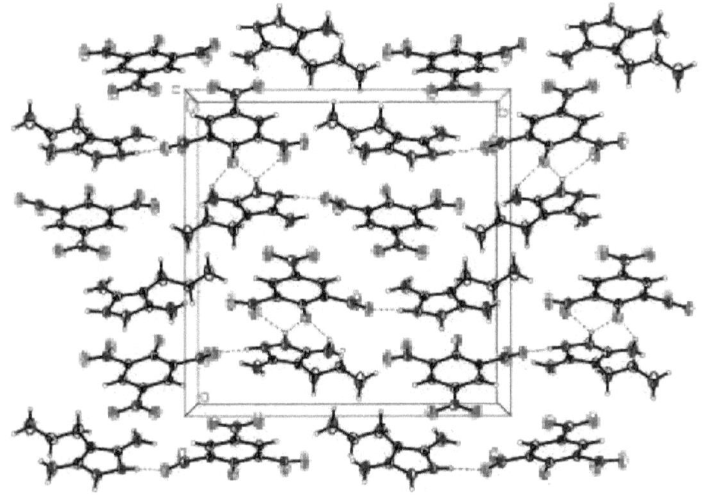

Rysunek 47: Połączenie**274** w płaszczyźnie

10.2.41 4-allilo-3,5-diaminopyrazol trifluorooctan (275)

181 **275**

W kolbie dwuszkieletowej o pojemności 25 ml z zamontowanym chłodnicą zwrotną i przegrodą rozpuszczono w abs. EtOH (10 mL) i podgrzano do refluksu 470 mg dinitrylu kwasu jabłkowego (**181**) (4,4 mmol, 1 odpowiednik). W cieple wrzenia dodano 220 µl monohydratu hydrazyny (4,4 mmol, 1 odpowiednik) w kroplówce pod argonem przy użyciu strzykawki. Roztwór reakcyjny był podgrzewany pod refluksem przez kolejne pięć godzin. Po dalszym dodaniu 110 µl monohydratu hydrazyny (2,2 mmol, 0,5 equiv.) w kroplówce, roztwór podgrzewano przez kolejne 15 godzin dla refluksu. W celu oczyszczenia rozpuszczalnik został odparowany, a czarny olej został oczyszczony metodą chromatograficzną w kolumnie (EtOAc/EtOH/H2O/AcOH 20:1:1:1:1). Późniejsze oczyszczanie zostało przeprowadzone przez HPLC. Uzyskano 145 mg (13 %) bezbarwnej soli TFA 3,5-diamino-4-alkilopirazolu (**275**

Poddaję się:	145 mg (13 %)	Teoria: 1,11 g.
DC:	EtOAc/EtOH/H2O/AcOH = 15:5:4:1	Rf = 0,52
	EtOAc/EtOH/H2O/AcOH = 20:1:1:1:1:1	Rf = 0,19
	DCM/MeOH = 19:1	Rf = 0,1
	EtOAc/MeOH = 1:1	Rf = 0,47

Warunki HPLC: analityczne: Reprosil AQ, 125x4,6, 0,1 % TFA/MeCN 90:10, 0,8 mL/min, tR = 4,81 min.
Preparat: Reprosil AQ 250x20, 0,1 % TFA/MeCN 90:10, 7 mL/min, tR = 13,4 min.

Temperatura topnienia: 107-110 °C

1H-NMR: (δ[ppm], 300 MHz, DMSO-d6):

11.30 (s, 2H, N+-H2), 6.53 (s, 4H, 2x N-H2), 5.81-5.68 (m, 1H, J = 2.1, C7-H), 5.04-4.92 (m, 2H, J = 2.1, 5.7, C8-H2), 2.96 (d, 2H, J = 6, C6-H2)

13C-NMR: (δ[ppm], 75,4 MHz, DMSO-d6):
154.67, 135.16, 114.48, 82.62, 23.28

IR (KBr): 3433 (m), 3333 (m), 3195 (m), 3098 (m), 2934 (w), 1670 (s), 1645 (s), 1594 (s), 1559 (m), 1477 (w), 1408 (w), 1356 (w), 1202 (s), 1154 (m), 1128 (s), 1002 (w), 924 (w), 847 (w), 798 (m), 726 (m), 618 (w), 564 (w)

Analiza elementarna:	C8H11F3N4O2 (252.19)			
	zafakturowany	C: 38.10	H: 4.40	N: 22.22
	odnaleziony	C: 38.06	H: 4.63	N: 22.37

Masa:	ESI+ (obliczone dla M+H+):	
	zafakturowany	139.09
	odnaleziony	138.9 (100), 139.8 (9.1), 140.8 (1.4)

10.2.42 4-Benzylo-3,5-diaminopyrazol Pikrate (276)

183 → **276**

W kolbie dwuszkieletowej o pojemności 25 mL z zamontowanym chłodnicą zwrotną i przegrodą rozpuszczono w abs. EtOH (5 mL) i podgrzano do refluksu 400 mg dinitrylu kwasu jabłkowego benzylowego (**183**) (2,5 mmol, 1 odpowiednik). W cieple wrzenia dodano 124 µl monohydratu hydrazyny (2,5 mmol, 1 odpowiednik) w kroplówce pod argonem przy użyciu strzykawki. Roztwór reakcyjny był podgrzewany pod refluksem przez kolejne trzy godziny. Po dalszym dodaniu 62 µl monohydratu hydrazyny (1,25 mmol, 0,5 equiv.) w kroplówce, roztwór podgrzewano przez kolejne

15 godzin dla refluksu. W celu oczyszczenia rozpuszczalnik został odparowany, a czarny olej został oczyszczony metodą chromatograficzną w kolumnie (EtOAc/EtOH/H2O/AcOH 20:1:1:1:1). Uzyskano 172,5 mg (0,92 mmol) oleju brązowego, który rozpuszczono w małej ilości MeOH i zmieszano z roztworem 350 mg kwasu pikrynowego (210 mg, 0,92 mmol, ~40 % zawiesiny zwilżonej wodą) w niewielkiej ilości MeOH kroplami. Po dodaniu kilku kropli wody, roztwór stał się mętny. Żółte kryształy 3,5-diamino-4-benzylo-pirazolu (**276** oddzielano przez noc w temperaturze 4°C. Kryształy te były odsysane, myte zimną wodą i suszone w próżni. Całkowity plon wynoszący **276** wyniósł 216 mg (20%).

Poddaję się: 216 mg (20 %) Teoria: 1,04 g.

DC:

EtOAc/EtOH/H2O/AcOH = 15:5:4:1	Rf = 0,87
EtOAc/EtOH/H2O/AcOH = 20:1:1:1:1:1	Rf = 0,25
DCM/MeOH = 19:1	Rf = 0,1

Temperatura topnienia: 163-164 °C

1H-NMR: (δ[ppm], 300 MHz, DMSO-d6):
11.21 (s, 2H, N+-H2), 8.59 (s, 2H, 2x Picrate-C13-H), 7.29-7.13 (m, 5H, Aromat-H), 6.63 (s, 4H, 2x N-H2), 3.59 (s, 2H, C6-H2)

13C-NMR: (δ[ppm], 75,4 MHz, DMSO-d6):
160.71, 154.89, 141.75, 140.05, 128.06, 127.77, 125.75, 125.10, 124.07, 84.45, 24.72

IR (KBr): 3467 (m), 3373 (m), 3299 (m), 3238 (m), 3080 (w), 1636 (s), 1550 (s), 1493 (m), 1427 (m), 1365 (s), 1336 (s), 1315 (s), 1263 (s), 1156 (m), 1081 (m), 1027 (w), 934 (w), 913 (w), 836 (w), 790 (w), 735 (m), 706 (s), 625 (w)

Analiza elementarna: C16H15N7O7 (417,33)

zafakturowany	C: 46.05	H: 3.62	N: 23.49
odnaleziony	C: 46.15	H: 3.80	N: 23.58

Masa: ESI+ (obliczone dla M+H+):

zafakturowany	189.10
odnaleziony	188.7 (100), 189.8 (15.6)

10.2.43 chlorowodorek 4-benzylo-3,5-diaminopyrazolu (277)

276 → **277**

W celu wymiany anionu, 150 mg pikrate **276** (0,36 mmol, 1 odpowiednik) zostało rozpuszczone w niewielkiej ilości MeOH i umieszczone na kolumnie z Dowex® 1X8 200-400 MESH Cl (MeOH). Po usunięciu rozpuszczalnika chlorowodorek otrzymano z 3,5-diamino-4-benzylo-pirazolu (**277**). W celu dalszego oczyszczania chlorowodorek został skrystalizowany w EtOH. 75 mg (92 %) chlorowodorku **277** otrzymać w postaci bezbarwnej substancji stałej.

Poddaję się: 75 mg (92 %) Teoria: 80,9 mg.

DC:	EtOAc/EtOH/H2O/AcOH = 15:5:4:1	Rf = 0,87
	EtOAc/EtOH/H2O/AcOH = 20:1:1:1:1:1	Rf = 0,25
	DCM/MeOH = 19:1	Rf = 0,1
Temperatura topnienia:	221.5 °C	

1H-NMR: (δ[ppm], 300 MHz, DMSO-d6):
11.51 (s, 2H, N+-H2), 7.28-7.12 (m, 5H, 2x C8-H, 2x C9-H, C10-H), 6.62 (s, 4H, 2x N-H2), 3.61 (s, 2H, C6-H2)

13C-NMR: (δ[ppm], 75,4 MHz, DMSO-d6):

154.49, 140.25, 128.02, 127.85, 125.70, 84.51, 24.75

IR (KBr):	3448 (m), 3416 (s), 3332 (m), 3262 (m), 3179 (s), 3022 (s), 2793 (m), 1956 (w), 1622 (s), 1579 (s), 1543 (s), 1491 (m), 1464 (m), 1452 (m), 1362 (w), 1335 (w), 1313 (w), 1161 (w), 1071 (w), 1026 (w), 1001 (w), 923 (w), 891 (w), 819 (w), 782 (m), 733 (s), 700 (m), 645 (m), 601 (m), 572 (m)

Analiza elementarna:	C10H13ClN4 (224,69)		
zafakturowany	C: 53.45	H: 5.83	N: 24.94
odnaleziony	C: 53.19	H: 5.85	N: 24.94

10.2.44 4-metylo-3,5-diaminopyrazol Pikrate (278)

NC CN → H2N, NH2, O2N, OH, NO2, NO2

179 278

380 mg dinitrylu kwasu metylomalońskiego (**179**) (4,75 mmol, 1 odpowiednik) rozpuszczono in abs. EtOH (4 mL) w kolbie dwuszkieletowej o pojemności 25 mL z zamontowaną chłodnicą zwrotną i przegrodą i podgrzano do refluksu. W cieple wrzenia dodano 230 µl monohydratu hydrazyny (237,4 mg, 4,75 mmol, 1 odpowiednik) w kroplówce pod argonem przy użyciu strzykawki. Roztwór reakcyjny był podgrzewany pod refluksem przez kolejne pięć godzin. W celu oczyszczenia rozpuszczalnik został odparowany, a czarny olej został oczyszczony chromatograficznie w kolumnie (EtOAc/EtOH/H2O/AcOH 15:5:4:1). Udało się uzyskać 322 mg (2,87 mmol) oleju brązowego, który rozpuszczono w małej ilości MeOH i zmieszano z roztworem 1,10 g kwasu pikrynowego (660 mg, 2,87 mmol, ~40 % zawiesiny zwilżonej wodą) w małej ilości MeOH kroplami. Po dodaniu kilku kropli wody, roztwór stał się mętny, z którego żółte kryształy 3,5-diamino-4-metylopirazolu (**278** przez noc w temperaturze 4 °C. Kryształy te zostały odessane, wypłukane zimną wodą i wysuszone w próżni. **278** przy uzysku całkowitym wynoszącym 782 mg (48 %).

Poddaję się: 782 mg (48 %) Teoria: 1,62 g.

DC: EtOAc/EtOH/H2O/AcOH = 15:5:4:1 Rf = 0,47

DCM/MeOH = 5:1 Rf = 0,17

Temperatura topnienia: Rozkład w temperaturze 260 °C

1H-NMR: (δ[ppm], 300 MHz, DMSO-d6):

11,06 (s, 2H, N+-H2), 8,58 (s, 2H, 2x C9-H), 6,53 (s, 4H, 2x N-H2), 1,67 (s, 3H, C6-H3)

13C-NMR: (δ[ppm], 75,4 MHz, DMSO-d6):

160.71, 155.09, 141.75, 125.10, 124.07, 80.14, 4.82

IR (KBr): 3474 (s), 3372 (s), 3347 (s), 3235 (m), 3078 (m), 1868 (w), 1638 (s), 1585 (s), 1559 (s), 1481 (m), 1431 (m), 1363 (s), 1337 (s), 1281 (s), 1155 (s), 1078 (m), 942 (w), 924 (w), 911 (m), 822 (w), 787 (m), 741 (m), 713 (s), 646 (m)

Analiza elementarna: C10H11N7O7 (341.24)

zafakturowany	C: 35.20	H: 3.25	N: 28.73
odnaleziony	C: 35.31	H: 3.38	N: 28.94

Masa: ESI+ (obliczone dla M+H+):

zafakturowany 113.07

odnaleziony 112.5 (100), 113.8 (3.4)

10.2.45 chlorowodorek 4-metylo-3,5-diaminopyrazolu (279)

278 **279**

300 mg pikrynianu **278** (0,88 mmol, odpowiednik 1) rozpuszczono w MeOH (5 mL) i przeniesiono do chlorowodorku **279** chromatografii kolumnowej (MeOH) przy użyciu kolumny Dowex® 1X8 200-400 MESH Cl coated column. Po usunięciu rozpuszczalnika surowiec został skrystalizowany (EtOH). 116 mg (88 %) chlorowodorku 3,5-diaminopyrazolu (**279**) można otrzymać jako białe ciało stałe.

Poddaję się: 116 g (88 %) Teoria: 130,6 mg.

DC: EtOAc/EtOH/H2O/AcOH = 15:5:4:1 Rf = 0,47
DCM/MeOH = 5:1 Rf = 0,17

Temperatura topnienia: 139.5 °C

1H-NMR: (δ[ppm], 300 MHz, DMSO-d6):
11,29 (s, 2H, N+-H2), 6,51 (s, 4H, 2x N-H2), 1,67 (s, 3H, C6-H3)

13C-NMR: (δ[ppm], 75,4 MHz, DMSO-d6):
155,42 (*C3-NH2* ,*C5-NH2*), 80,84 (*C4*), 5,17 (*C6-H3*)

IR (KBr): 3430 (m), 3306 (s), 3175 (s), 3047 (m), 2799 (m), 1632 (s), 1612 (s), 1564 (s), 1533 (s), 1450 (m), 1388 (w), 1338 (w), 1249 (w), 1206 (w), 1154 (w), 953 (w), 799 (w), 766 (w), 729 (w), 713 (w), 600 (w)

Analiza elementarna: C4H9ClN4 (148,59)

zafakturowany	C: 32.33	H: 6.10	N: 37.70
odnaleziony	C: 32.51	H: 6.19	N: 37.57

10.2.46 7-nitro-indazol (192)[231]

NO_2 NH_2 → NO_2 H N N 2 6 4 9

191 192

3,00 g 2-metylo-6-nitroaniliny (**191**) (19,7 mmol, 1 równoważnik) rozpuszczono w 150 ml bezwodnika octowego i schłodzono do temperatury 0 °C. Następnie roztwór usunięto z wody i dodano wodę do wody. Następnie dodano roztwór 1,38 g NaNO2 (20 mmol, 1,02 equiv.) w jak najmniejszej ilości wody, którą można było jednocześnie mieszając. Mieszano go w temperaturze 0 °C przez kolejne 15 minut. Następnie zatrzymano mieszanie i mieszankę pozostawiono na noc (12 godzin) w RT. W celu ponownego przetworzenia partia została zredukowana do jednej trzeciej początkowej objętości w próżni. Następnie dodano czterokrotnie większą objętość gorącej wody i szybko przefiltrowano mieszaninę. Czerwony filtrat przechowywano w temperaturze 4 °C, a żółto-pomarańczowa substancja stała była zasysana i suszona w powietrzu. Ciało stałe zostało następnie zrekrystalizowane z EtOH, odessane i wypłukane niewielką ilością zimnego EtOH oraz oczyszczoną chromatograficznie kolumną (*n-Hex/EtOAc* 9:1). 7-nitroindazol (**192**) otrzymano w postaci żółtego ciała stałego o plonie 600 mg (18%).

Poddaję się:	600 mg (18 %)	Teoria: 3,21 g.
DC:	DCM/n-Hex 1:1	Rf = 0,28
	MeOH/n-Hex 1:5	Rf = 0,3
	EtOAc/n-Hex 1:5	Rf = 0,31
Temperatura topnienia:	185 °C	Świeci: 185 °C[231].
1H-NMR:	(δ[ppm], 250 MHz, DMSO-d6): 13,94 (bs, 1H, *NH*), 8,42 (d, 1H, J = 1,0, C3-H), 8,36 (dd, 1H, J = 1,0, 7,75, C4-H), 8,33 (d, 1H, J = 7,75, C6-H), 7,37 (t, 1H, J = 7,75, C5-H)	

13C-NMR:	(δ[ppm], 62,9 MHz, DMSO-d6):
	135,98 (*C8*), 132,27 (*C3-H*), 131,99 (*C7-NO2*), 130,26 (*C4-H*), 127,34 (*C9*), 123,86 (*C5-H*), 120,63 (*C6-H*)
IR (KBr):	3275 (m), 1636 (s), 1576 (w), 1516 (s), 1497 (m), 1463 (m), 1381 (m), 1328 (s), 1297 (s), 1258 (s), 1152 (w), 1057 (m), 1005 (m), 938 (s), 867 (m), 811 (w), 791 (m), 723 (s), 639 (w), 606 (w)

Analiza elementarna:	C7H5N3O2 (163.13)			
	zafakturowany	C: 51.54	H: 3.09	N: 25.76
	odnaleziony	C: 51.44	H: 3.27	N: 25.60

10.2.47 7-amino-indazol (195)

NO2 H N N → NH2 H N N 2 6 4 9

192 **195**

72 mg 7-nitroindazolu (**192**) (0,44 mmol, 1 równoważnik) rozpuszczono w abs. MeOH (2 mL) w obrotowej rurce i 22 mg (30 % masy) Pd/C dodano do argonu. Następnie wodór (1 bar) został wymieniony i wymieszany w RT. Kontrola reakcji za pomocą chromatografii cienkowarstwowej (DCM/EtOAc 3:1) po 30 minutach doprowadziła do całkowitej konwersji reaktanta, w wyniku czego mieszanina reakcyjna została zassana przez celit i wypłukana za pomocą MeOH. Po adsorpcji surowca na żel krzemionkowy otrzymano 7-amino-indazol (**195** w drodze kolumnowego oczyszczania chromatograficznego (DCM/MeOH 9:1) jako żółte ciało stałe o wydajności 50 mg (85 %).

Poddaję się:	50 mg (85 %)	Teoria: 58,7 mg.
DC:	DCM/EtOAc 3:1	Rf = 0,31

	MeOH/DCM 1:9	Rf = 0,73
	EtOAc/n-Hex 1:1	Rf = 0,52

Temperatura topnienia: 151 °C

1H-NMR: (δ[ppm], 250 MHz, DMSO-d6):
12,56 (s, 1H, *NH*), 7,89 (d, 1H, J = 1,5, C3-H), 6,92 (d, 1H, J = 8, C6-H), 6,82 (t, 1H, J = 7,25, 8, C5-H), 6,45 (dd, 1H, J = 0,75, 7,25, C4-H), 5,28 (s, 2H, *NH2*)

13C-NMR: (δ[ppm], 75,4 MHz, DMSO-d6):
133.39, 132.60, 131.38, 123.44, 121.50, 107.39, 106.64

IR (KBr): 3443 (s), 3357 (s), 3169 (s), 3103 (s), 2961 (m), 2919 (m), 1654 (w), 1617 (s), 1592 (s), 1542 (w), 1521 (s), 1496 (m), 1438 (m), 1392 (m), 1371 (s), 1327 (m), 1282 (s), 1214 (w), 1068 (w), 1018 (w), 958 (s), 854 (s), 774 (m), 730 (s), 680 (m), 668 (m), 599 (w), 550 (w)

Analiza elementarna:	C7H7N3 (133.15)			
	zafakturowany	C: 63.14	H: 5.30	N: 31.56
	odnaleziony	C: 63.18	H: 5.47	N: 31.71

10.2.48 Kwas 2-metoksy-3-nitro-benzoesowy (186)[229, 261].

COOH, O — 280 → COOH, 2, O, 6, NO_2, 4 — 186

Kwas azotowy o stężeniu 15 mL (d = 1,50 g/ml, 22,5 g, 0,357 mol) umieszczono w łaźni lodowej, schłodzono, zmieszano z bezwodnikiem octowym o stężeniu 50 mL (54 g, 0,529 mol) i mieszano do momentu, aż nie powstawały już gazy azotawe. 5,00 g kwasu 2-metoksy-benzoesowego**280**) (32,8 mmol) dodano w porcjach do lekko żółtego roztworu reakcyjnego. Pod wpływem chłodzenia lodem powstał osad, który został oczyszczony przez filtrację i dokładne przemycie wodą. Po wysuszeniu w pompie olejowej w próżni otrzymano 1,32 g (20 %) kwasu 2-metoksy-3-nitrobenzoesowego (**186** w postaci bezbarwnej substancji stałej.

Poddaję się:	1.32 g (20 %)	Teoria: 6,47 g.	
DC:	*n-Hex/EtOAc* 3:1 + 1 % AcOH	Rf = 0,31	
	n-Hex/EtOAc 1:1 + 1 % AcOH	Rf = 0,5	
Temperatura topnienia:	194-195 °C	Lit.: 194-195 °C[262]	

1H-NMR: (δ[ppm], 250 MHz, DMSO-d6):
13,52 (bs, 1H, COOH), 8,04 (dd, 1H, J = 1,25, 6,75, C4-H), 8,00 (dd, 1H, J = 1,25, 6,5, C6-H), 7,38 (t, 1H, J = 6,5, 6,75, C5-H), 3,88 (s, 3H, OC-H3)

13C-NMR: (δ[ppm], 62,9 MHz, DMSO-d6):
165,52 (COOH), 151,44 (*C2-OCH3*), 145,00 (*C6-H*), 134,99 (*C3-NO2*), 128,03 (*C4-H*), 127,56 (*C5-H*), 124,22 (*C1-COOH*), 63,64 (C2-OCH3)

IR (KBr): 3015 (m), 2964 (m), 2669 (m), 1976 (w), 1702 (s), 1679 (s), 1604 (s), 1573 (m), 1528 (s), 1465 (s), 1426 (s), 1369 (s), 1307 (s), 1286 (s), 1243 (s), 1145 (m), 1089 (m), 993 (s), 910 (m), 835 (m), 821 (m), 784 (w), 766 (m), 754 (m), 718 (w), 695 (s), 611 (w), 592 (w), 557 (w)

Analiza elementarna:	C8H7NO5 (197.14)			
	zafakturowany	C: 48.74	H: 3.58	N: 7.10
	odnaleziony	C: 48.49	H: 3.57	N: 6.92

10.2.49 2-metoksy-3-nitro-benzamid (187)

COOH → CONH$_2$ (NO$_2$)

186 **187**

11,44 g kwasu 2-metoksy-3-nitro-benzoesowego (**186**) (58 mmol, ekwiwalent 1) stopiono razem z 18 g (87 mmol, ekwiwalent 1,5) PCl5 w temperaturze 80 °C. Następnie mieszanina została podgrzana do temperatury 1,5 °C. Po schłodzeniu dodano 300 ml roztworu DCM nasyconego NH3. Żółtawe ciało stałe zostało wytrącone. Zawiesinę przemyto wodą (2 x 100 ml), a fazę wodną odrzucono. Faza organiczna została wysuszona (MgSO4), a rozpuszczalnik usunięto w próżni. Powstałe w ten sposób jasnożółte ciało stałe zostało zrekrystalizowane (MeOH/H2O). Uzyskane bezbarwne kryształy oczyszczano metodą chromatografii kolumnowej (DCM/MeOH 9:1) w celu dalszego przetwarzania i ponownie rekrystalizowano w metanol po usunięciu rozpuszczalnika. W procesie tym 6,97 g (61 %) 2-metoksy-3-nitro-benzamidu (**187** otrzymać jako bezbarwne kryształy.

Poddaję się:	6,97 g (61 %)	Teoria: 11,38 g.
DC:	*n-Hex/EtOAc* 1:1	Rf = 0,45
Temperatura topnienia:	123 °C	Lit.: 123 °C[263].

1H-NMR: (δ[ppm], 250 MHz, DMSO-d6):
7,95 (dd, 2H, J = 1,2, 8,1, $^{C4\text{-}H}$, *NH*), 7,77 (dd, 2H, J = 1,2, 7,8, $^{C6\text{-}H}$, *NH*), 7,36 (t, 1H, J = 7,8, 8,1, C5-H), 3,88 (s, 3H, OC-H3)

13C-NMR: (δ[ppm], 62,9 MHz, DMSO-d6):
166,32 (CONH2), 149,47 (*C2-OCH3*), 144,01 (*C6-H*), 133,47 (*C3-NO2*), 132,62 (*C4-H*), 125,78 (*C5-H*), 124,10 (*C1-CONH2*), 63,09 (C2-OCH3)

IR (KBr): 3382 (s), 3189 (s), 1643 (s), 1532 (s), 1463 (s), 1352 (s), 1242 (s), 1110 (m), 991 (s), 899 (w), 813 (s), 748 (m), 667 (s), 591 (m)

Analiza elementarna:	C8H8N2O4 (196.16)			
	zafakturowany	C: 48.98	H: 4.11	N: 14.28
	odnaleziony	C: 49.15	H: 4.27	N: 14.09

10.2.50 2-metoksy-3-nitro-benzonitryl (188)

CONH2 O NO2 → CN 2 O 6 4 NO2

187 **188**

W kolbie okrągłej o pojemności 500 ml 6,86 g 2-metoksy-3-nitro-benzamidu (**187**) (34,97 mmol, ekwiwalent 1) rozpuszczono w 41 ml abs. pirydyny (0,5 mol, ekwiwalent 14), a 4,1 ml POCl3 (44,66 mmol, ekwiwalent 1,3) dodano do 6,86 g 2-metoksy-3-nitro-benzamidu (**187**) (34,97 mmol, ekwiwalent 1). Mieszankę mieszano przez godzinę w kąpieli lodowej pod argonem. Do fioletowego roztworu dodano około 300 ml wody destylowanej. Woda była dodawana aż do wytrącenia materiału stałego. To zostało wessane i zrekrystalizowane w metanolu. Otrzymane bezbarwne kryształy poddano kolumnowemu oczyszczaniu chromatograficznemu (*n-Hex/EtOAc* 5:1) w celu dalszego przetwarzania. Po wysuszeniu w próżni można było otrzymać 4,23 g (67 %) 2-metoksy-3-nitro-benzonitrylu (**188**) jako bezbarwne kryształy.

Poddaję się:	4,23 g (67 %)	Teoria: 6,23 g.
DC:	*n-Hex/EtOAc* 1:1	Rf = 0,72
Temperatura topnienia:	104-105 °C	Literatura: 104-105 °C[264]

1H-NMR:	(δ[ppm], 250 MHz, DMSO-d6): 8.27 (dd, 1H, J = 1.8, 8.1, C4-H), 8.17 (dd, 1H, J = 1.8, 7.8, C6-H), 7.50 (t, 1H, J = 7.8, 8.1, C5-H), 4.08 (s, 3H, OC-H3)
13C-NMR:	(δ[ppm], 62,9 MHz, DMSO-d6): 154,55 (*C2-OCH3*), 143,18 (*C6-H*), 138,68 (*C3-NO2*), 130,06 (*C4-H*), 124,97 (*C5-H*), 114,76 (*CN*), 107,89 (*C1-CN*), 63,30 (C2-OCH3)
IR (KBr):	3087 (w), 2957 (w), 2237 (m), 1602 (s), 1573 (s), 1530 (s), 1473 (s), 1421 (s), 1349 (s), 1282 (m), 1254 (m), 1182 (w), 1084 (m), 979 (s), 913 (w), 807 (s), 756 (s), 725 (m), 614 (w)

Analiza elementarna:	C8H6N2O3 (178.14)			
	zafakturowany	C: 53.94	H: 3.39	N: 15.73
	odnaleziony	C: 53.90	H: 3.46	N: 15.73

10.2.51 7-nitro-3-amino-indazol (189)

CN O NO2 → NO2 H N N 2 6 9 4 NH2

188 **189**

1,00 g 2-metoksy-3-nitro-benzonitrylu (**188**) (5,61 mmol, 1 odpowiednik) rozpuszczono w abs. metanolu (20 ml) w tłoku sterowniczym o pojemności 25 ml i ogrzano do refluksu. W przegrodzie dodano 1,35 ml monohydratu hydrazyny (28 mmol, 5 Equiv.), a czerwony roztwór podgrzewano przez pół godziny dla refluksu. Kontrola nad DC wykazała całkowitą konwersję **188** mieszanina reakcyjna została schłodzona, a czerwone ciało stałe wyekstrahowane. Ciało stałe zostało umyte metanolem i wysuszone w próżni. Uzyskano 830 mg (83 %) 7-nitro-3-amino-indazolu (**189**).

Poddaję się:	830 mg (83 %)	Teoria: 1.00 g.

DC:	*n-Hex/EtOAc* 1:1	Rf = 0,16
	n-Hex/EtOAc 1:2	Rf = 0,27

Temperatura topnienia: 280-282 °C

1H-NMR: (δ[ppm], 250 MHz, DMSO-d6):
12,37 (s, 1H, *NH*), 8,25 (dd, 1H, J = 1,25, 7,75, C6-H), 8,22 (dd, 1H, J = 1,25, 7,75, C4-H), 7,12 (t, 1H, J = 7,75, C5-H), 5,90 (s, 2H, *NH2*)

13C-NMR: (δ[ppm], 62,9 MHz, DMSO-d6):
150,92 (*C3-NH2*), 133,10 (*C7-NO2*), 131,13 (*C8*), 130,03 (*C4-H*), 124,39 (*C6-H*), 119,55 (C9), 117,68 (*C5-H*)

IR (KBr): 3406 (s), 3197 (s), 1631 (s), 1581 (m), 1550 (s), 1508 (s), 1485 (m), 1462 (w), 1429 (w), 1361 (m), 1331 (s), 1270 (s), 1220 (m), 1134 (m), 1052 (m), 955 (m), 888 (w), 805 (m), 788 (m), 732 (m), 668 (m), 604 (m)

Analiza elementarna: C7H6N4O2 (178.15)

zafakturowany	C: 47.19	H: 3.39	N: 31.45
odnaleziony	C: 47.24	H: 3.60	N: 31.70

10.2.52 3,7-diamino-indazol (190)

189 → **190**

810 mg 7-nitro-3-amino-indazolu (**189**) (4,55 mmol, 1 odpowiednik) rozpuszczono w 5 mL abs. MeOH i 270 mg (33% masy) Pd/C dodano pod argonem w obrotowej rurce. Mieszaninę reakcyjną mieszano w temperaturze 40 °C pod ciśnieniem wodoru (1 bar). Po 12 godzinach oznaczono całkowitą konwersję **189** metodą chromatografii cienkowarstwowej (DCM/EtOAc 3:1). W celu oczyszczenia mieszanina reakcyjna została zassana przez Celite, przemyta MeOH, adsorbowana na żelu krzemionkowym i oczyszczona chromatograficznie kolumnowo (EtOAc). 606 mg (90 %) 3,7-diamino-indazol (**190**) można otrzymać w postaci niebiesko-niebieskiego ciała stałego.

Poddaję się:	606 mg (90 %)	Teoria: 673 mg.
DC:	*n-Hex/EtOAc* 1:1	Rf = 0,13
	n-Hex/MeOH 2:1	Rf = 0,57
	DCM/EtOAc 3:1	Rf = 0,13
	DCM/MeOH 9:1	Rf = 0,44
Temperatura topnienia:	235 °C	

1H-NMR: (δ[ppm], 250 MHz, DMSO-d6):
10,83 (s, 1H, *NH*), 6,88 (d, 1H, J = 7,75, $^{C4-H}$), 6,64 (dd, 1H, J = 7,25, 7,75, C5-H), 6,37 (dd, 1H, J = 0,75, 7,25, $^{C6-H}$), 5,11 (s, 2H, *NH2*), 5,03 (s, 2H, *NH2*)

13C-NMR: (δ[ppm], 62,9 MHz, DMSO-d6):
149,40 (*C3-NH2*), 132,85 (*C7-NH2*), 132,01 (*C8*), 118,79 (*C5-H*), 114,40 (*C6-H*), 107,54 (*C4-H*), 107,25 (*C9*)

IR (KBr): 3434 (m), 3409 (s), 3329 (s), 3148 (s), 2938 (s), 1637 (s), 1591 (s), 1534 (s), 1508 (s), 1429 (s), 1409 (s), 1375 (s), 1310 (m), 1287 (s), 1143 (m), 1058 (m), 990 (m), 879 (m), 866 (s), 786 (s), 763 (s), 731 (s), 641 (s), 565 (s)

Analiza elementarna:	C7H8N4 (148,17)			
	zafakturowany	C: 56.74	H: 5.44	N: 37.81
	odnaleziony	C: 56.90	H: 5.54	N: 37.96

10.2.53 3,7-diamino-indazol Dihydrochlorek (281)

Rozpuszczono 30 mg 7-nitro-3-amino-indazolu (**189**) (0,168 mmol, 1 równoważny) w 5 mL 6 N HCl i dodano 200 mg cyny w proszku (1,68 mmol, 10 równoważny). Mieszanina reakcyjna była podgrzewana do temperatury 100 °C przez dwie godziny. W celu przetworzenia nadmiar cyny został zassany przez Niemców z frytkami. Krystalizacja nastąpiła w wyniku schłodzenia do RT. Bezbarwne opady przemyto odrobiną zimnej wody i wysuszono w próżni z pompą olejową. 28 mg 3,7-diamino-indazolu Można uzyskać chlorowodorek dihydrochlorku (**281**) (75 %).

Poddaję się:	28 mg (75 %)	Teoria: 37 mg
DC:	*n-Hex/EtOAc* 1:1	Rf = 0,13
	n-Hex/MeOH 2:1	Rf = 0,57
	DCM/EtOAc 3:1	Rf = 0,13
	DCM/MeOH 9:1	Rf = 0,44
Temperatura	167-170 °C	

topnienia:

1H-NMR: (δ[ppm], 250 MHz, DMSO-d6):

10.5-7.5 (bs, 7H, 2 x *NH3+,NH*), 7.31 (dd, 1H, J = 0,75, 8, C4-H), 7.00 (t, 1H, J = 7,5, 8, C5-H), 6.88 (dd, 1H, J = 0,75, 7,5, C6-H)

13C-NMR: (δ[ppm], 100,6 MHz, DMSO-d6):

142.10, 135.12, 122.63, 121.82, 119.27, 116.26, 114.80

IR (KBr): 3179 (m), 2768 (m), 2538 (s), 1658 (s), 1599 (w), 1560 (w), 1521 (m), 1466 (w), 1447 (w), 1380 (w), 1360 (w), 1280 (w), 1159 (w), 1105 (w), 795 (w), 739 (w), 685 (w), 660 (w)

Analiza elementarna: C7H10Cl2N4 (221.09)

zafakturowany	C: 38.03	H: 4.56	N: 25.34
odnaleziony	C: 38.29	H: 4.78	N: 25.12

Masa: ESI+ (obliczone dla M+H+):

obliczone: 149,1

znaleziono: 148,8 (100), 149,8 (9,3)

10.2.54 4-Bromo-1H-pirazol (205)[234]

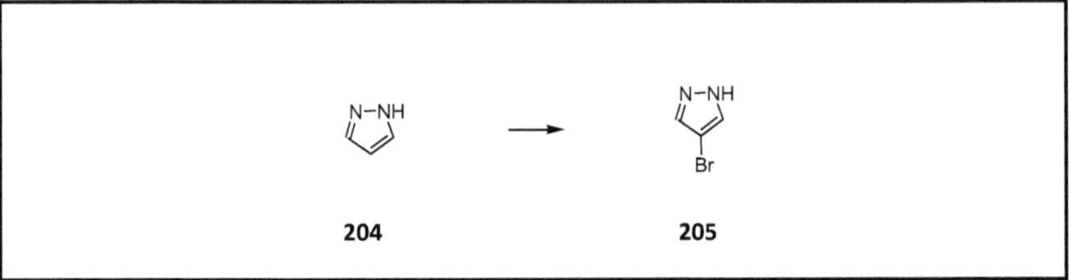

50,00 g pirazolu (**204**) (0,734 mol, 1 równoważnik) rozpuszczono w 250 ml wody destylowanej. Woda rozpuszczona i 37,7 ml (117,3 g, 0,734, 1 odpowiednik) bromu szybko dodane w temperaturze pokojowej. Po całkowitym dodaniu roztwór reakcyjny był podgrzewany przez jedną godzinę w celu uzyskania refluksu. W celu przetworzenia, partia reakcyjna została schłodzona do temperatury RT i zmieszana z 122,4 ml 6 N roztworu wodorotlenku sodu (0,734 mol, odpowiednik 1). W celu całkowitej krystalizacji partia została schłodzona do temperatury 4 °C, a otrzymane kryształy zostały odfiltrowane. Kryształy rozpuszczono w eterze (200 mL), roztwór wysuszono MgSO4 i odparowano rozpuszczalnik. 95,20 g 4-Bromo-1H-pirazolu (**205**) można było otrzymać jako białe kryształy po rekrystalizacji (*n-heks*).

Poddaję się:	95.20 g (88 %)	Teoria: 107,87 g
DC:	*n-Hex/EtOAc* 3:1	Rf = 0,20
Temperatura topnienia:	97 °C	Lit.: 76-77 °C[265]
1H-NMR:	(δ[ppm], 300 MHz, DMSO-d6): 13,17 (bs, 1H, *NH*), 7,76 (s, 2H, 2xCH)	
13C-NMR:	(δ[ppm], 75,4 MHz, DMSO-d6): 133.79, 91.61	
IR (KBr):	3448 (w), 3129 (m), 3026 (w), 2942 (m), 1521 (m), 1437 (m), 1416 (m), 1379 (s), 1323 (s), 1298 (s), 1284 (s), 1252 (w), 1184 (s), 1252 (w), 1184 (m), 1116 (m), 1053 (w), 980 (s), 954 (s), 841 (s), 796 (s), 774 (w)	
Analiza elementarna:	C3H3BrN2 (146,97)	

zafakturowany	C: 24.52	H: 2.06	N: 19.06
odnaleziony	C: 24.65	H: 2.14	N: 19.22

10.2.55 4-Bromo-1-metyl-1-metyl-1H-pirazol (206)[234]

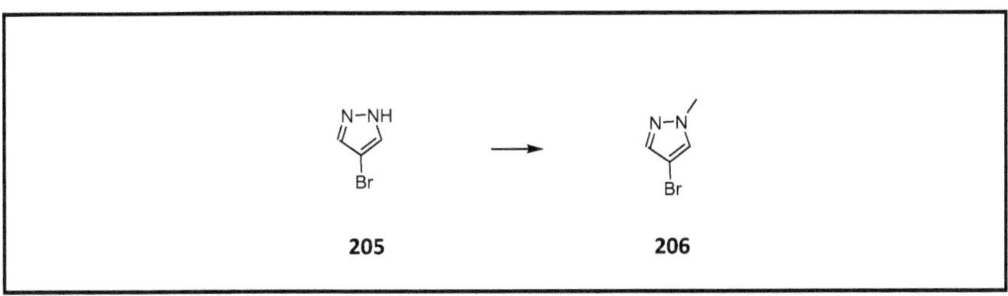

20,40 g 4-bromo-1H-pirazolu (**205**) (0,138 mol, ekwiwalent 1) zmieszano z 11,60 g moździerzowego wodorotlenku potasu (207 mmol, ekwiwalent 1,5) i 4,36 g bromku tetraetyloamonu (TEAB) (20,75 mmol, ekwiwalent 0,15) i schłodzono do temperatury 0-5 °C. Następnie mieszaninę dodano do mieszaniny. Po dodaniu w kroplówce 8,63 ml metyliodku (19,69 g, 0,138 mol, 1 równoważnik) mieszaninę reakcyjną mieszano przez 15 godzin w RT. Następnie został on oczyszczony w drodze destylacji w próżni za pomocą kolumny Vigreux. 18,30 g (81 %) 4-bromo-1-metylo-1H-pirazol (**206**) jako bezbarwną ciecz można otrzymać w temperaturze wrzenia 59 °C przy ciśnieniu 7 mbar.

Poddaję się:	18.30 g (81 %)	Teoria: 22,34 g.
DC:	n-Hex/EtOAc 5:1	Rf = 0,38
Gęstość:	1,7158 g/ml	
Współczynnik załamania światła (n21):	1.5311	

Temperatura wrzenia: 59 °C przy ciśnieniu 7 mbar Lit.: 76-78 °C przy 18 Torr[266].

1H-NMR: (δ[ppm], 300 MHz, DMSO-d6):
7,93 (s, 1H, *CH*), 7,52 (s, 1H, *CH*), 3,83 (s, 3H, *CH3*)

13C-NMR: (δ[ppm], 75,4 MHz, DMSO-d6):
138.66, 130.62, 91.21, 38.92

IR (film): 3155 (s), 3071 (s), 2985 (s), 2938 (s), 2872 (s), 2811 (s), 2756 (s), 2697 (s), 1646 (m), 1590 (m), 1564 (m), 1508 (m), 1493 (m), 1375 (s), 1335 (s), 1278 (w), 1248 (w), 1186 (s), 1141 (s), 1033 (s), 951 (s), 939 (s), 851 (s), 798 (s)

Analiza elementarna: $C_4H_5BrN_2$ (161,00)

zafakturowany	C: 29.84	H: 3.13	N: 17.40
odnaleziony	C: 29.94	H: 3.17	N: 17.12

10.2.56 4-Bromo-1-metylo-3,5-dinitro-1H-pirazol (207)[234]

N-N, Br, O_2N, NO_2

206 → **207**

30,5 ml dymiącego kwasu azotowego (46,05 g, 0,73 mol, d = 1,51, 25,5 Equiv.) zmieszano z 39,0 ml stężonego kwasu siarkowego (71,76 g, 0,73 mol, 1 Equiv., d = 1,84, 25,5 Equiv.) w warunkach chłodzenia w łaźni lodowej. Kwas azotujący mieszano przez kolejne 10 minut i dodawano 4,60 g 4-bromo-1-metylo-1-metylo-1H-pirazolu (**206**) (28,6 mmol, 1 odpowiednik). Po usunięciu kąpieli lodowej mieszanina reakcyjna była podgrzewana przez dwie godziny w celu uzyskania efektu refluksu. W celu przetworzenia czerwona mieszanina reakcyjna została schłodzona do temperatury RT i wylana na 400 ml wody lodowej. Powstały w ten sposób biały opad był zasysany, myty niewielką ilością wody i suszony w próżni pompy olejowej. 4,71 g (65 %) dinitropirazolu **207** można otrzymać jako białe ciało stałe.

Poddaję się:	4.71 g (65 %)	Teoria: 7,17 g.
DC:	*n-Hex/EtOAc*	Rf = 0,20
	n-Hex/EtOAc 1:1	Rf = 0,55
Temperatura topnienia:	111-112 °C	Lit 111-112 °C[267]

1H-NMR: (δ[ppm], 300 MHz, DMSO-d6):
4,28 (s, 3H, C-H3)

13C-NMR: (δ[ppm], 75,4 MHz, DMSO-d6):
149.57, 144.48, 90.43, 43.33

IR (KBr): 3049 (m), 2967 (m), 2856 (m), 2819 (m), 2793 (m), 2765 (m), 2727 (m), 2666 (m), 2631 (m), 2570 (m), 2510 (m), 2463 (m), 1558 (s), 1535 (s), 1497 (s), 1426 (s), 1392 (s), 1369 (s), 1333 (s), 1298 (s), 1144 (s), 1126 (s), 1079 (s), 1036 (s), 875 (s), 819 (s), 760 (s), 741 (s), 671 (s), 620 (s)

Analiza elementarna: $C_4H_3BrN_4O_4$ (251,00)

zafakturowany	C: 19.14	H: 1.20	N: 22.32
odnaleziony	C: 18.91	H: 1.46	N: 22.04

10.2.57 N-(2-aminofenylo)-acetamid (216)

NO2 NH NH2 NH O O

282 216

1,50 g 2-nitroacetanilidu (**282**) (8,32 mmol, ekwiwalent 1) rozpuszczono w MeOH (15 mL) i zmieszano z argonem do 250 mg Pd/C (16,6 % masy). Po wymianie argonu na wodór (1 bar), RT kontynuował mieszanie przez cztery godziny. Przetwarzanie odbywało się poprzez filtrację przez Celite® i odparowanie rozpuszczalnika. Surowiec oczyszczono metodą chromatografii kolumnowej (EtOAc). N-(2-aminofenylo)-acetamid (**216** otrzymano w postaci bezbarwnej substancji stałej o wydajności 1,19 g.

Poddaję się:	1.19 g (95 %)	Teoria: 1,25 g.
DC:	EtOAc	Rf = 0,26
Temperatura topnienia:	133-134 °C	Lit.:133 °C[268].

1H-NMR: (δ[ppm], 300 MHz, DMSO-d6):
9.10 (bs, 1H, *NH*), 7.15 (d, 1H, J = 7.8, Aromat-H), 6.88 (t, 1H, J = 7.8, Aromat-H), 6.70 (d, 1H, J = 7.8, Aromat-H), 6.53 (d, 1H, J = 7.8, Aromat-H), 4.83 (bs, 2H, *NH2*), 2.03 (s, 3H, COCH3)

13C-NMR: (δ[ppm], 75,4 MHz, DMSO-d6):
168.00, 141.74, 125.53, 125.13, 123.41, 115.94, 115.64, 23.14

IR (KBr): 3457 (w), 3365 (s), 3274 (m), 3040 (w), 1924 (w), 1643 (s), 1588 (s), 1535 (s), 1497 (s), 1458 (s), 1370 (s), 1300 (s), 1255 (s), 1220 (m), 1156 (m), 1138 (w), 1057 (w), 1040 (w), 1012 (m), 964 (m), 925 (w), 859 (w), 847 (w), 809 (w), 746 (s), 700 (m), 653 (m), 607 (m), 572 (m)

Analiza elementarna:	C8H10N2O (150.18)			
	zafakturowany	C: 63.98	H: 6.71	N: 18.65
	odnaleziony	C: 64.14	H: 6.76	N: 18.86

10.2.58 N-(2-metyloaminofenylo)-acetamid (208)

15,00 g 2-nitroacetanilidu (**216** (83,2 mmol, 1 odpowiednik) rozpuszczono w MeOH (300 mL) i dodano do argonu 2,25 mg Pd/C (15% masy). Po wymianie argonu na wodór (1 bar), RT kontynuował mieszanie przez cztery godziny. Późniejsza kontrola DC (EtOAc) wykazała pełną reakcję acetanilidu **216**, po czym dodano 6,19 mL formaldehydu Lsg 37% (2,5 g, 83,2 mmol, 1 odpowiednik), a mieszaninę reakcyjną mieszano przez kolejne 15 godzin. Rozpuszczalnik został odfiltrowany przez Celite® i odparowany w celu przetworzenia. Surowiec został oczyszczony przez kolumnowe oczyszczanie chromatograficzne (EtOAc). N-(2-aminofenylo)-acetamid (**208** otrzymano w postaci bezbarwnej substancji stałej o wydajności 11,78 g.

Poddaję się:	11.78 g (86 %)	Teoria: 13,67 g.
DC:	EtOAc	Rf = 0,36
Temperatura topnienia:	85-87 °C	Lit.: 89-90 °C[269]

1H-NMR: (δ[ppm], 300 MHz, DMSO-d6):

9,03 (bs, 1H, *NH*), 7,10 (d, 1H, J = 7,8, Aromat-H), 7,03 (t, 1H, J = 7,5, Aromat-H), 6,58-6,53 (m, 2H, J = 7.8, J = 7,5, Aromat-H), 5,04 (q, 1H, J = 5,1, *NHCH3*), 2,70 (d, 3H, J = 5,1, NHCH3), 2,02 (s, 3H, COCH3)

13C-NMR: (δ[ppm], 75,4 MHz, DMSO-d6):

169.29, 144.01, 126.90, 126.15, 123.43, 115.70, 110.46, 29.93, 23.33

IR (KBr): 3384 (s), 3228 (s), 3026 (s), 2912 (s), 2872 (s), 2815 (s), 2617 (w), 1917 (w), 1882 (w), 1846 (w), 1646 (s), 1606 (s), 1518 (s), 1467 (s), 1439 (s), 1426 (s), 1372 (s), 1326 (s), 1308 (s), 1285 (s), 1264 (s), 1170 (s), 1128 (m), 1098 (w), 1069 (w), 1039 (s), 1017 (m), 968 (s), 924 (m), 858 (m), 835 (m), 742 (s), 662 (m), 614 (m), 556 (m)

Analiza elementarna:	C9H12N2O (164.20)			
	zafakturowany	C: 65.83	H: 7.37	N: 17.06
	odnaleziony	C: 66.00	H: 7.36	N: 17.19

10.2.59 *N*,1-dimetylo-3,5-dinitro-N-fenylo-1H-pirazol-4-amina (220)[234]

O2N NO2 N–N Br → O2N NO2 N–N N

207 **220**

4,00 g 4-bromo-1-metylo-3,5-dinitro-1H-pirazolu (**207**) (15,9 mmol, 1 odpowiednik) rozpuszczono w DMSO (5 mL), a roztwór reakcji podgrzano do temperatury 50-60 °C. Następnie roztwór reakcji rozpuszczono w DMSO (5 mL). Następnie dodawano 5,1 ml N-metylaniliny (5,0 g, 48,8 mmol, 3 Equiv.) w dół i podgrzewano do 100 °C. Następnie mieszaninę podgrzewano do 100 °C. Po całkowitej konwersji pirazolu **207** rozpuszczalnik został odparowany w rurce kulowej i pozostałość skrystalizowana (EtOH). 639 mg pirazolu **220** jako czerwonych kryształów.

Poddaję się:	639 mg (14 %)	Teoria: 4,41 g.
DC:	*n-Hex/EtOAc* 5:1	Rf = 0,30
Temperatura topnienia:	157 °C	

1H-NMR: (δ[ppm], 300 MHz, DMSO-d6):
7.19 (dd, 2H, J = 7.2, 2xAromat-H), 6.83-6.77 (m, 3H, J = 7.2, 3xAromat-H), 4.29 (s, 3H, Pyrazol-N-CH3), 3.24 (s, 3H, N-CH3)

13C-NMR: (δ[ppm], 75,4 MHz, DMSO-d6):
146.38, 141.56, 128.83, 122.01, 119.10, 117.48, 113.37, 43.06, 38.47

IR (KBr): 3423 (w), 3026 (w), 2965 (w), 1586 (s), 1577 (s), 1512 (m), 1495 (s), 1473 (w), 1446 (w), 1426 (s), 1378 (m), 1319 (s), 1296 (m), 1235 (w), 1188 (w), 1144 (w), 1106 (w), 1092 (w), 1067 (w), 1048 (w), 902 (w), 854 (w), 826 (w), 815 (w), 773 (w), 760 (m), 698 (w), 676 (w)

Analiza elementarna: C11H11N5O4 (277.24)

zafakturowany	C: 47.66	H: 4.00	N: 25.26
odnaleziony	C: 47.50	H: 3.97	N: 25.27

10.2.60 *N*,1-dimetylo-N4-fenylo-1H-pirazol-3,4,5-triamina pikrate (283)

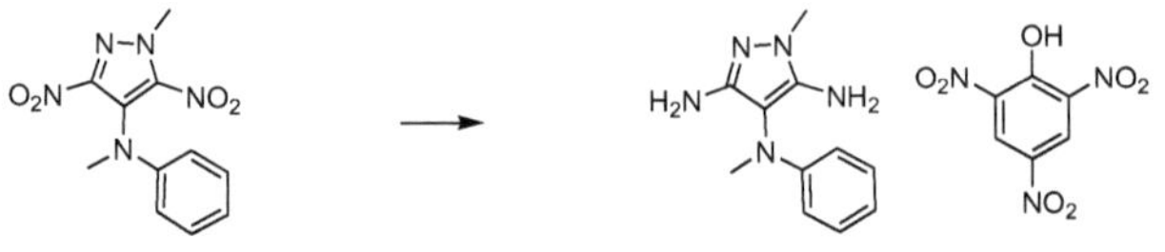

100 mg pirazolu **220** (0,36 mmol, 1 odpowiednik) zawieszono w 5 mL 2 N NaOH-Lsg., zmieszano z 55 mg sproszkowanego NaBH4 (1,44 mmol, 4 odpowiednik) i podgrzewano przez trzy godziny w celu uzyskania refluksu. Mieszanina reakcyjna z RT została schłodzona i wyekstrahowana za pomocą EtOAc (4 x 10 mL) w celu przetworzenia. Połączone fazy organiczne zostały wysuszone (MgSO4), a rozpuszczalnik odparowany. Pozostałość oczyszczono metodą chromatografii kolumnowej (EtOAc/MeOH 9:1). Po późniejszym wysuszeniu w próżni z pompą olejową otrzymano pianę. W celu zapewnienia czystości analitycznej wykonano wytrącanie pikrynianu (303 mg, 0,792 mmol, 2,2 równoważny kwas pikrynowy ~40 % zawiesiny zwilżonej wodą). Otrzymano 67 mg Picrate'a **283**.

Poddaję się:	67 mg (41 %)	Teoria: 160,7 mg.
DC:	EtOAc/MeOH 9:1	Rf = 0,16
Temperatura topnienia:	198-199 °C	

^{1}H-NMR:

(δ[ppm], 300 MHz, DMSO-d6):
11,64 (bs, 1H, *NH*), 8,59 (s, 2H, 2 x Picrate-CH), 7,18 (t, 2H, J = 9,6, 2xAromat-CH), 6,91 (bs, 2H, *NH2*), 6.81 (bs, 2H, NH2), 6.69 (t, 1H, J = 8.75, Aromat-CH), 6.60 (d, 2H, J = 9.6, 2xAromat-CH), 3.35 (s, 3H, *CH3*), 3.08 (s, 3H, *CH3*)

^{13}C-NMR:

(δ[ppm], 75,4 MHz, DMSO-d6):
161.43, 153.46, 152.26, 148.29, 142.15, 129.39, 125.78, 125.13, 117.50, 112.54, 95.12, 38.41, 34.49

IR (KBr): 3428 (m), 3353 (m), 3319 (m), 3258 (w), 3196 (w), 3068 (w), 2946 (w),

2894 (w), 2818 (w), 1631 (s), 1603 (s), 1569 (s), 1550 (s), 1499 (m), 1483 (m), 1429 (m), 1365 (s), 1336 (s), 1310 (s), 1295 (s), 1266 (s), 1159 (m), 1081 (m), 942 (w), 912 (w), 876 (w), 841 (w), 790 (w), 753 (m), 713 (m), 695 (w), 620 (w)

Analiza elementarna:	C17H18N8O7 (446.37)			
	zafakturowany	C: 45.74	H: 4.06	N: 25.10
	odnaleziony	C: 45.73	H: 4.25	N: 25.31

10.2.61 3-Oxo-3,4-dihydrochinoksalina-2-kwas karboksalinowy ester etylowy (222)[235].

217 → **222**

9,74 g *o-fenylenodiaminy* (**217**) (90 mmol, 1 odpowiednik) rozpuszczono in abs. EtOH (156 mL), dodano 13,73 mL ketomalonianu etylu (15,68 g, 90 mmol, 1 odpowiednik) i podgrzewano przez jedną godzinę w celu uzyskania efektu refluksu. Do celów przetwarzania filtrat był filtrowany na gorąco, rozcieńczany wodą (300 ml) i podgrzewany węglem aktywnym (4 g) przez 15 minut w celu uzyskania refluksu. Celite® został użyty do filtracji na gorąco. Kryształy wytrącone przez chłodzenie można uzyskać przez filtrację i suszenie w próżni pompy olejowej. W celu przeprowadzenia analizy, otrzymane kryształy zostały zrekrystalizowane (EtOH). Łącznie otrzymano 15,04 g laktamu **222** (77 %) w postaci żółtawych kryształów.

Poddaję się:	15.04 g (77 %)	Teoria: 19,64 g.
DC:	*n-Hex/EtOAc* 1:1	Rf = 0,17

Temperatura topnienia:	176-177 °C	Lit.: 175,5-176,5 °C[235, 270].

1H-NMR: (δ[ppm], 250 MHz, DMSO-d6):

12,87 (bs, 1H, *NH*), 7,83 (dd, 1H, J = 1,25, J = 8,75, Aromat-H), 7,64 (dt, 1H, J = 1,25, J = 8,75, Aromat-H), 7,35 (m, 2H, Aromat-H), 4,37 (q, 2H, J = 7,0, C-H2), 1,32 (t, 3H, J = 7,0, C-H3)

13C-NMR: (δ[ppm], 62,9 MHz, DMSO-d6):

163.88, 152.49, 150.53, 132.68, 132.60, 130.85, 129.42, 124.35, 115.99, 62.16, 14.17

IR (KBr): 3456 (w), 3308 (w), 3155 (w), 3091 (w), 2965 (m), 2901 (m), 2835 (m), 2716 (m), 1995 (w), 1964 (w), 1931 (w), 1899 (w), 1742 (s), 1656 (s), 1610 (s), 1555 (s), 1502 (s), 1482 (m), 1436 (s), 1371 (s), 1346 (m), 1300 (s), 1253 (s), 1223 (s), 1155 (s), 1133 (s), 1091 (s), 1022 (w), 1009 (m), 950 (m), 930 (m), 901 (s), 863 (m), 801 (s), 766 (s), 755 (s), 708 (w)

Analiza elementarna: C11H10N2O3 (218.21)

	C	H	N
zafakturowany	C: 60.55	H: 4.62	N: 12.84
odnaleziony	C: 60.68	H: 4.71	N: 12.83

10.2.62 3-Oxo-1,2,3,4-tetrahydrochinoksalina-2-karboksylowy kwas etylowy ester etylowy (284)

222 → 284

2,00 g laktoamu **222** (91,65 mmol, ekwiwalent 1) rozpuszczono w DMF abs. (15 mL) pod argonem i zmieszano z 115 mg Pd/C (10 % masy). Po wymianie argonu na wodór (1 bar) mieszaninę reakcyjną mieszano przez trzy godziny w RT. Katalizator został wyekstrahowany przez Celite®, a filtrat wlano do wody lodowej (100 ml). Spowodowało to białe opady atmosferyczne, które zostały odfiltrowane i wypłukane niewielką ilością wody. Po wysuszeniu w próżni z pompą olejową otrzymaną substancję stałą rekrystalizowano z chloroformu. Po rekrystalizacji otrzymano 1,91 g laktamu **284** (95 %) w postaci białych kryształów.

Poddaję się:	1.91 g (95 %)	Teoria: 2,02 g.
DC:	*n-Hex/EtOAc* 1:1	Rf = 0,14
Temperatura topnienia:	145-146 °C	Lit.: 144-145 °C[235]

1H-NMR: (δ[ppm], 250 MHz, DMSO-d6):
10,50 (bs, 1H, *NH*), 6,78-6,70 (m, 3H, Aromat-H), 6,64-6,59 (m, 2H, *NH*, Aromat-H), 4,53 (d, 1H, J = 2,0, *CH-COOEt*), 4,07 (q, 2H, J = 7,0, C-H2), 1,21 (t, 3H, J = 7,0, C-H3)

13C-NMR: (δ[ppm], 62,9 MHz, DMSO-d6):
169.39, 162.12, 133.24, 125.18, 123.66, 118.76, 115.43, 114.13, 61.67, 59.59, 14.28

IR (KBr): 3274 (s), 3154 (m), 2981 (m), 2936 (w), 2899 (w), 1728 (s), 1686 (s), 1611 (s), 1509 (s), 1469 (m), 1423 (s), 1375 (s), 1308 (m), 1269 (m), 1251 (s), 1234 (s), 1119 (m), 1109 (w), 1092 (w), 1034 (w), 1019 (m), 958 (w), 929 (w), 912 (w), 870 (w), 859 (w), 779 (m), 749 (s), 726 (m), 686 (w), 604 (m),

557 (w)

Analiza elementarna:	C11H12N2O3 (220.23)		
	zafakturowany C: 59.99	H: 5.49	N: 12.72
	odnaleziony C: 60.17	H: 5.52	N: 12.80

10.2.63 1-metylo-3-okso-1,2,3,4-trachinoksalina-2-karboksylowy kwas etylowy (223)

230,4 mg chinoksaliny **284** (1,05 mmol, odpowiednik 1) rozpuszczono w MeOH/H2O (5 mL : 2 mL), dodano 34 mg Pd/C (15 % masy) i 62,8 mg paraformaldehydu (2,10 mmol, odpowiednik 2) i mieszano przez 15 godzin w temperaturze 100 °C. Następnie roztwór dodawano do mieszaniny. W procesie przetwarzania mieszanina reakcyjna była filtrowana przez Celite® i rozpuszczalnik odparowany. Surowiec wymieszano z EtOAc (25 ml), przemyto wodą (1 x 10 ml) i wysuszono (MgSO4). Po wysuszeniu w pompie olejowej w próżni można było otrzymać 192 mg metylochinoksaliny **223** (78 %) jako białe ciało stałe po rekrystalizacji (DCM/n-Hex).

Metoda alternatywna:

1,63 g chinoksaliny **222** (7,47 mmol, 1 odpowiednik) dodano do MeOH (15 mL) pod argonem w ilości 245 mg Pd/C (15% masy). Po wymianie argonu na wodór (1 bar) partia była mieszana przez trzy godziny w RT. Następnie dodano 1,21 mL formaldehydu Lsg. 37% (448 mg, 14,94 mmol, 2 equiv.) i mieszaninę reakcyjną mieszano pod wodorem (1 bar) przez kolejne 12 godzin w RT. W celu przetworzenia mieszanina reakcyjna została odfiltrowana przez Celite® i wyparowana z rozpuszczalnika. Surowiec wymieszano z EtOAc (50 ml), przemyto wodą (1 x 20 ml) i wysuszono ($MgSO_4$). Po wysuszeniu w pompie olejowej w próżni, 1,57 g metylochinoksaliny **223** (90 %) można otrzymać jako białe ciało stałe po rekrystalizacji (DCM/n-Hex).

Poddaję się:	192 mg (78 %)	Teoria: 245 mg
DC:	*n-Hex/EtOAc* 2:1	Rf = 0,30
Temperatura topnienia:	145-147 °C	

^{1}H-NMR: (δ[ppm], 250 MHz, DMSO-d6):
10,67 (bs, 1H, *NH*), 6,96-6,89 (m, 1H, Aromat-H), 6,82-6,69 (m, 3H, Aromat-H), 4,69 (s, 1H, *CH-COOEt*), 4,05 (q, 2H, J = 7,0, C-H2), 2,90 (s, 3H, N-CH3), 1,09 (t, 3H, J = 7,0, C-H3)

^{13}C-NMR: (δ[ppm], 62,9 MHz, DMSO-d6):
167.76, 161.80, 134.71, 126.15, 123.94, 119.03, 115.12, 112.17, 66.24, 61.57, 14.29

IR (KBr): 3431 (w), 3194 (w), 3135 (w), 3074 (w), 2977 (m), 2939 (w), 2908 (w), 2872 (w), 1730 (s), 1718 (s), 1686 (s), 1638 (w), 1613 (w), 1592 (w), 1560 (w), 1518 (m), 1508 (m), 1474 (w), 1440 (w), 1423 (w), 1406 (w), 1377 (w), 1305 (w), 1281 (m), 1229 (s), 1105 (w), 1044 (w), 1036 (w), 1018 (w), 974 (w), 934 (w), 920 (w), 896 (w), 862 (w), 840 (w), 818 (w), 771 (w), 737 (m), 688 (w), 676 (w), 668 (w), 619 (w), 592 (w), 564 (w)

Analiza elementarna: $C_{12}H_{14}N_2O_3$ (234.25)

zafakturowany	C: 61.53	H: 6.02	N: 11.96
odnaleziony	C: 61.73	H: 6.16	N: 11.88

10.2.64 Ester etylowy kwasu 3-Etoksy-1-metylo-1,2-dihydrochinoksaliny-2-karboksylowego (285)

223 → **285**

2,08 g laktamu **223** (8,88 mmol, 1 Equiv.) dodano w dół do 8,88 mL trietylooksyetrafluoroboranu trietylooksyny (1,0 mol/L w DCM, 8,88 mmol, 1 equiv.) w absolutnym DCM (20 mL) w RT pod argonem w RT i mieszano przez 24 godziny w RT. W celu przetworzenia do roztworu reakcyjnego dodano 20 mL DCM i przemyto nasyconym NaHCO3-Lsg. (1 x 10 mL). Fazę organiczną suszono (MgSO4), adsorbowano na żelu krzemionkowym i oczyszczono kolumnę chromatograficznie (*n-Hex/EtOAc* 5:1). Po odparowaniu rozpuszczalnika i wysuszeniu w próżniowej pompie olejowej, 1,85 g eteru etylowego **285** (79 %) można otrzymać jako olej bezbarwny.

Poddaję się: 1.85 g (79 %) Teoria: 2,33 g.

DC: *n-Hex/EtOAc* 11:1 Rf = 0,33

1H-NMR: (δ[ppm], 250 MHz, DMSO-d6):
7.04-6.97 (m, 2H, Aromat-H), 6.73-6.67 (m, 2H, Aromat-H), 4.84 (s, 1H, *CH-COOEt*), 4.43-4.23 (m, 2H, C-H2), 4.04 (q, 2H, J = 7,0, C-H2), 2,93 (s, 3H, N-CH3), 1,30 (t, 3H, J = 7,0, C-H3), 1,10 (t, 3H, J = 7,0, C-H3)

13C-NMR: (δ[ppm], 62,9 MHz, DMSO-d6):
167.24, 155.39, 136.77, 131.45, 125.73, 124.50, 118.00, 110.64, 61.90, 60.87, 60.35, 35.53, 13.92, 13.84

IR (KBr): 3066 (m), 3039 (m), 2981 (s), 2938 (s), 2900 (s), 2825 (w), 1738 (s), 1650 (s), 1599 (m), 1577 (m), 1493 (s), 1446 (s), 1376 (s), 1340 (s), 1312 (s), 1235 (s), 1124 (s), 1102 (s), 1044 (s), 1023 (s), 923 (m), 889 (m), 875 (m), 814 (w),

746 (s), 668 (w), 614 (w), 569 (w)

Analiza elementarna:	C14H18N2O3 (262.30)			
	zafakturowany	C: 64.10	H: 6.92	N: 10.68
	odnaleziony	C: 64.05	H: 6.86	N: 10.62

10.2.65 1,2,3,4-Tetrahydro-1-metylo-3-oksochinoksalina-2-karboksyamid (224)

223 → **224**

Amoniak (~ 30 mL) skondensowano do tulei autoklawu z mieszadłem i dodano 1,50 g metylochinoksaliny **223** (6,4 mmol, 1 odpowiednik). Mieszanina reakcyjna była dostosowywana do temperatury 120 °C i 50 barów przez 48 godzin. Następnie amoniak odparowano w RT, surowiec pobrano z MeOH (200 mL), adsorbowano na żelu krzemionkowym i oczyszczono chromatograficznie kolumnę (EtOAc/n-Hex 9:1 → EtOAc → EtOAc/MeOH 9:1). Po wysuszeniu w pompie olejowej w próżni otrzymano 1,03 g karboksyamidu **224** (78 %) w postaci białego ciała stałego.

Poddaję się:	1.03 g (78 %)	Teoria: 1,31 g.
DC:	EtOAc/MeOH 9:1	Rf = 0,51
Temperatura topnienia:	237-239 °C	
1H-NMR:	(δ[ppm], 250 MHz, DMSO-d6):	

10,53 (bs, 1H, *NH*), 7,47 (bs, 1H, *NH2*), 7,25 (bs, 1H, *NH2*), 6,89-6,82 (m, 1H, Aromat-H), 6,75-6,71 (m, 1H, Aromat-H), 6,65-6,60 (m, 2H, Aromat-H), 4,39 (s, 1H, *CH-COOEt*), 2,80 (s, 3H, N-CH3), 2,80 (s, 3H, N-CH3).

13C-NMR: (δ[ppm], 62,9 MHz, DMSO-d6):
168.42, 163.75, 135.04, 126.06, 123.66, 117.93, 114.55, 111.19, 66.74, 35.62

IR (KBr): 3340 (m), 3194 (m), 3049 (m), 2992 (w), 2975 (w), 2916 (w), 2870 (w), 2806 (w), 2345 (w), 2916 (w), 2870 (w), 2806 (w), 1921 (w), 1910 (w), 1694 (s), 1688 (s), 1615 (s), 1594 (s), 1506 (s), 1474 (m), 1450 (m), 1435 (s), 1426 (s), 1374 (s), 1301 (s), 1264 (s), 1251 (s), 1212 (s), 1134 (m), 1119 (m), 1102 (m), 1044 (m), 1025 (m), 972 (w), 955 (m), 918 (m), 892 (m), 840 (m), 801 (m), 784 (s), 742 (s), 667 (s), 626 (s), 583 (m), 563 (s)

Analiza elementarna:	C10H11N3O2 (205.21)			
	zafakturowany	C: 58.53	H: 5.40	N: 20.48
	odnaleziony	C: 58.73	H: 5.55	N: 20.28

10.2.66 1-metylo-3-okso-1,2,3,4-tetrahydrochinoksalina-2-karbonitryl (225)

224 → **225**

2,05 g karboksyamidu **224** (10 mmol, 1 odpowiednik) zmieszano z argonem i abs. pirydyną (10 ml) i schłodzono do temperatury 0-5 °C za pomocą łaźni lodowej. W tej temperaturze dodano 2,74 mL POCl3 (4,59 g, 30 mmol, 3 equiv.). Po dziesięciu minutach mieszaninę reakcyjną dodawano do wody lodowej (100 ml) i ekstrahowano z EtOAc (3 x 50 ml). Połączone fazy organiczne były suszone (MgSO4), adsorbowane na żelu krzemionkowym i oczyszczone chromatograficznie kolumny (*n*-

Hex/EtOAc 4:1). Po wysuszeniu w pompie olejowej w próżni otrzymano 1,58 g nitrylu **225** (84 %) w postaci białego ciała stałego.

Poddaję się:	1.58 g (84 %)	Teoria: 1,87 g.
DC:	EtOAc/MeOH 9:1	Rf = 0,35
Temperatura topnienia:	183 °C	

1H-NMR: (δ[ppm], 250 MHz, DMSO-d6):
11.18 (bs, 1H, *NH*), 7.09-7.03 (m, 1H, Aromat-H), 6.98-6.89 (m, 3H, Aromat-H), 5.43 (s, 1H, *CH-CN*), 2.90 (s, 3H, N-CH3)

13C-NMR: (δ[ppm], 62,9 MHz, DMSO-d6):
158.67, 132.72, 126.35, 123.95, 120.85, 115.58, 114.19, 113.48, 54.59, 35.31

IR (KBr): 3367 (w), 3269 (m), 3126 (w), 3099 (w), 2976 (w), 2900 (w), 2816 (w), 1942 (w), 1900 (w), 1700 (s), 1681 (s), 1610 (m), 1596 (s), 1506 (s), 1467 (m), 1450 (m), 1420 (s), 1379 (s), 1352 (s), 1298 (s), 1250 (s), 1236 (m), 1200 (s), 1162 (m), 1132 (m), 1094 (m), 1043 (m), 1010 (s), 947 (m), 929 (m), 897 (m), 776 (s), 759 (s), 742 (s), 664 (s), 563 (m)

Analiza elementarna:	C10H9N3O (187.20)			
	zafakturowany	C: 64.16	H: 4.85	N: 22.45
	odnaleziony	C: 64.31	H: 4.93	N: 22.19

10.2.67 3-Etoksy-1-metylo-1,2-dihydrochinoksalina-2-karbonitryl (226)

225 226

39,8 mg nitrylu **225** (0,213 mmol, 1 Equiv.) dodano kroplami do 213 µl trietylooksyetrafluoroboranu trietylooksyny (1,0 mol/L w DCM, 0,213 mmol, 1 Equiv.) w nieobecności DCM (400 µL) w RT pod argonem i mieszano przez 20 godzin w RT. W celu przetworzenia do roztworu reakcyjnego dodano 10 mL DCM i przemyto nasyconym NaHCO3-Lsg. (1 x 5 mL). Fazę organiczną suszono (MgSO4), adsorbowano na żelu krzemionkowym i oczyszczono kolumnę chromatograficznie (*n-Hex/EtOAc* 5:1). Po odparowaniu rozpuszczalnika i wysuszeniu w próżniowej pompie olejowej, 42,3 mg eteru etylowego **226** (92 %) można otrzymać jako olej bezbarwny.

Poddaję się: 42,3 mg (92 %) Teoria: 45,8 mg.

DC: *n-Hex/EtOAc* 3:1 Rf = 0,32

1H-NMR: (δ[ppm], 250 MHz, DMSO-d6):
7.18-7.12 (m, 2H, Aromat-H), 6.95-6.89 (m, 2H, Aromat-H), 5.59 (s, 1H, *CH-CN*), 4.41 (q, 2H, J = 7.0, *CH2*), 2.92 (s, 3H, N-CH3), 1.34 (t, 3H, J = 7.0, *CH3*)

13C-NMR: (δ[ppm], 62,9 MHz, DMSO-d6):
153.34, 135.30, 132.14, 126.94, 125.36, 120.89, 114.18, 112.90, 63.56, 49.38, 35.17, 14.08

IR (KBr): 3044 (w), 2980 (m), 2900 (m), 1740 (m), 1670 (s), 1608 (s), 1492 (s), 1474 (s), 1420 (m), 1372 (m), 1305 (s), 1275 (m), 1245 (s), 1162 (w), 1129 (s), 1043 (m), 1016 (m), 947 (w), 931 (w), 904 (w), 869 (w), 813 (w), 753 (s), 718 (w), 668 (w), 638 (w), 550 (w)

Analiza elementarna: C12H13N3O + 0,1 EtOAc (215,25)
zafakturowany C: 66.47 H: 6.21 N: 18.75

odnaleziony C: 66.32 H: 6.47 N: 18.72

10.2.68 Estry dietylowe kwasu 2-(2-nitrofenoksy)-malonowego (231)[271]

W kolbie dwuszkieletowej o pojemności 250 ml do kolby dwuszkieletowej o pojemności 250 ml dodano zawiesinę 30,25 g fluorku potasu (520 mmol, 2,5 Equiv.) w bezwzględnym DMF (150 ml) pod argonem i w kolbie dwuszkieletowej RT 70 ml bromanu dietylu (50 g, 209 mmol, 1 Equiv.), a następnie mieszano przez kolejne 15 minut w RT. Po dodaniu 29,08 g 2-nitrofenolu **214** (209 mmol, 1 odpowiednik) mieszaninę reakcyjną mieszano w temperaturze 60 °C przez sześć godzin. W celu przetworzenia mieszanina została schłodzona do temperatury RT, dodana do wody lodowej (500 ml) i ekstrahowana za pomocą eteru dietylowego (4 x 200 ml). Połączone fazy organiczne przemyto 0,1 M NaOH (6 x 50 mL) i 0,1 M HCl (3 x 50 mL), a następnie wysuszono (MgSO4) i zaadsorbowano na żelu krzemionkowym. Po kolumnowym oczyszczaniu chromatograficznym (*n-Hex/EtOAc* 5:1) otrzymano 54,34 g (87 %) kwasu dietylomalonowego **231** w postaci oleju żółtego.

Poddaję się: 54.34 g (87 %) Teoria: 62,12 g.

DC: *n-Hex/EtOAc* 4:1 Rf = 0,26

Współczynnik załamania światła (n20): 1,5150

1H-NMR: (δ[ppm], 250 MHz, DMSO-d6):

7,91 (dd, 1H, J = 1,5, J = 8,0, Aromat-H), 7,65 (dt, 1H, J = 1,5, J = 8,5, Aromat-H), 7,31 (d, 1H, J = 8,5, Aromat-H), 7.23 (dt, 1H, J = 1,0, J = 8,0, Aromat-H), 5,97 (s, 1H, *CH*-$(COOEt)_2$), 4,30-4,16 (m, 4H, *CH2*), 1,20 (t, 6H, J = 7,0, *CH3*)

13C-NMR: (δ[ppm], 62,9 MHz, DMSO-d6):

164.36, 148.75, 140.26, 134.05, 124.97, 122.53, 116.24, 76.55, 62.08, 13.66

IR (film): 3082 (w), 2987 (s), 2941 (m), 2909 (m), 1748 (s), 1605 (s), 1531 (s), 1487 (s), 1451 (s), 1359 (s), 1235 (s), 1101 (s), 1074 (s), 1026 (s), 947 (w), 855 (s), 774 (s), 745 (s), 700 (w), 661 (m), 613 (w), 573 (w)

Analiza elementarna: C13H15NO7 (297,26)

zafakturowany	C: 52.53	H: 5.09	N: 4.71
odnaleziony	C: 52.53	H: 5.10	N: 4.79

10.2.69 3-Okso-3,4-dihydro-2H-benzo[1,4]oksazyna-2-karboksylowy kwas etylowy (232)[271].

NO_2 O O O O O O O N H O

231 **232**

6,89 g kwasu dietylomalonowego **231** (23 mmol) rozpuszczono in abs. EtOH (140 ml) i dodano do argonu 689 mg Pd/C (10 % masy). Po zastąpieniu argonu wodorem (1 bar) mieszanina reakcyjna była mieszana w temperaturze 60 °C przez trzy godziny. W procesie przetwarzania, katalizator został oddzielony przez filtrację przez Celite® i objętość roztworu skoncentrowana o połowę. Nocne chłodzenie spowodowało wytrącenie się białego ciała stałego, które następnie zostało odfiltrowane. Po umyciu niewielką ilością zimnego EtOH, olej był suszony w próżni z pompą olejową. W procesie można otrzymać 3,87 g estru etylowego **232** (56 %) w postaci białego ciała stałego.

Poddaję się:	3.87 g (56 %)	Teoria: 5,08 g.
DC:	*n-Hex/EtOAc* 4:1	Rf = 0,17
Temperatura topnienia:	149-150 °C	Lit.: 146-148 °C[271]

1H-NMR: (δ[ppm], 250 MHz, DMSO-d6):
10,97 (bs, 1H, *NH*), 7,05-6,87 (m, 4H, Aromat-H), 5,43 (s, 1H, *CH-COOEt*), 4,11 (q, 2H, J = 7,25, *CH2CH3*), 1,15 (t, 3H, J = 7,25, CH2CH3)

13C-NMR: (δ[ppm], 62,9 MHz, DMSO-d6):
165.86, 160.41, 141.94, 126.14, 123.34, 122.73, 116.42, 115.86, 75.47, 61.59, 13.78

IR (KBr): 3192 (w), 3129 (m), 3079 (m), 3056 (m), 2975 (m), 2920 (m), 1749 (s), 1696 (s), 1610 (m), 1560 (w), 1502 (s), 1436 (w), 1395 (m), 1364 (w), 1342 (w), 1274 (m), 1240 (m), 1205 (m), 1114 (w), 1087 (m), 1020 (w), 974 (w), 938 (w), 909 (w), 852 (w), 818 (w), 804 (w), 774 (w), 751 (m), 730 (w), 712 (w), 694 (w), 660 (w), 621 (w), 594 (w), 556 (w)

Analiza elementarna:	C11H11NO4 (221.21)			
	zafakturowany	C: 59.73	H: 5.01	N: 6.33
	odnaleziony	C: 59.45	H: 5.00	N: 6.25

10.2.70 3,4-Dihydro-3-okso-2H-benzo[*b*][1,4]oksazyna-2-karbohydrazyd (238)

232 **238**

5,60 g estru etylowego **232** (25,3 mmol, ekwiwalent 1) dodano w sposób kroplowy do abs. EtOH (40 mL) pod refluksem z 1,35 mL monohydratu hydrazyny (1,39 g, 27,83 mmol, ekwiwalent 1,1). Po godzinie mieszanina reakcyjna została schłodzona do temperatury RT, wytrącona substancja stała została odfiltrowana i wypłukana nieobecnością EtOH. Po wysuszeniu w pompie olejowej w próżni otrzymano 4,95 g (94 %) węglowodanów **238** jako białe ciało stałe.

Poddaję się:	4.95 g (94 %)	Teoria: 5,24 g.
DC:	EtOAc/MeOH 5:1	Rf = 0,50
	DCM/MeOH 9:1	Rf = 0,35
Temperatura topnienia:	217 °C	

1H-NMR: (δ[ppm], 250 MHz, DMSO-d6):
10,86 (bs, 1H, *NH*), 9,62 (bs, 1H, *NH*), 6,96-6,84 (m, 4H, Aromat-H), 5,00 (s, 1H, *CH-CO*), 4,40 (bs, 2H, *NH2*)

13C-NMR: (δ[ppm], 62,9 MHz, DMSO-d6):
164.36, 161.99, 142.08, 126.20, 123.04, 122.07, 115.96, 115.55, 75.13

IR (KBr): 3300 (s), 3202 (s), 3150 (s), 3084 (s), 3057 (s), 2983 (m), 2900 (m), 2837 (w), 2745 (w), 2680 (w), 2657 (w), 2611 (w), 2551 (w), 1921 (w), 1895 (w), 1869 (w), 1708 (s), 1593 (s), 1550 (s), 1500 (s), 1430 (s), 1406 (s), 1361 (m), 1324 (w), 1304 (m), 1271 (s), 1248 (m), 1226 (s), 1143 (w), 1116 (w), 1076 (m), 1029 (w), 999 (s), 936 (s), 906 (m), 854 (w), 813 (m), 792 (m), 744 (s), 675 (m), 587 (w), 565 (w)

Analiza elementarna:	C9H9N3O3 (207.19)			
	zafakturowany	C: 52.17	H: 4.38	N: 20.28
	odnaleziony	C: 52.31	H: 4.44	N: 20.15

10.2.71 Ester etylowy kwasu 3-Etoksy-2H-benzo[1,4]oksazyno-2-karboksylowego (236)

232 → **236**

690 mg laktamu **232** (3,12 mmol, 1 odpowiednik) dodano w dół do 3,12 mL trietylooksyetrafluoroboranu trietylooksyny (1,0 mol/L w DCM, 3,12 mmol, 1 odpowiednik) w nieobecności DCM (10 mL) w RT pod argonem w nieobecności DCM (10 mL) i mieszano przez 24 godziny w RT. W celu przetworzenia do roztworu reakcyjnego dodano 20 mL DCM i przemyto nasyconym NaHCO3-Lsg. (1 x 10 mL). Fazę organiczną suszono (MgSO4), adsorbowano na żelu krzemionkowym i oczyszczono kolumnę chromatograficznie (*n-Hex/EtOAc* 9:1). Po odparowaniu rozpuszczalnika i wysuszeniu w próżniowej pompie olejowej, 540 mg eteru etylowego **236** (69 %) można otrzymać jako olej bezbarwny.

Poddaję się:	540 mg (69 %)	Teoria: 777 mg.
DC:	*n-Hex/EtOAc* 9:1	Rf = 0,37
Współczynnik załamania światła (n22):	1.5316	

1H-NMR:	(δ[ppm], 250 MHz, DMSO-d6):
	7.13-6.93 (m, 4H, Aromat-H), 5.56 (s, 1H, *CH-COOEt*), 4.48-4.28 (m, 2H, *CH_2CH_3*), 4.12 (q, 2H, J = 7.0, CH_2CH_3), 1.31 (t, 3H, J = 7.0, CH_2CH_3), 1.13 (t, 3H, J = 7.0, CH_2CH_3)
13C-NMR:	(δ[ppm], 62,9 MHz, DMSO-d6):
	165.93, 156.63, 143.94, 131.01, 126.03, 125.05, 122.57, 115.59, 70.20, 62.66, 61.58, 13.83, 13.70
IR (film):	3061 (w), 3042 (w), 2983 (m), 2939 (w), 2905 (w), 2873 (w), 1752 (s), 1650 (s), 1598 (m), 1483 (s), 1463 (m), 1446 (w), 1399 (w), 1376 (m), 1346 (m), 1318 (m), 1272 (m), 1244 (m), 1191 (s), 1112 (m), 1092 (m), 1021 (m), 936 (w), 905 (w), 875 (w), 861 (w), 822 (w), 755 (m), 708 (w), 686 (w)

Analiza elementarna:	$C_{13}H_{15}NO_4$ (249,26)			
	zafakturowany	C: 62.64	H: 6.07	N: 5.62
	odnaleziony	C: 62.38	H: 6.12	N: 5.50

10.2.72 3-Tiokso-3,4-dihydro-2H-benzo[1,4]oksazyna-2-karboksylowy kwas etylowy (233)[239].

232 → **233**

1,61 g laktoamu **232** (7,2 mmol, 2 equiv.) zmieszano in abs. THF (35 mL) pod argonem z 1,47 g odczynnika Lawessona (3,6 mmol, 1 equiv.) i mieszano w RT przez 24 godziny. Rozpuszczalnik został usunięty w celu przetworzenia, a pozostałość oczyszczona metodą chromatografii kolumnowej (*n-Hex/EtOAc* 9:1). 1,54 g tiolaktamu **233** (89 %) można otrzymać jako żółte ciało stałe.

Poddaję się:	1.54 g (89 %)	Teoria: 1,73 g.
DC:	*n-Hex/EtOAc* 9:1	Rf = 0,21
Temperatura topnienia:	106-107 °C	Świeci: 107 °C[272].

1H-NMR: (δ[ppm], 250 MHz, DMSO-d6):
13,00 (bs, 1H, *NH*), 7.10-6,97 (m, 4H, Aromat-H), 5,61 (s, 1H, *CH-COOEt*), 4,14 (q, 2H, J = 7,0, *CH2CH3*), 1,14 (t, 3H, J = 7,25, CH2CH3)

13C-NMR: (δ[ppm], 62,9 MHz, DMSO-d6):
185.86, 166.30, 143.56, 125.93, 125.56, 123.16, 116.81, 116.50, 80.29, 62.16, 13.99

IR (KBr): 3445 (w), 3172 (m), 3117 (m), 3025 (m), 2980 (m), 2902 (m), 2764 (w), 1738 (s), 1617 (w), 1552 (s), 1496 (w), 1456 (s), 1385 (s), 1333 (m), 1310 (m), 1272 (s), 1255 (s), 1209 (s), 1190 (s), 1158 (m), 1135 (m), 1111 (m), 1096 (m), 1046 (s), 1028 (s), 952 (m), 931 (m), 858 (m), 783 (s), 766 (s), 752 (s), 705 (m), 671 (m), 614 (m), 587 (m)

Analiza elementarna:	C11H11NO3S (237.28)		
zafakturowany	C: 55.68	H: 4.67	N: 5.90
odnaleziony	C: 55.76	H: 4.76	N: 5.96

10.2.73 3-metylosulfanylo-2H-benzo[1,4]oksazyno-2-karboksylowy kwas etylowy (234)[239]

233 → **234**

4,16 g tiolaktamu **233** (17,5 mmol, 1 równoważnik) wymieszano z 462 mg NaH (770 mg 60 % zawiesiny w oleju mineralnym, 19,3 mmol, 1,1 równoważnik) in abs. Po trzech godzinach rozpuszczalnik wymieniono na DCM (30 ml) i przemyto wodą (2 x 10 ml). Fazę organiczną suszono przy użyciu MgSO4, a surowiec oczyszczano metodą chromatografii kolumnowej (*n-Hex/EtOAc* 9:1). 3,81 g tioeteru metylowego **234** (87 %) można otrzymać jako żółty olej.

Poddaję się: 3.81 g (87 %) Teoria: 4,40 g.

DC: *n-Hex/EtOAc* 9:1 Rf = 0,46

n-Hex Rf = 0,3

Współczynnik załamania światła (n20): 1.5969

1H-NMR: (δ[ppm], 250 MHz, CDCl3-d1):

7.29-7.25 (m, 1H, Aromat-H), 7.14-7.07 (m, 1H, Aromat-H), 7.01-6.95 (m, 2H, Aromat-H), 5.09 (s, 1H, *CH-COOEt*), 4.20 (q, 2H, J = 7.0, *CH2CH3),* 2.58 (s, 3H, *SCH3*), 1.24 (t, 3H, J = 7.25, CH2CH3)

13C-NMR: (δ[ppm], 62,9 MHz, DMSO-d6):

165.95, 159.41, 144.36, 132.43, 127.40, 125.41, 122.50, 115.85, 72.44, 61.66, 13.68, 12.14

IR (film): 3483 (w), 3074 (w), 3047 (w), 2982 (s), 2929 (m), 2906 (w), 2872 (w), 1754 (s), 1608 (s), 1568 (s), 1478 (s), 1461 (s), 1445 (m), 1427 (m), 1392 (m), 1369 (s), 1346 (m), 1310 (s), 1269 (s), 1232 (s), 1185 (s), 1119 (s), 1090 (s), 1036 (s), 969 (m), 941 (s), 888 (w), 855 (s), 814 (w), 757 (s), 608 (m), 563

(w)

Analiza elementarna:	C12H13NO3S (251.30)		
	zafakturowany C: 57.35	H: 5.21	N: 5.57
	odnaleziony C: 57.47	H: 5.32	N: 5.66

10.2.74 3-Okso-3,4-dihydro-2H-benzo[1,4]oksazyna-2-karboksyamid (239)

232 → **239**

4,36 g estru etylowego **232** (19,7 mmol, odpowiednik 1) umieszczono w tulei autoklawu z mieszadłem i skondensowanym amoniakiem (~ 30 ml) i mieszano w temperaturze 120 °C i 45 barów przez pięć godzin. W celu przetworzenia amoniak został odparowany w RT, a surowiec został przejęty wraz z MeOH (200 ml). Roztwór został odparowany, a surowy produkt oczyszczony metodą chromatografii kolumnowej (EtOAc/n-Hex 5:1). Po wysuszeniu w pompie olejowej w próżni, 3,22 g (85 %) karboksyamid **239** odzyskany jako białe ciało stałe.

Poddaję się:	3.22 g (85 %)	Teoria: 3,78 g.
DC:	EtOAc/n-Hex 19:1	Rf = 0,44
Temperatura topnienia:	225-226 °C	

1H-NMR: (δ[ppm], 250 MHz, DMSO-d6):
10,78 (bs, 1H, *NH*), 7,72 (bs, 1H, *NH*), 7,49 (bs, 1H, *NH*), 7,02-6,84 (m, 4H,

Aromat-H), 5,08 (s, 1H, *CH-CONH2*)

13C-NMR: (δ[ppm], 62,9 MHz, DMSO-d6):

167.04, 162.09, 142.18, 126.38, 123.02, 122.23, 116.27, 115.58, 76.15

IR (KBr): 3387 (s), 3219 (m), 3170 (m), 2956 (m), 2911 (w) 1891 (w), 1705 (s), 1612 (m), 1600 (m), 1504 (s), 1427 (m), 1401 (m), 1370 (m), 1343 (m), 1307 (m), 1274 (m), 1252 (w), 1217 (m), 1120 (m), 1105 (m), 1086 (w), 1031 (w), 952 (w), 920 (w), 895 (w), 858 (w), 786 (m), 773 (m), 747 (s), 713 (m), 650 (w), 601 (w), 580 (m), 553 (m)

Analiza elementarna:	C9H8N2O3 (192.17)			
	zafakturowany	C: 56.25	H: 4.20	N: 14.58
	odnaleziony	C: 56.31	H: 4.30	N: 14.65

10.2.75 3-Oxo-3,4-dihydro-2H-benzo[1,4]oksazyna-2-karbonitryl (240)

O NH2 O N H O → O CN N H O

239 **240**

310 mg karboksyamidu **239** (1,6 mmol, 1 odpowiednik) zmieszano z argonem z abs. pirydyną (1,5 mL) i schłodzono do 0-5 °C przy użyciu łaźni lodowej. Po dodaniu w kroplówce 443 µl POCl3 (742 mg, 4,8 mmol, 3 equiv.), mieszanie kontynuowano w temperaturze 0-5 °C przez pięć minut. W celu przetworzenia mieszaninę reakcyjną dodawano do wody lodowej (100 ml) i ekstrahowano za pomocą EtOAc (3 x 50 ml). Połączone fazy organiczne były suszone (MgSO4), adsorbowane na żelu krzemionkowym i oczyszczone chromatograficznie kolumny (*n-Hex/EtOAc* 5:1). Po wysuszeniu w próżni pompy olejowej otrzymano 245 mg nitrylu **240** (87 %) w postaci białego ciała stałego.

Poddaję się:	245 g (87 %)	Teoria: 281 mg.
DC:	*n-Hex/EtOAc* 4:1	Rf = 0,28
Temperatura topnienia:	173-174 °C	

1H-NMR: (δ[ppm], 250 MHz, DMSO-d6):
11.43 (bs, 1H, *NH*), 7.15-6.97 (m, 4H, Aromat-H), 6.24 (s, 1H, *CH-CN*)

13C-NMR: (δ[ppm], 62,9 MHz, DMSO-d6):
157.91, 140.56, 126.03, 124.14, 123.98, 116.87, 116.52, 114.40, 65.43

IR (KBr): 3196 (m), 3147 (m), 3088 (s), 2985 (m), 2920 (m), 2881 (m), 2753 (w), 1950 (w), 1910 (w), 1794 (w), 1697 (s), 1607 (m), 1503 (m), 1436 (w), 1399 (s), 1320 (m), 1304 (w), 1285 (m), 1270 (m), 1252 (w), 1219 (m), 1153 (w), 1118 (m), 1068 (s), 1017 (w), 936 (w), 918 (w), 878 (w), 857 (w), 800 (m), 756 (s), 719 (w), 687 (m), 654 (w), 612 (w), 586 (w)

Analiza elementarna:	C9H6N2O2O2 (174.16)			
	zafakturowany	C: 62.07	H: 3.47	N: 16.09
	odnaleziony	C: 61.81	H: 3.63	N: 16.24

10.2.76 3-Tiokso-3,4-dihydro-2H-benzo[1,4]oksazyna-2-karbonitryl (241)

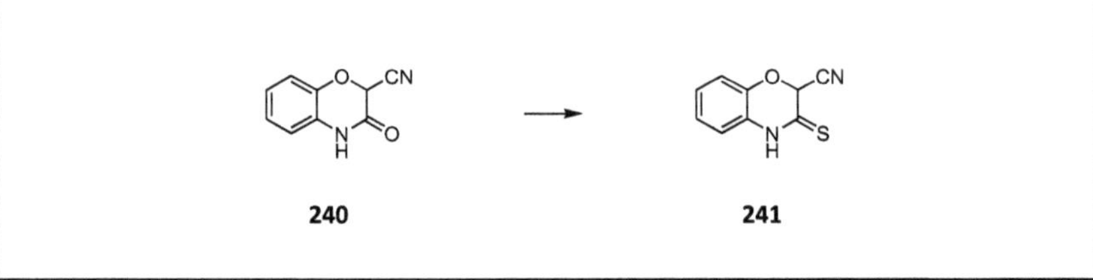

300 mg laktamu **240** (1,72 mmol, 2 Equiv.) zmieszano z 348 mg odczynnika Lawessona (0,86 mmol, 1 Equiv.) w nieobecności THF (5 mL) w atmosferze argonu i mieszano przez dwie godziny w temperaturze 50°C. Odczynnik dodawano do laktamu **240** (1,72 mmol, 2 Equiv.). Rozpuszczalnik został usunięty w celu przetworzenia, pozostałość adsorbowana na żel krzemionkowy i oczyszczona kolumna chromatograficznie (*n-Hex/EtOAc* 9:1). 116 mg tiolaktamu **241** (35 %) można otrzymać w postaci żółtego ciała stałego.

Poddaję się: 116 mg (35 %) Teoria: 328 mg.

DC: *n-Hex/EtOAc* 9:1 Rf = 0,30

Temperatura topnienia: 145-148 °C

1H-NMR: (δ[ppm], 250 MHz, DMSO-d6):
13.43 (bs, 1H, *NH*), 7.23-7.14 (m, 4H, Aromat-H), 6.50 (s, 1H, *CH-CN*)

13C-NMR: (δ[ppm], 62,9 MHz, DMSO-d6):
181.66, 141.99, 126.01, 125.62, 124.28, 117.12, 116.85, 114.62, 69.89

IR (KBr): 3140 (w), 3060 (m), 2946 (m), 2245 (w), 1959 (w), 1915 (w), 1784 (w), 1760 (w), 1707 (w), 1651 (w), 1614 (m), 1605 (m), 1539 (s), 1494 (s), 1455 (s), 1379 (s), 1328 (m), 1306 (m), 1284 (m), 1266 (m), 1252 (m), 1208 (s), 1137 (s), 1098 (s), 1036 (s), 1021 (s), 944 (s), 902 (s), 865 (w), 853 (w), 757 (s), 669 (m), 620 (w), 604 (m), 553 (w)

Analiza elementarna: C9H6N2OS (190.22)
zafakturowany C: 56.83 H: 3.18 N: 14.73

odnaleziony	C: 56.98	H: 3.35	N: 14.65

10.2.77 1,7-Dihydro-benzo-pirazolo[4,3-b][1,4]oksazyna-3-amina Pikrate (286)

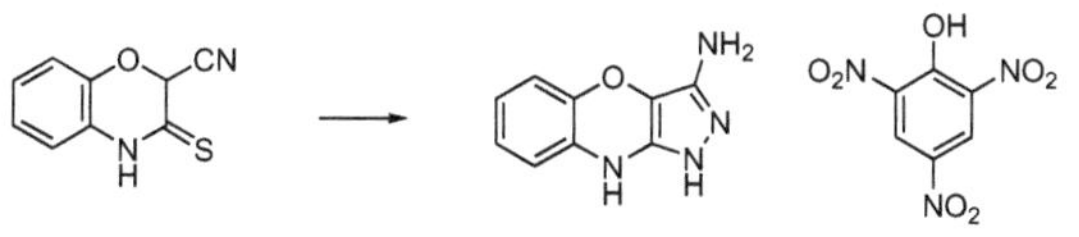

241 **286**

316 mg tiolaktamu **241** (1,66 mmol, 1 równoważnik) rozpuszczono pod argonem in abs. EtOH (5 mL) i dodano kroplami w RT z 100 µl monohydratu hydrazyny (1,99 mmol, 103 mg, 1,2 równoważnika) i mieszano w RT przez pięć minut. Po całkowitej reakcji tiolaktamu **241** mieszaninę reakcyjną pod argonem zmieszano z 633 mg kwasu pikrynowego [~40 % zawiesiny zwilżonej wodą (380 mg, 1,66 mmol, 1 odpowiednik)] w 3 mL MeOH z 633 mg argonu. Wytrącone małe czerwone kryształy zostały odfiltrowane, przemyte MeOH i wysuszone w próżniowej pompie olejowej.

W teście FRET pikrynian został rozpuszczony w MeOH i przeniesiony do chlorowodorku za pomocą chromatografii kolumnowej (MeOH) przy użyciu kolumny Dowex® 1X8 200-400 MESH Cl coated column. Wymiana soli była monitorowana analitycznie przez HPLC.

Nie jest pewne z całkowitą pewnością, czy pożądane połączenie jest dostępne, ponieważ duża część danych odnosi się również do produktu niecyklowanego **242**

Poddaję się:	640 g (92 %)	Teoria: 692 mg.
DC:	EtOAc/MeOH 9:1	Rf = 0,34
Warunki HPLC (Pikrat):	analityczne: Reprosil AQ, 125x4,6, 0,1 % TFA/MeCN 75:25, 0,8 mL/min, tR = 3,74 min.	
Warunki HPLC (chlorowodorek):	analityczne: Reprosil AQ, 125x4,6, 0,1 % TFA/MeCN 75:25, 0,8 mL/min, tR = 3,80 min.	

Temperatura topnienia:	228 °C (początek rozkładu)
1H-NMR:	(δ[ppm], 900 MHz, DMSO-d6): 7.8-5.8 (bs, 4H, *NH3+*, *NH*), 9.52 (bs, 1H, *NH*), 8.58 (s, 2H, 2xPikrat-H), 6.86 (dt, 1H, J = 0.9, J = 8.1, Aromat-H), 6.79 (dt, 1H, J = 1.8, J = 8.1, Aromat-H), 6.72 (m 2H, Aromat-H)
13C-NMR:	(δ[ppm], 62,9 MHz, DMSO-d6): 160.74, 142.68, 141.74, 140.72, 139.99, 128.09, 125.12, 124.20, 124.10, 123.28, 116.44, 116.17, 109.38
IR (KBr):	3435 (s), 3345 (s), 3268 (s), 3129 (s), 1682 (m), 1630 (s), 1601 (s), 1578 (s), 1561 (s), 1487 (s), 1463 (m), 1430 (m), 1412 (m), 1363 (s), 1333 (s), 1298 (s), 1268 (s), 1158 (m), 1129 (w), 1077 (m), 1036 (w), 922 (w), 910 (w), 835 (w), 812 (w), 786 (w), 755 (m), 738 (w), 710 (m), 643 (w)

Analiza elementarna:	C9H8N4OxC6H3N3O7 (417,29)			
	zafakturowany	C: 43.17	H: 2.66	N: 23.50
	odnaleziony	C: 43.12	H: 2.93	N: 23.65

Masa:	ESI+ (obliczone dla M+H):	
	zafakturowany	189.07
	odnaleziony	188.8 (100)

10.2.78 5-bromochinolina (246)[243, 244]

Mieszaninę 5,89 ml chinoliny (**136**) (50 mmol, 1 odpowiednik) z 8,9 g N-bromosukcynidu (NBS) (50 mmol, 1 odpowiednik) w 100 ml 95 % H2SO4 mieszano w RT przez trzy godziny. W celu przetworzenia roztwór reakcyjny dodano do 500 ml wody lodowej. Roztwór wodny został dostosowany do pH 10 przy użyciu 45 % roztworu KOH, a następnie wyekstrahowany przy użyciu chloroformu (4 x 250 ml). Po wysuszeniu połączonych faz organicznych przez MgSO4 rozpuszczalnik został odparowany, a surowy produkt adsorbowany na żel krzemionkowy i poddany obróbce chromatograficznej w kolumnie (*n-Hex/EtOAc* 10:1). 5,8-dibromochinolina (**248**) (biały proszek) może być otrzymana jako czysta frakcja. Zmieszane frakcje zostały poddane dalszemu oczyszczaniu przez HPLC. 5-bromochinolina (**246**) może być otrzymana jako lekko różowa substancja stała.

Poddaję się:	2.20 g (21 %)	Teoria: 10,4 g.
DC:	EtOAc	Rf = 0,7
	Hex/EtOAc = 1:1	Rf = 0,5
	Hex/EtOAc = 8:2	Rf = 0,37
	Hex/EtOAc = 9:1	Rf = 0,22
Warunki HPLC:	analityczne: Nukleosil 50-10, 300x4,6, *n-Hex/EtOAc* 10:6,67, 2 mL/min, tR = 3,8 min. preparat: Nucleosil 50-10, 250x20, *n-Hex/EtOAc* 10:6.67, 7 mL/min.	
Temperatura topnienia:	45.5 °C	Literatura: 47-48 °C[244]
1H-NMR:	(δ[ppm], 250 MHz, DMSO-d6):	

8.98 (dd, 1H, J = 1.5, 4.25, C2-H), 8.51 (d, 1H, J = 8.5, C4-H), 8.07 (d, 1H, J = 8.5, C8-H), 7.98 (dd, 1H, J = 8.5, C6-H), 7.71-7.67 (m, 2H, C3-H, C7-H)

13C-NMR: (δ[ppm], 62,9 MHz, DMSO-d6):
151,37 (C2-H), 148,32 (*C9*), 134,57 (C4-H), 130,35 (C6-H), 130,09 (*C7-H*), 129,17 (*C8-H*), 126,73 (*C10)*, 122,94 (C3-H), 120,96 (*C5-Br*)

IR (KBr): 1654 (w), 1586 (m), 1554 (s), 1490 (s), 1380 (m), 1309 (m), 1193 (m), 1125 (w), 1032 (s), 950 (s), 818 (s), 792 (s), 641 (w), 624 (s)

Analiza elementarna:	C9H6BrN (208.05)			
	zafakturowany	C: 51.96	H: 2.91	N: 6.73
	odnaleziony	C: 51.98	H: 2.92	N: 6.61

10.2.79 5,8-dibromochinolina (248)[243, 244].

136 → **248**

Poddaję się:	920 mg (12 %)	Teoria: 7,17 g.
DC:	EtOAc	Rf = 0,93
	Hex/EtOAc = 1:1	Rf = 0,67
	Hex/EtOAc = 5:1	Rf = 0,57
	Hex/EtOAc = 10:1	Rf = 0,34
Temperatura topnienia:	128 °C	Lit.: 126-128 °C[243]

1H-NMR: (δ[ppm], 400 MHz, DMSO-d6):

9,09 (dd, 1H, J = 1,6, 4,0, C2-H), 8,55 (dd, 1H, J = 1,6, 8,4, C4-H), 8,09 (d, 1H, J = 4,0, C7-H), 7,90 (d, 1H, J = 4, C6-H), 7,80 (dd, 1H, J = 4,0, 8,4, C3-H)

13C-NMR: (δ[ppm], 100,6 MHz, DMSO-d6):
152.39, 144.86, 135.67, 133.46, 130.97, 128.01, 124.32, 124.03, 120.92

IR (KBr): 3020 (w), 1865 (w), 1654 (w), 1585 (m), 1546 (w), 1479 (m), 1452 (m), 1378 (m), 1338 (m), 1277 (m), 1202 (w), 1181 (m), 1142 (m), 1042 (m), 966 (s), 867 (w), 831 (s), 815 (s), 776 (s), 656 (w), 621 (w), 559 (w)

Analiza elementarna: $C_9H_5Br_2N$ (286,95)

	C	H	N
zafakturowany	C: 37.67	H: 1.76	N: 4.88
odnaleziony	C: 37.90	H: 1.85	N: 4.72

10.2.80 (4-chloro-fenylo)-chinolin-5-ylo-aminę (245)

550 mg 4-chloroaniliny (4,3 mmol, 1,1 equiv.), 815 mg 5-bromochinoliny (**246** (3,9 mmol, 1 equiv.) mierzono w wypieczonej kolbie oscylacyjnej o pojemności 20 ml z chłodnicą zwrotną.), 564 mg tert-butylanu sodu (5,8 mmol, 1,5 równoważnika) i $Pd(dppf)Cl_2$ (82 mg, 2,5 mol%) w 5 ml absolutnego 1,4-dioksanu rozpuszczonego pod argonem i ogrzanego pod refluksem. Analiza metodą chromatografii cienkowarstwowej po 15 godzinach wykazała konwersję całkowitej 5-bromochinoliny (**246**). W celu przetworzenia rozpuszczalnik odparowano w próżni, a surowy produkt rozpuszczono w EtOAc (10 mL) i przemyto nasyconym roztworem NaCl (10 mL). Fazę organiczną suszono przy użyciu $MgSO_4$ i dodawano żel krzemionkowy. Po destylacji rozpuszczalnika w próżni przeprowadzono kolumnowe oczyszczanie chromatograficzne (*n*-

Hex/EtOAc 10:1). (4-chloro-fenylo)-chinolin-5-yloaminę (**245**) można otrzymać w postaci żółtawego proszku.

Poddaję się:	179 mg (18 %)	Teoria: 998 mg.

Metoda alternatywna:

101 mg 4-chloroaniliny (0,79 mmol, 1,1 equiv.), 150 mg 5-bromochinoliny (**246**) (0.72 mmol, ekwiwalent 1), 104 mg tert-butylanu sodu (1,1 mmol, ekwiwalent 1,5) i Pd(dppf)Cl2 (15 mg, 2,5 mol%) w 3 ml absolutnego toluenu rozpuszczonego pod argonem. Reakcję mikrofalową przeprowadzono w reaktorze mikrofalowym Discover CEM. Reakcję przeprowadzono przy średniej mocy 100 W i czasie 600 sekund. Następnie wykonano analizę metodą chromatografii cienkowarstwowej, ale nie zaobserwowano całkowitej konwersji 5-bromochinoliny (**246**Po kolejnych 600 sekundach, przy średniej mocy 100 W, chromatografia cienkowarstwowa wykazała całkowitą konwersję 5-bromochinoliny (**246**). W celu przetworzenia rozpuszczalnik odparowano w próżni, a surowy produkt rozpuszczono w EtOAc (10 mL) i przemyto nasyconym roztworem NaCl (10 mL). Fazę organiczną suszono przy użyciu MgSO4 i dodawano żel krzemionkowy. Po destylacji rozpuszczalnika w próżni przeprowadzono kolumnowe oczyszczanie chromatograficzne (*n-Hex/EtOAc* 10:1). (4-chloro-fenylo)-chinolin-5-yloaminę (**245**) można otrzymać w postaci żółtawego proszku.

Poddaję się:	111 mg (60 %)	Teoria: 183 mg.
DC:	EtOAc	Rf = 0,7
	Hex/EtOAc = 1:1	Rf = 0,28
	Hex/EtOAc = 8:2	Rf = 0,11
	Hex/EtOAc = 9:1	Rf = 0,04
Warunki HPLC:	analityczne: nukleosil 50-10, 300x4,6, *n-hex/1*,4-dioksan 10:5, 2 mL/min, tR = 5,2 min.	
Temperatura topnienia:	198 °C	

1H-NMR: (δ[ppm], 250 MHz, DMSO-d6):

8,89 (dd, 1H, J = 1,5, 4,25, C2-H), 8,54 (dd, 1H, J = 1,5, 8,5, C4-H), 8,51 (s, 1H, N-H wymienne z D2O), 7,64 (d, 2H, J = 4.5, C6-H, C8-H), 7.51 (dd, 1H, J = 4.25, 8.5, C3-H), 7.36 (m, 1H, C7-H), 7.27 (d, 2H, J = 9, 2 x C3*-H), 7.06 (d, 2H, J = 9, 2 x C2*-H)

13C-NMR: (δ[ppm], 62,9 MHz, DMSO-d6):

150,42 (C2-H), 148,88 (*C10*), 143,46 (*C5-NH*), 139,24 (C1*-NH), 131,11 (C4-H), 129,59 (*C8-H*), 128,90 (2 x C3*-H), 123,07 (C4*-Cl), 122,47 (C6-H), 121,79 (*C9)*, 120,23 (C3-H), 118,48 (2 x C2*-H), 113,99 (*C7-H*).

IR (KBr): 3248 (m), 3033 (w), 1611 (w), 1586 (s), 1571 (s), 1523 (m), 1492 (s), 1464 (s), 1407 (s), 1386 (m), 1356 (m), 1318 (s), 1298 (s), 1286 (s), 1244 (m), 1169 (w), 1148 (w), 1104 (w), 1084 (m), 1062 (m), 1020 (w), 1008 (w), 822 (m), 800 (s), 764 (m), 749 (m), 648 (w), 566 (w)

Analiza elementarna: C15H11ClN2 (254,71)

zafakturowany	C: 70.73	H: 4.35	N: 11.00
odnaleziony	C: 70.83	H: 4.48	N: 10.96

Masa: ESI+ (obliczone dla M+H):

zafakturowany 255.0

odnaleziony 254.9 (100.0), 255.9 (16.2), 256.9 (33.1)

10.2.81 (4-chloro-fenylo)-(2-metoksyetyl)-chinolin-5-ylo-aminę (244)

W wypieczonym 25 mL tłoku sterowniczym 251 mg (4-chlorofenylo)-chinolin-5-yloaminy (**245**) (0,98 mmol, 1 równoważnik) rozpuszczono pod argonem w 5 mL abs. acetonitrylu i 822 mg bezwodnego węglanu potasu (5,9 mmol, 6 równoważnik). Do mieszaniny dwufazowej dodano dodatek kropelkowy 158 µl eteru metylowego 2-bromometylowego (1,56 mmol, 1,6 równoważnik). Roztwór reakcyjny był następnie podgrzewany pod refluksem przez 36 godzin. W celu przetworzenia mieszanina reakcyjna została dodana do wody (10 ml) i ekstrahowana za pomocą EtOAc (10 ml). Fazę organiczną przemyto wodą (10 mL) i nasyconym roztworem NaCl (10 mL) i wysuszono nad MgSO4. Wstępne czyszczenie wykonano metodą chromatografii kolumnowej (*n-Hex/EtOAc* 5:1). Ostateczne czyszczenie faz mieszania zostało przeprowadzone za pomocą HPLC. (4-chloro-fenylo)-(2-metoksyetylo)-chinolin-5-yloaminę (**244**) można otrzymać jako olej żółty.

Poddaję się:	130 mg (41,9 %)	Teoria: 330 mg.
DC:	EtOAc	Rf = 0,7
	Hex/EtOAc = 1:1	Rf = 0,3
	Hex/EtOAc = 8:2	Rf = 0,15
	Hex/EtOAc = 9:1	Rf = 0,1

Warunki HPLC: analityczne: nukleosil 50-10, 300x4,6, *n-hex/1*,4-dioksan 10:5, 2 mL/min, tR = 3,6 min.
preparat: nukleosil 50-10, 250x20, *n-hex/1*,4-dioksan 10:5, 7 mL/min.

1H-NMR: (δ[ppm], 250 MHz, DMSO-d6):
8,91 (dd, 1H, J = 1,5 J = 4,0, C2-H), 8,03 (t, 2H, J = 7,5, C4-H, C8-H), 7,86 (t, 1H, J = 7,5, C7-H), 7,61 (dd, 1H, J = 1,0, J = 7,5, C6-H), 7,47 (dd, 1H, J = 4.0, J = 8,5, C3-H), 7,10 (m, 2H, 2 x C3*-H), 6,47 (m, 2H, 2 x C2*-H), 3,96 (t, 2H, J = 5,75, C6*-H2), 3,52 (t, 2H, J = 5,75, C5*-H2), 3,17 (s, 3H, C7*-H3)

13C-NMR: (δ[ppm], 62,9 MHz, DMSO-d6):
150,59 (*C2-H*), 149,07 (*C9*), 147,89 (*C5-NH*), 142,45 (*C1*-NH*), 131,79 (*C4-H*), 130,14 (*C7-H*), 128,58 (*C8-H*), 127,96 (*C6-H*), 126.85 (C4*-Cl), 125,84 (C3-H), 121,59 (2 x C3*-H), 120,74 (2 x C2*-H), 114,90 (*C10*), 69,58 (*C5*-H2*), 58,06 (*C7*-H3*), 51,91 (C6*-H2)

IR (KBr): 2925 (w), 2877 (w), 1592 (s), 1569 (m), 1493 (s), 1471 (m), 1393 (m), 1360 (m), 1309 (m), 1257 (m), 1196 (m), 1122 (s), 1004 (m), 805 (s), 709 (s), 632 (w)

Analiza elementarna:	C18H17ClN2O (312,79)		
	zafakturowany C: 69.12	H: 5.48	N: 8.96
	odnaleziony C: 68.87	H: 5.49	N: 8.77
Masa:	MALDI+ (obliczone dla M+H):		
	zafakturowany 313.10		
	odnaleziony 313.59 (100), 315.64 (38)		

10.2.82 2-Bromo-3-nitro-benzonitryl (251)[273]

120 mg amidu **250** (0,489 mmol, 1 Equiv.) rozpuszczono w 1,5 ml abs. pirydyny i schłodzono do temperatury 0-5 °C. Następnie roztwór rozpuszczono w roztworze 1,5 ml abs. pirydyny. Następnie dodano 55 µl POCl3 (90 mg, 0,587 mmol, 1,2 równoważnika) i mieszano roztwór reakcyjny pod chłodzeniem w łaźni lodowej przez jedną godzinę. Po całkowitej konwersji amidku **250** partia została zhydrolizowana. Osad można uzyskać przez filtrację. Po końcowej rekrystalizacji (MeOH/H2O) i wysuszeniu w próżni pompy olejowej wyizolowano 81 mg nitrylu **251** jako bezbarwne ciało stałe.

Poddaję się:	81 mg (73 %)	Teoria: 111 mg
DC:	*n-Hex/EtOAc* 1:1	Rf = 0,50
	n-Hex/EtOAc 3:1	Rf = 0,34

Temperatura topnienia:	134 °C	Lit.:[273]136-137 °C.

1H-NMR: (δ[ppm], 300 MHz, DMSO-d6):

8.34 (dd, 1H, J = 1.5, J = 8.4, Aromat-CH), 8.25 (dd, 1H, J = 1.5, J = 8.4, Aromat-CH), 7.83 (t, 1H, J = 8.1, Aromat-CH)

13C-NMR: (δ[ppm], 62,9 MHz, DMSO-d6):

150.49, 138.03, 129.96, 129.43, 117.40, 117.03, 116.15

IR (KBr): 3129 (w), 3078 (w), 3069 (w), 3021 (w), 2236 (m), 1969 (w), 1918 (w), 1861 (w), 1741 (w), 1589 (s), 1535 (s), 1448 (m), 1425 (s), 1360 (s), 1306 (w), 1280 (w), 1236 (w), 1190 (w), 1156 (w), 1109 (w), 1040 (m), 988 (w), 932 (w), 911 (m), 810 (s), 790 (s), 736 (s), 710 (s), 699 (m), 614 (w), 571 (w)

Analiza elementarna:	C7H3BrN2O2 (227.015)		
	zafakturowany C: 37.03	H: 1.33	N: 12.34
	odnaleziony C: 36.81	H: 1.47	N: 12.27

10.2.83 3-nitro-2-fenyloamino-benzonitryl (252)

CN, Br, NO_2 → CN, H, N, NO_2

251 **252**

47,9 mg nitrylu **251** (0,211 mmol, ekwiwalent 1), 22 µl aniliny (23 mg, 0,232 mmol, ekwiwalent 1) zmierzono w okrągłej kolbie o pojemności 10 ml z zamontowaną chłodnicą zwrotną.), 30,4 mg tert-butylanu sodu (0,3165 mmol, równoważnik 1,5) i Pd(dppf)Cl2 (4,3 mg, 2,5 mol%) w 1 ml absolutnego toluenu rozpuszczonego pod argonem. Reakcję mikrofalową przeprowadzono w reaktorze mikrofalowym Discover CEM. Reakcję prowadzono przez jedną godzinę przy średniej mocy 100 W. Reakcja była następnie powtarzana przez jedną godzinę. Następnie przeprowadzono analizę metodą chromatografii cienkowarstwowej, która wykazała całkowitą konwersję nitrylu **251**Po odparowaniu rozpuszczalnika mieszanina reakcyjna została oczyszczona metodą chromatografii kolumnowej (*n-Hex/EtOAc* 5:1). Po wysuszeniu w próżni z pompą olejową otrzymano benzonitryl **252** w postaci pomarańczowej substancji stałej.

Poddaję się:	9,2 mg (18 %)	Teoria: 50,5 mg.
DC:	*n-Hex/EtOAc* 3:1	Rf = 0,65
	n-Hex/EtOAc 5:1	Rf = 0,29
Temperatura topnienia:	90 °C	Lit.:[274] 89-91 °C.

1H-NMR: (δ[ppm], 250 MHz, DMSO-d6):
9,16 (bs, 1H, *NH*), 8,30 (m, 1H, Aromat-CH), 8,06 (m, Aromat-CH), 7,4-6,8 (m, 6H, 3xAromat-CH)

13C-NMR: (δ[ppm], 62,9 MHz, DMSO-d6):
141.67, 140.75, 140.61, 140.31, 130.88, 128.97, 122.98, 121.40, 119.21, 115.69, 106.54

IR (KBr): 3432 (w), 3320 (m), 3089 (w), 2928 (w), 2851 (w), 2218 (w), 1952 (w), 1910 (w), 1870 (w), 1654 (w), 1607 (m), 1592 (s), 1570 (m), 1526 (m), 1497 (s), 1482 (s), 1453 (s), 1391 (m), 1350 (m), 1269 (s), 1173 (w), 1156 (w), 1093 (w), 1074 (w), 1024 (w), 1006 (w), 977 (w), 932 (w), 903 (w), 831 (w), 804 (w), 757 (m), 743 (m), 717 (w), 694 (m), 591 (w), 567 (w)

Analiza elementarna:	C13H9N3O2 (239,229)			
	zafakturowany	C: 65.27	H: 3.79	N: 17.56
	odnaleziony	C: 65.29	H: 3.96	N: 17.33

10.2.84 kwas 4-(4-dimetyloaminofenylazo)-benzoesowy (dabcyl) (288)

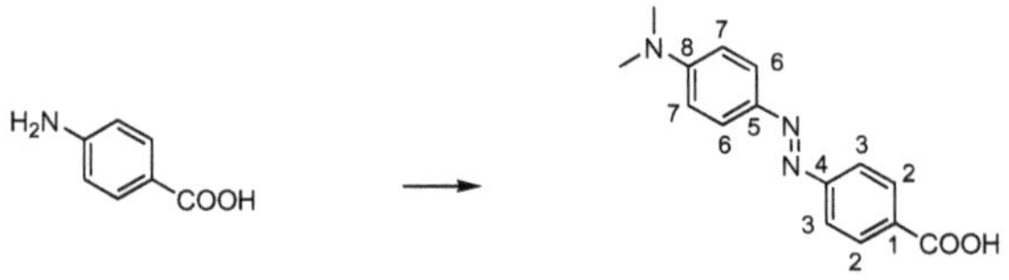

6,86 g kwasu 4-aminobenzoesowego (**287**) (50 mmol, 1 równoważny) rozpuszczono w roztworze 6,25 ml HCl (12 M, 75 mmol, 1,5 równoważny) w 15 ml wody i schłodzono do 0 °C. Następnie roztwór rozpuszczono w roztworze 6,25 ml HCl (12 M, 75 mmol, 1,5 równoważny). Po dodaniu w kroplówce roztworu 6,9 g azotynu sodu (0,10 mol, 2 Equiv.) w 15 ml wody, do roztworu reakcyjnego dodano 6,34 ml N,N`dimetyloaniliny (6,05 g, 50 mmol, 1 Equiv.). Roztwór reakcyjny mieszano w temperaturze 0 °C przez jedną godzinę, a następnie powoli doprowadzano do RT. Po dodaniu K2CO3 pH zostało dostosowane do 7, a czerwony osad został odfiltrowany. Po dokładnym przemyciu wodą i wysuszeniu w próżni pompy olejowej można było otrzymać 10,62 g kwasu 4-(4-dimetyloaminofenylazo)-benzoesowego (**288**) w postaci czerwonego proszku z EtOH po wielokrotnej rekrystalizacji.

Poddaję się:	10.62 g (78 %)	Teoria: 13,46 g.
DC:	EtOAc	Rf = 0,73
	n-Hex/EtOAc 1:1	Rf = 0,37
	n-Hex/EtOAc 1:2	Rf = 0,21
	DCM/MeOH 19:1	Rf = 0,15
Temperatura topnienia:	275-278 °C	Lit.:263 °C[275]
1H-NMR:	(δ[ppm], 250 MHz, DMSO-d6):	

13,06 (bs, 1H, COOH), 8,07 (d, 2H, J = 8,75, 2xC2-H), 7,83 (m, 4H, 2xC3-H,

2xC6-H), 6,84 (d, 2H, J = 9,25, 2xC7-H), 3,07 (s, 6H, 2xC-H3)

^{13}C-NMR: (δ[ppm], 62,9 MHz, DMSO-d6):

166,73 (COOH), 154,93 (^{C4}), 152,85 (*C5*), 142,55 (*C1*), 130,76 (*C8*), 130,33 (2xC2-H), 125,10 (2xC7-H), 121,55 (2xC3-H), 111,45 (2xC6-H), 39,69 ((N(*C-H3*)$_2$)

IR (KBr): 3448 (w), 1681 (s), 1594 (s), 1521 (m), 1420 (m), 1362 (s), 1298 (s), 1249 (m), 1134 (s), 943 (m), 862 (m), 820 (m), 774 (w), 726 (w), 692 (w)

Analiza elementarna: C15H15N3O2 (269.30)

zafakturowany	C: 66.90	H: 5.61	N: 15.60
odnaleziony	C: 67.03	H: 5.79	N: 15.57

10.2.85 Dabcyl-NH($_{CH2}$)$_{2NH2}$ (289)

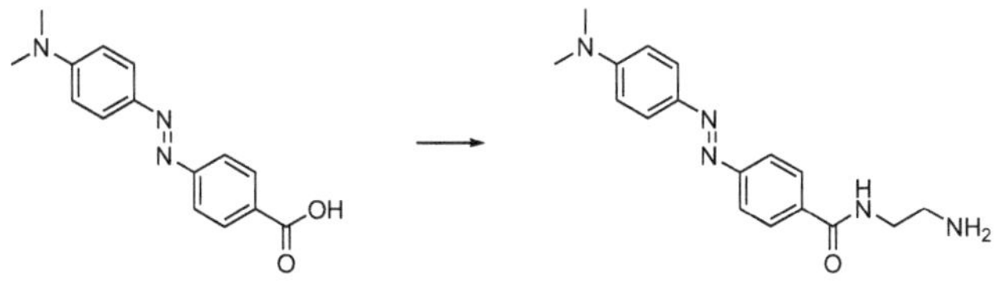

288 → **289**

50,8 mg dabcylu (**288**) (0,188 mmol, 1 równoważny) i 70,9 µl etylenodiaminy (**148**) (63,6 mg, 0,943 mmol, 5 równoważny) rozpuszczono w 2 ml DMF i zmieszano z 58,4 µl DIC (47,6 mg, 0,377 mmol, 2 równoważny) i 50,9 mg HOBt (0,377 mmol, 2 równoważny) w RT. Po trzech godzinach partię wymieszano z 2 ml wody i ekstrahowano z Et2O (5 x 5 ml). Połączone fazy organiczne zostały wysuszone za pomocą MgSO4 i skoncentrowane w próżni pompy olejowej. Po chromatograficznym oczyszczaniu kolumny (MeOH/EtOAc 9:1) przeprowadzono oczyszczanie za pomocą HPLC, w wyniku czego otrzymano 21,5 mg (26%) **289**.

Poddaję się:	21,5 mg (26 %)	Teoria: 80 mg

Warunki HPLC: analityczne: Reprosil AQ, 125x4,6, 0,1 % TFA/MeCN 69:31, 0,8 mL/min, tR = 4,44 min.
Preparat: Reprosil AQ 250x20, 0,1 % TFA/MeCN 69:31, 7 mL/min, tR = 17,0 min.

1H-NMR: (δ[ppm], 250 MHz, DMSO-d6/D2O):
7,96 (d, 2H, J = 8,5, Aromat-H), 7,80 (m, 4H, Aromat-H), 6,83 (d, 2H, J = 9,25, Aromat-H), 3,52 (t, 2H, J = 6,0, CH2), 3,04 (s, 6H, N(CH3)2), 3,00 (t, 2H, J = 6,0, CH2)

13C-NMR: (δ[ppm], 62,9 MHz, DMSO-d6/D2O):
166.27, 154.04, 152.79, 142.52, 134.10, 128.39, 125.02, 121.39, 111.49, 39.47, 38.25, 37.10

Masa: ESI+ (C17H21N5O):

zafakturowany	312,18 $[M+H]^+$, 623,5 $[2M+H]^+$
odnaleziony	312.0 (100), 623.5 (13)

10.2.86 Dabcyl-NH(CH2)2N((CH2)2NH2)2 (290)

288 → 290

W DMF (5 ml) rozpuszczono 141 μl tris(2-aminoetylo)aminy (0,943 mmol, 5 Equiv.) i 50,8 mg dabcylu (**288**) (0,188 mmol, 1 Equiv.) i zmieszano z 87,3 μl DIC (71,1 mg, 0,564 mmol, 3 Equiv.) i 76,2 mg HOBt (0,564 mmol, 3 Equiv.). Partia reakcyjna była mieszana przez pięć godzin w RT i mieszana z 10 ml wody do przetwarzania. Ekstrakcja Et2O (3 x 10 mL), suszenie połączonych faz organicznych (MgSO4) i odparowanie rozpuszczalnika zostały następnie oczyszczone za pomocą HPLC w celu uzyskania 43,1 mg (44%) **290**

Poddaję się: 43,1 mg (44 %) Teoria: 96 mg.

Warunki HPLC: analityczne: Reprosil AQ, 125x4,6, 0,1 % TFA/MeCN 72:28, 0,8 mL/min, tR = 4,24 min.
Preparat: Reprosil AQ 250x20, 0,1 % TFA/MeCN 72:28, 7 mL/min, tR = 17,6 min.

1H-NMR: (δ[ppm], 250 MHz, DMSO-d6):
7,97 (d, 2H, J = 9, Aromat-H), 7,85-7,80 (m, 4 H, Aromat-H), 7,73 (bs, 5H, *NH*, 2 x *NH2*), 6,85 (d, 2H, J = 9, Aromat-H), 3.43-3.36 (m, 2H, $_{CH2}$), 3.08 (s, 6H, N(*CH3*)$_2$), 3.00-2.80 (m, 4H, 2 x $_{CH2}$), 2.73-2.65 (m, 6H, 3 x $_{CH2}$)

13C-NMR: (δ[ppm], 62,9 MHz, DMSO-d6):
165.91, 153.94, 152.78, 142.51, 134.54, 128.19, 125.00, 121.44, 111.48, 52.24, 52.22, 50.75, 36.73, 36.68

Masa: ESI+ (C21H31N7O):
zafakturowany 398,27 $[M+H]^+$, 199,63 $[M+H]^{2+}$
odnaleziony 398.1 (100), 199.4 (24)

10.3 peptydy

10.3.1 Ogólna metoda syntezy peptydów w fazie stałej (FPPS)

FPPS wykonano w strzykawce wyposażonej w filtr (płyta PE, grubość 4 mm, średnia szerokość porów 50 μm, materiał PE, Porex Technologies GmbH), w której zważono zabezpieczoną przed Fmoc żywicą Rinkamid-MBHA (Novabiochem) (100 mg 72 μmol, kapturek = 0,72 mmol/g).

Następnie żywica była poddawana dwukrotnej obróbce 2 ml CH_2Cl_2 przez 10 min każda w celu spęcznienia kulek żywicy. Rozpuszczalnik przekształcano w NMP poprzez pięciokrotne płukanie NMP przez pięć minut. Piperydynę (25% w DMF, 2 mL) dodawano trzykrotnie (15 min, 10 min, 2 min), a następnie pięciokrotnie płukano za pomocą NMP w celu oddzielenia grupy ochronnej Fmoc od żywicy. Do sprzężenia pierwszego aminokwasu dodano roztwór Fmoc-(D)Arg(Pbf)-OH (94 mg, 144 μmol, 2 equiv.), DIC (33 μL, 27 mg, 216 μmol, 3 equiv.) i HOBt (33 mg, 216 μmol, 3 equiv.) w 2 mL NMP i reagowano przez trzy godziny na stole przechylającym. W celu kontroli reakcji roztwór reakcyjny oddzielono od żywicy za pomocą filtrów, a żywicę dokładnie wymyto za pomocą NMP. Sprzęgło ilościowe zostało sprawdzone za pomocą testu Kaisera. Jeżeli sprzężenie nie było kompletne (pozytywny test cesarski), roztwór reakcyjny był mieszany z DIC (11 μL, 9 mg, 72 μmol, 1 odpowiednik) i HOBt (11 mg, 72 μmol, 1 odpowiednik) i reagował z żywicą przez kolejne trzy godziny. W sprzężeniu ilościowym, grupa ochronna Fmoc została rozdzielona jak wspomniano powyżej, żywica została pięciokrotnie przemyta NMP, a następny aminokwas Fmoc został połączony z fazą stałą. Po odcięciu ostatniej grupy ochronnej Fmoc, żywica była myta pięciokrotnie NMP, a następnie pięciokrotnie CH_2Cl_2. Intensywne suszenie żywicy odbywało się w próżni z pompą olejową. Aby oddzielić zsyntetyzowany peptyd, żywica została poddana działaniu roztworu rozszczepiającego (TFA (1650 μL), H_2O (100 μL), tioanizolu (100 μL), PhOH (50 mg) i EDT (50 μL)) na wytrząsarce przez pięć godzin. Roztwór rozszczepiający zawierający peptyd jest stosowany do wstępnie schłodzonego eteru. Żywica została przemyta 2 ml TFA, a roztwór myjący dodawany jest również do wstępnie schłodzonego eteru. W celu całkowitego wytrącenia peptydu partię pozostawiono w temperaturze -18 °C. Opady atmosferyczne zostały odwirowane (1800 G), a eter supernatantu zdekantowany. Tripeptyd był następnie poddawany pięciokrotnej obróbce eterem (kąpiel ultradźwiękowa) i odwirowywany. Po starannym usunięciu resztkowego eteru w lekkiej próżni, osad został wchłonięty przez wodę uzdatnioną DEPC (1,5 ml). 10 μl roztworu zatrzymano do badania spektrometrii masowej, a pozostałą część stężono za pomocą SpeedVac w celu usunięcia lotnych zanieczyszczeń. Po kolejnym niezbędnym oczyszczeniu przez HPLC i wysuszeniu przez liofilizację, sól TFA peptydu jest ponownie pobierana w wodzie uzdatnionej DEPC i poddawana końcowej analizie spektroskopowej. Stężenie tripeptydu przed testem wiązania RNA oznaczano w UV przy użyciu znanych współczynników ekstynkcji i w inny sposób grawimetrycznie.

H2N-(D)Arg-Lactam-(D)Arg-CONH2 **154**

Wydajność 4,7 mg (40 %, 20 mg żywicy o gęstości załadunku 0,54 mmol/g).

Warunki HPLC:

analityczne: Reprosil AQ, 125x4,6, 0,1 % TFA/MeCN 100:10, 0,8 mL/min, tR = 14,64 min;

Preparat: Reprosil AQ, 250x20, 0,1 % TFA/MeCN 100:10, 7 mL/min, tR = 22,6 min;

MS (MALDI) m/z (%) = 629,80 (100) $[M+H]^+$;

MS (ESI) m/z (%) = 630,4 (5,59) $[M+H]^+$, 315,7 (100,00) $[M+2H]^{2+}$

C27H43N13O5 obliczone 629,36

H2N-(D)Arg-Lactam-(D)Lys-CONH2 155

Wydajność: 4,2 mg (38 %, 19 mg żywicy o gęstości załadunku 0,54 mmol/g).

Warunki HPLC:

analityczne: Reprosil AQ, 125x4,6, 0,1 % TFA/MeCN 90:10, 0,8 mL/min, tR = 3,11 min;

Preparat: Reprosil AQ, 250x20, 0,1 % TFA/MeCN 92:8, 7 mL/min, tR = 26,8 min;

MS (ESI) m/z (%) = 602.39 (13.25) $[M+H]^+$, 301.71 (100.00) $[M+2H]^{2+}$

C27H43N13O5 obliczone 601,35

H2N-(D)Lys-Lactam-(D)Arg-CONH2 156

Wydajność: 4,7 mg (39 %, 21 mg żywicy o gęstości załadunku 0,54 mmol/g).

Warunki HPLC:

analityczne: Reprosil AQ, 125x4,6, 0,1 % TFA/MeCN 92:8, 0,8 mL/min, tR = 4,52 min;

Preparat: Reprosil AQ, 250x20, 0,1 % TFA/MeCN 92:8, 7 mL/min, tR = 24,2 min;

MS (ESI) m/z (%) = 602.21 (9.52) $[M+H]^+$, 301.71 (100.00) $[M+2H]^{2+}$

C27H43N13O5 obliczone 601,35

H2N-(D)Lys-Lactam-(D)Lys-CONH2 157

Wydajność: 5,2 mg (49 %, 19 mg żywicy o gęstości załadunku 0,54 mmol/g).

Warunki HPLC:

analityczne: Bischoff Prontosil-H, 125x4,6, 0,1 % TFA/MeCN 93:7, 0,8 mL/min, tR = 4,22 min;

preparat: Bischoff Prontosil-H, 250x16, 0,1 % TFA/MeCN 100:6, 7 mL/min, tR = 19,6 min;

MS (ESI) m/z (%) = 574.35 (100.00) $[M+H]^+$, 287.72 (40.21) $[M+2H]^{2+}$

C27H43N9O5 obliczone 573,34

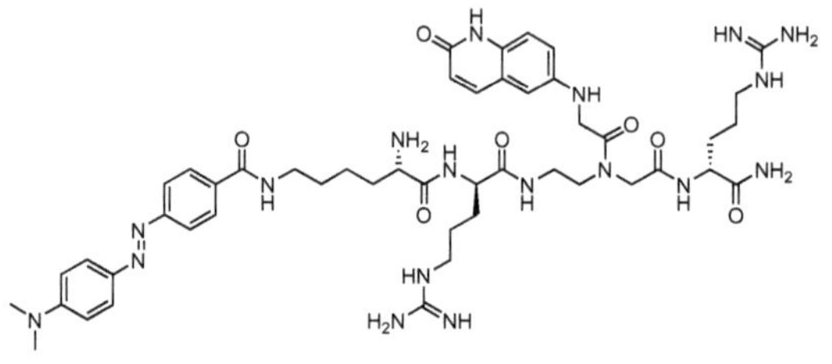

H2N-(L)LysDabcyl-(D)Arg-Lactam-(D)Arg-CONH2 291

Wydajność: 4,32 mg (26 %, 21 mg żywicy o gęstości załadunku 0,54 mmol/g).

Warunki HPLC:

analityczne: Reprosil AQ, 125x4,6, 0,1 % TFA/MeCN 0` 99:1 → 20` 30:70, 0,8 mL/min, tR = 18,82 min;

Preparat: Reprosil AQ, 250x20, 0,1 % TFA/MeCN 100:40, 7 mL/min, tR = 16,2 min;

MS (ESI) m/z (%) = 1009,91 (29,86) $[M+H]^+$, 505,31 (100) $[M+2H]^{2+}$

C48H68N18O7 obliczone 1008,56

H2N-(D)Arg-Amidine-(D)Arg-CONH2 158

Wydajność: 11,4 mg (31 %, 45 mg żywicy o gęstości załadunku 0,74 mmol/g).

Warunki HPLC:

analityczne: Reprosil AQ, 125x4,6, 0,1 % TFA/MeCN 100:10, 0,8 mL/min, tR = 5,07 min;

Preparat: Reprosil AQ, 250x20, 0,1 % TFA/MeCN 100:10, 7 mL/min, tR = 26,0 min;

MS (MALDI) m/z (%) = 629,64 (100) $[M+H]^+$;

MS (ESI) m/z (%) = 629,3 (2,73) $[M+H]^+$, 315,1 (100) $[M+2H]^{2+}$, 210,3 (92,88) $[M+3H]^{3+}$ $[M+H]^3$

C27H44N14O4 obliczone 628,37

H2N-(D)Arg-Amidine-(D)Lys-CONH2 159

Wydajność: 9,34 mg (59 %, 25 mg żywicy o gęstości załadunku 0,54 mmol/g).

Warunki HPLC:

analityczne: Reprosil AQ, 125x4,6, 0,1 % TFA/MeCN 91:9, 0,8 mL/min, tR = 4,02 min;

Preparat: Reprosil AQ, 250x20, 0,1 % TFA/MeCN 100:10, 7 mL/min, tR = 19,8 min;

MS (ESI) m/z (%) = 601.34 (7.31) $[M+H]^+$, 301.13 (100.00) $[M+2H]^{2+}$, 200.88 (37.00) $[M+3H]^{3+}$

C27H44N12O4 oblicza 600.36

H2N-(D)Lizy-Amidyna-(D)Arg-CONH2   160

Wydajność: 10,2 mg (64 %, 25 mg żywicy o gęstości załadunku 0,54 mmol/g).

Warunki HPLC:

analityczne: Reprosil AQ, 125x4,6, 0,1 % TFA/MeCN 91:9, 0,8 mL/min, tR = 4,10 min;

Preparat: Reprosil AQ, 250x20, 0,1 % TFA/MeCN 100:10, 7 mL/min, tR = 20,4 min;

MS (ESI) m/z (%) = 601,23 (3,13) $[M+H]^{+}$, 301,07 (100,00) $[M+2H]^{2+}$, 200,94 (12,16) $[M+3H]^{3+}$, 150,59 (0,07) $[M+4H]^{4+}$, 120,65 (0,01) $[M+5H]^{5+}$ (3,13) $[M+H]^{2+,}$ 200,07 (12,16) $[M+3H]^{3+,}$ 150,59 (0,59 (0,07) $[M+H]^{2+, 200,}$07 (12,16) $[M+3H]^{3+,}$ 150,59 (0,00) $[M+2H]^{2+}$, 200,94 (12,16) [M+ (12,16)].

C27H44N12O4 oblicza 600.36

H2N-(D)Lizy-Amidyna-(D)Lizy-CONH2   161

Wydajność: 6,27 mg (59 %, 17 mg żywicy o gęstości załadunku 0,54 mmol/g).

Warunki HPLC:

analityczne: Reprosil AQ, 125x4,6, 0,1 % TFA/MeCN 100:10, 0,8 mL/min, tR = 4,85 min;

Preparat: Reprosil AQ, 250x20, 0,1 % TFA/MeCN 100:10, 7 mL/min, tR = 20,0 min;

MS (MALDI) m/z (%) = 572,51 (100) $[M+H]^{+}$;

MS (ESI) m/z (%) = 573.19 (13.70) $[M+H]^{+}$, 287.08 (100.00) $[M+2H]^{2+}$

C27H44N10O4 obliczone 572,36

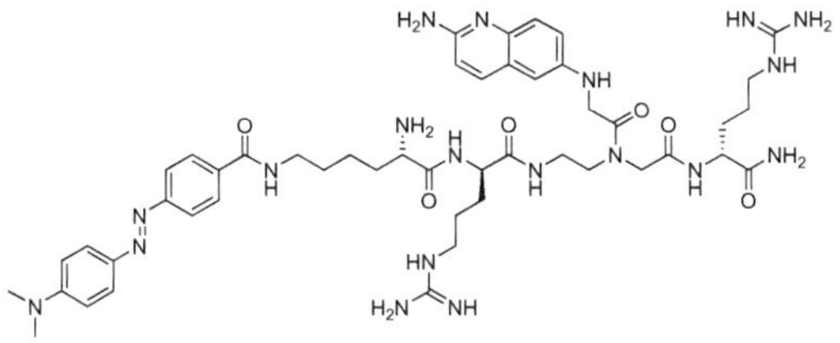

H2N-(L)LysDabcyl-(D)Arg-Amidine-(D)Arg-CONH2   292

Wydajność: 5,14 mg (24 %, 19 mg żywicy o gęstości załadunku 0,7 mmol/g).

Warunki HPLC:

analityczne: Macherey Nail NucleoDur, 150x4,6, 0,1 % TFA/MeCN 74:26, 0,8 mL/min, tR = 4,51 min;

Preparat: Macherey Nail NucleoDur, 250x20, 0,1 % TFA/MeCN 74:26, 7 mL/min, tR = 17,6 min;

MS (ESI) m/z (%) = 504,89 (51,53) $[M+2H]^{2+}$, 336,88 (100,00) $[M+3H]^{3+}$, 252,83 (14,64) $[M+4H]^{4+}$ (51,53)

C48H69N19O6 obliczone 1007,57

H2N-(D)Arg-(D)2Pyrim-(D)Arg-CONH2 169

Wydajność: 4,2 mg (30 %, 30 mg żywicy o gęstości załadunku 0,54 mmol/g).

Warunki HPLC:

analityczne: Reprosil AQ, 125x4,6, 0,1 % TFA/MeCN 100:23, 0,8 mL/min, tR = 2,37 min;

Preparat: Reprosil AQ, 250x20, 0,1 % TFA/MeCN 100:23, 7 mL/min, tR = 10,0 min;

Przygotowawcza separacja po zabiegu: Bischoff-Prontosil, 250x16, 0,1% TFA/MeCN 100:6,5, 7 mL/min, tR = 11,6 min;

MS (ESI) m/z (%) = 507,31 (1.11) $[M+H]^{+}$, 254,11 (100) $[M+2H]^{2+}$, 170,40 (2.29) $[M+3H]^{3+}$

C21H38N12O3 obliczone 506,32

H2N-(D)Lys-(D)2Pyrim-(D)Arg-CONH2 170

Wydajność: 5,4 mg (40 %, 30 mg żywicy o gęstości załadunku 0,54 mmol/g).

Warunki HPLC:

analityczne: Reprosil AQ, 125x4,6, 0,1 % TFA/MeCN 100:23, 0,8 mL/min, tR = 2,35 min;

Preparat: Reprosil AQ, 250x20, 0,1 % TFA/MeCN 100:23, 7 mL/min, tR = 9,8 min;

Przygotowawcza separacja po zabiegu: Bischoff-Prontosil, 250x16, 0,1% TFA/MeCN 100:6,5, 7 mL/min, tR = 10,6 min;

lub

analityczne: Reprosil AQ, 125x4,6, 0,1 % TFA/MeCN 100:23, 0,8 mL/min, tR = 2,40 min;

Preparat: Reprosil AQ, 250x20, 0,1 % TFA/MeCN 100:8, 7,5 mL/min, tR = 9,6 min;

MS (ESI) m/z (%) = 479,10 (11,55) $[M+H]^{+}$, 240,00 (100) $[M+2H]^{2+}$

C21H38N10O3 obliczone 478,31

H2N-(D)Arg-(D)2Pyrim-(D)Lys-CONH2 171

Wydajność: 2,3 mg (17 %, 30 mg żywicy o gęstości załadunku 0,54 mmol/g).

Warunki HPLC:

analityczne: Reprosil AQ, 125x4,6, 0,1 % TFA/MeCN 100:23, 0,8 mL/min, tR = 2,39 min;

Preparat: Reprosil AQ, 250x20, 0,1 % TFA/MeCN 100:23, 7 mL/min, tR = 10,2 min;

Przygotowawcza separacja po zabiegu: Bischoff-Prontosil, 250x16, 0,1 % TFA/MeCN 100:6,5, 7 mL/min, tR = 10,0 min;

lub

analityczne: Reprosil AQ, 125x4,6, 0,1%TFA/MeCN 94:6, 0,8 mL/min, tR = 4,11 min;

Preparat: Reprosil AQ, 250x20, 0,1%TFA/MeCN 100:6, 7 mL/min, tR = 16,6 min;

MS (ESI) m/z (%) = 479,2 (14,09) $[M+H]^+$, 240,1 (100) $[M+2H]^{2+}$

C21H38N10O3 obliczone 478,31

H2N-(D)Lys-(D)2Pyrim-(D)Lys-CONH2 172

Wydajność: 2,4 mg (18 %, 30 mg żywicy o gęstości załadunku 0,54 mmol/g).

Warunki HPLC:

analityczne: Reprosil AQ, 125x4,6, 0,1 % TFA/MeCN 100:23, 0,8 mL/min, tR = 2,35 min;

Preparat: Reprosil AQ, 250x20, 0,1 % TFA/MeCN 100:23, 7 mL/min, tR = 9,2 min;

MS (ESI) m/z (%) = 451,18 (12,43) $[M+H]^+$, 226,01 (100) $[M+2H]^{2+}$

C21H38N8O3 obliczone 450,31

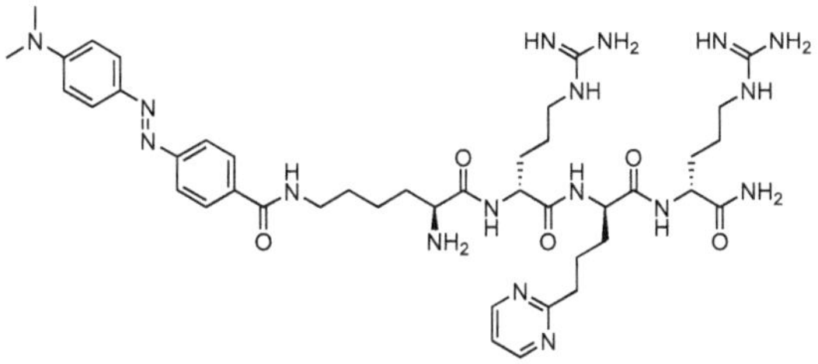

H2N-(L)LysDabcyl-(D)Arg-(D)2Pyrim-(D)Arg-CONH2 293

Wydajność: 10,4 mg (31 %, 50 mg żywicy o gęstości załadunku 0,54 mmol/g).

Warunki HPLC:

analityczne: Reprosil AQ, 125x4,6, 0,1 % TFA/MeCN 70:30, 0,8 mL/min, tR = 3,96 min;

Preparat: Reprosil AQ, 250x20, 0,1 % TFA/MeCN 70:30, 7 mL/min, tR = 15,6 min;

MS (ESI) m/z (%) = 886,76 (5,00) $[M+H]^+$, 443,84 (100) $[M+2H]^{2+}$, 296,20 (33,01) $[M+3H]^{3+}$

C42H63N17O5 obliczone 885,52

H2N-(L)LysDabcyl-(D)Arg-(L)2Pyrim-(D)Arg-CONH2 294

Wydajność: 9,34 mg (28 %, 50 mg żywicy o gęstości załadunku 0,54 mmol/g).

Warunki HPLC:

analityczne: Reprosil AQ, 125x4,6, 0,1 % TFA/MeCN 68:32, 0,8 mL/min, tR = 5,44 min;

Preparat: Reprosil AQ, 250x20, 0,1 % TFA/MeCN 67:33, 7 mL/min, tR = 15,4 min;

MS (ESI) m/z (%) = 443,84 (61,08) $[M+2H]^{2+}$, 296,14 (100) $[M+3H]^{3+}$

C42H63N17O5 obliczone 885,52

H2N-(L)LysDabcyl-(D)Arg-(D)Arg-(D)Arg-(D)Arg-CONH2 295

Wydajność: 19 mg (64 %, 30 mg żywicy o gęstości załadunku 0,74 mmol/g).

Warunki HPLC:

analityczne: Reprosil AQ, 125x4,6, 0,1 % TFA/MeCN 73:27, 0,8 mL/min, tR = 4,22 min;

Preparat: Reprosil AQ, 250x20, 0,1 % TFA/MeCN 73:27, 7 mL/min, tR = 15,6 min;

MS (ESI) m/z (%) = 433,33 (100) $[M+2H]^{2+}$, 289,19 (98,01) $[M+3H]^{3+}$, 490,37 (13,75) $[M+TFA+2H]^{2+}$, 327,24 (8,34) $[M+TFA+3H]^{3+}$ $[M+TFA+3H]^{3+}$ (100)

C39H64N18O5 obliczone 864,53

H2N-(L)LysDabcyl-(L)Arg-(L)Arg-(L)Arg-(L)Arg-CONH2 296

Wydajność: 17 mg (58 %, 30 mg żywicy o gęstości załadunku 0,74 mmol/g).

Warunki HPLC:

analityczne: Reprosil AQ, 125x4,6, 0,1 % TFA/MeCN 74:26, 0,8 mL/min, tR = 4,45 min;

Preparat: Reprosil AQ, 250x20, 0,1 % TFA/MeCN 74:26, 7 mL/min, tR = 15,6 min;

MS (MALDI) m/z (%) = 864,33 (100) $[M+H]^{+}$;

MS (ESI) m/z (%) = 433,33 (100) $[M+2H]^{2+}$, 289,25 (86,30) $[M+3H]^{3+}$, 979,42 (1,87) $[M+TFA+H]^{+}$, 490,37 (21,82) $[M+TFA+2H]^{2+}$, 327,18 (10,77) $[M+TFA+3H]^{3+ [M+2H]2+,}$ 289,25 (86,30)

C39H64N18O5 obliczone 864,53

Dabcyl-Gly-(L)Arg-(L)Arg-(L)Arg-(L)Arg-CONH2 297

Wydajność: 32,4 mg (89 %, 50 mg żywicy o gęstości załadunku 0,64 mmol/g).

Warunki HPLC:

analityczne: Reprosil AQ, 125x4,6, 0,1 % TFA/MeCN 73:27, 0,8 mL/min, tR = 4,06 min;

Preparat: Reprosil AQ, 250x20, 0,1 % TFA/MeCN 73:27, 7 mL/min, tR = 18,2 min;

MS (ESI) m/z (%) = 794,6 (12,02) $[M+H]^+$, 397,8 (100) $[M+2H]^{2+}$, 265,5 (50,00) $[M+3H]^{3+}$

C35H55N17O5 obliczone 793,46

Dabcyl-Gly-(D)Arg-(D)2Pyrim-(D)Arg-CONH2 298

Wydajność: 4,2 mg (31 %, 20 mg żywicy o gęstości załadunku 0,64 mmol/g).

Warunki HPLC:

analityczne: Reprosil AQ, 125x4,6, 0,1 % TFA/MeCN 70:30, 0,8 mL/min, tR = 4,50 min;

Preparat: Reprosil AQ, 250x20, 0,1 % TFA/MeCN 70:30, 7 mL/min, tR = 16,6 min;

MS (ESI) m/z (%) = 815,7 (38,00) $[M+H]^+$, 408,3 (100) $[M+2H]^{2+}$, 272,4 (10,30) $[M+3H]^{3+}$

MS (MALDI) m/z (%) = 838,08 (100) $[M+Na]^+$

C38H54N16O5 obliczone 814,45

Dabcyl-Gly-(L)His-(L)His-(L)His-(L)His-CONH2 299

Wydajność: 9,3 mg (67 %, 20 mg żywicy o gęstości załadunku 0,64 mmol/g).

Warunki HPLC:

analityczne: Reprosil AQ, 125x4,6, 0,1 % TFA/MeCN 74:26, 0,8 mL/min, tR = 4,16 min;

Preparat: Reprosil AQ, 250x20, 0,1 % TFA/MeCN 74:26, 7 mL/min, tR = 16,0 min;

MS (ESI) m/z (%) = 737,3 (7,45) $[M+H]^+$, 369,1 (100) $[M+2H]^{2+}$, 246,3 (36,43) $[M+3H]^{3+}$

C35H40N14O5 obliczone 736,33

Dabcyl-Gly-(L)Arg-(D)2Pyrim-(L)Arg-Gly-(L)His-(L)His-(L)His-(L)His-(L)His-CONH2 300

Wydajność: 3,2 mg (54 %, 10 mg żywicy o gęstości obciążenia 0,64 mmol/g):

analityczne: Reprosil AQ, 125x4,6, 0,1 % TFA/MeCN 75:25, 0,8 mL/min, tR = 3,92 min;

Preparat: Reprosil AQ, 250x20, 0,1 % TFA/MeCN 75:25, 7 mL/min, tR = 25,2 min;

MS (ESI) m/z (%) = 642,5 (100) $[M+2H]^{2+}$, 428,6 (95,81) $[M+3H]^{3+}$, 321,6 (63,51) $[M+4H]^{4+}$

C58H78N26O9 obliczone 1282,64

Dabcyl-KSFTTKALGISYGRKRRRRRPPQGSQTHQVLSKQ-CONH2 301

Warunki HPLC:

analityczne: Reprosil AQ, 125x4,6, 0,1 % TFA/MeCN 0` 99:1 → 5` 30:70, 0,8 mL/min, tR = 19,03 min;

analityczne: Gemini 5 µm C18, 150x4,6, 0,1 % TFA/MeCN 75:25, 0,8 mL/min, tR = 2,80 min;

Preparat: Gemini 10 µm C18, 250x10, 0,1 % TFA/MeCN 0` 75:25 → 10` 68:32, 3,7 mL/min, tR = 14,0 min;

MS (MALDI) m/z (%) = 4548,07 (100) $[M+H]^+$, 2276,71 (5) $[M+2H]^{2+}$, 9104,75 $[2M+H]^+$

C199H328N70O53 obliczone 4546,51

H2N-(L)Lys-(L)Lys-(L)Lys-(L)Lys- 166
CONH2

Wydajność: 42,32 mg (66 %, 100 mg żywicy o gęstości załadunku 0,74 mmol/g).

Warunki HPLC:

analityczne: Reprosil AQ, 125x4,6, 0,1 % TFA 100%, 0,8 mL/min, tR = 2,88 min;

Preparat: Reprosil AQ, 250x20, 0,1 % TFA 100%, 7 mL/min, tR = 14,0 min;

MS (ESI) m/z (%) = 402,2 (100) $[M+H]^+$, 201,5 (50,31) $[M+2H]^{2+}$, 516,1 (20,58) $[M+TFA+H]^{+,}$ 402,2 (100) [M+H

C18H39N7O3 obliczone 401,31

H2N-(L)Arg-(L)Arg-(L)Arg-(L)Arg- 163
CONH2

Wydajność: 35,4 mg (49 %, 100 mg żywicy o gęstości załadunku 0,74 mmol/g).

Warunki HPLC:

analityczne: Reprosil AQ, 125x4,6, 0,1 % TFA/MeCN 85:15, 0,8 mL/min, tR = 1,98 min;

Preparat: Reprosil AQ, 250x20, 0,1 % TFA/MeCN 100:4, 7 mL/min, tR = 17,4 min;

C18H39N13O3 obliczone 485,33

H2N-(L)Jego-(L)Jego-(L)Jego-(L)Jego- 167
CONH2

Wydajność: 40,3 mg (61 %, 100 mg żywicy o gęstości załadunku 0,74 mmol/g).

Warunki HPLC:

analityczne: Reprosil AQ, 125x4,6, 0,1 % TFA/MeCN 95:5, 0,8 mL/min, tR = 2,96 min;

Preparat: Reprosil AQ, 250x20, 0,1 % TFA/MeCN 100:4, 7 mL/min, tR = 15,0 min;

MS (ESI) m/z (%) = 429,1 (100) $[M+H]^+$, 215,0 (39,13) $[M+2H]^{2+}$

C18H24N10O3 obliczone 428,20

H2N-(L)Lys-(L)Arg-(L)Lys-CONH2 165

Wydajność: 50,1 mg (76 %, 100 mg żywicy o gęstości załadunku 0,74 mmol/g).

Warunki HPLC:

analityczne: Reprosil AQ, 125x4,6, 0,1 % TFA/MeCN 0` 99:1 → 5` 30:70, 0,8 mL/min, tR = 3,19 min;

Preparat: Reprosil AQ, 250x20, 0,1 % TFA 100%, 7 mL/min, tR = 17,2 min;

MS (ESI) m/z (%) = 430,3 (100) $[M+H]^+$, 544,5 (5,60) $[M+TFA+H]^+$

C18H39N9O3 obliczone 429,32

H2N-(L)Arg-(L)Lys-(L)Arg-CONH2 162

Wydajność: 49,6 mg (73 %, 100 mg żywicy o gęstości załadunku 0,74 mmol/g).

Warunki HPLC:

analityczne: Reprosil AQ, 125x4,6, 0,1 % TFA/MeCN 0` 99:1 → 5` 30:70, 0,8 mL/min, tR = 4,64 min;

Preparat: Reprosil AQ, 250x20, 0,1 % TFA 100%, 7 mL/min, tR = 14,4 min;

MS (ESI) m/z (%) = 458,3 (100) $[M+H]^+$, 229,7 (3,26) $[M+2H]^{2+}$, 572,4 (22,95) $[M+TFA+H]^{+,\ 229}$,7 (3,26) $[M+2H]^{2+}$, 572,4 (22,95) [M+TFA+H]+

C18H39N11O3 obliczone 457,32

11. METODY CHARAKTERYSTYKI BIOFIZYCZNEJ I BIOLOGICZNEJ

11.1 Test FRET[167]

Test FRET (Fluorescence Resonance Energy Transfer) wykonano w czarnych 96-dołkowych płytkach mikrotitrowych (Corning 6860 i powierzchnia niewiążąca). Pomiar wykonuje się w buforze TK (50 mM Tris-HCl, 20 mM KCl, 0,01 % Triton-X100) przy pH 7,4 lub 6,0 i całkowitej objętości 100 µl na dołek. Białko tatrzańskie (FtatRhd) (Fluorescein-AAARKRKRQRRRAAAC-Tetramethylrhodamine) (Thermo Electron Corporation, Ulm) oraz odpowiedni mutant TAR RNA (HIV-1 i HIV-2) (Biospring, Frankfurt nad Menem) (Rysunek 41i Rysunek 42), oznakowane na obu końcach barwnikiem (FtatRhd), miały stężenie 10 nM. Fluorescencję oznaczono w temperaturze 37 °C (Tecan safire^2; λ_{ex} = 489 nm, λ_{em} = 590 nm). Najpierw oznaczono fluorescencję czystego peptydu Tat49-57 i kompleksu Tat/TAR. Na podstawie tych wartości możliwe było określenie współczynnika amplifikacji, który mieścił się w przedziale od 2,5 (minimum) do 2,7 (maksimum) oraz odpowiednich punktów końcowych miareczkowania. Dalsze oznaczenia fluorescencyjne wykonano przy różnych stężeniach badanej substancji. Z uzyskanych danych wynika, że fluorescencja w stosunku do stężenia konkurenta została wykreślona w krzywej miareczkowania. Średnia arytmetyczna fluorescencji kompleksu Tat/TAR i nieskompleksowanego peptydu tatrzańskiego została określona jako wartość IC50 ligandu RNA.

11.2 Spektroskopia korelacji fluorescencyjnej (FCS) [178, 246].

warunki: W teście FCS użyto denaturowanego oczyszczonego PAGE Cy5 z etykietą TARwt-RNA i oczyszczonego HPLC Alexa Fluor 488 z etykietą 11mer Tat. Eksperymenty wiążące wykonano w objętości 30 µL na szkiełku przykrytym szkłem ochronnym. Zastosowano bufor reakcyjny 75 mM Tris-HCl, 5 mM MgCl2 i 0,5 mg/mL BSA (pH 7,0). Dla doświadczeń miareczkowania oznaczono stężenie Tat przy 25 nM, a stężenie TAR RNA wahało się od 0 do 70 nM. W celu określenia wartości IC50 stężenia Tat i TAR RNA ustalono na poziomie 25 nM, a inhibitor dodawano w różnych stężeniach w temperaturze pokojowej. Stosuje się system łączony składający się z komercyjnego fluorescencyjnego spektrometru korelacyjnego (Confocor 2) i LSM 510, stosowany jako mikroskop konfokalny. Dwie emisje fluorescencyjne generowane przez dwa lasery (Ar i NeHe) mogą być wykrywane oddzielnie przez dwa fotodetektory. Dwie wiązki laserowe są łączone razem, tworząc wiązkę i tym samym kierowane na badaną próbkę. W trybie podwójnej emisji, charakterystycznym dla pomiarów dwukolorowych, zawarta jest czasowo wydzielona fluorescencja dwóch fluoroforów, które są następnie filtrowane i wykrywane i analizowane oddzielnie od fotodiod. Jeśli stężenie próbki mieści się w zakresie nanomolarnym, wówczas w centrum uwagi lasera znajduje się prawie jedna cząstka, co umożliwia badanie pojedynczej cząsteczki. Jeżeli dwie różnie oznakowane cząsteczki tworzą kompleks, to funkcja krzyżowej korelacji fluorescencyjnej tych dwóch emisji zawiera informacje o ruchu kompleksu podwójnie oznakowanego. Dzięki analizie korelacji krzyżowej możliwe jest uzyskanie liczby cząsteczek w kompleksie, a dzięki analizie autokorelacji (FCCS) liczby cząsteczek niezwiązanych.

11.3 Badania selektywności[167]

Badania selektywności wykonano w 96 dołkowych płytkach mikrotitrowych (Corning 6860, powierzchnia czarna, powierzchnia niewiążąca) w temp. 37 °C z końcową objętością 100 µL w buforze TK (50 mM Tris-HCl, 20 mM KCl, 0,01 % Triton-X100, pH 7,4). Opcjonalnie dodano magnez o ostatecznym stężeniu 1 mM. W mikropłytce przedstawiono 500 ng BSA i 10 nM różnych mutantów TAR RNA (Rysunek 38, Rysunek 39i Rysunek 40). Ich fluorescencję najpierw oznaczano indywidualnie w temperaturze 37 °C (Tecan safire^2; λ_{ex} = 483 nm, λ_{em} = 525 nm). Następnie wykonano miareczkowanie peptydu znakowanego dabcylem w różnych stężeniach. Krzywa miareczkowania była wyznaczana do czasu, gdy dane pozostały niezmienne. Porównanie uzyskanych danych z krzywą teoretyczną umożliwia weryfikację kompleksu 1:1.

11.4 eksperymenty z hodowlą komórek

11.4.1 Eksperymenty kultury komórkowej HeLa P4[167]

Eksperymenty hodowli komórek HeLa P4 zostały przeprowadzone przez M. Stolla w grupie roboczej U. Dietricha (Georg-Speyer-Haus, Frankfurt nad Menem). Eksperyment opiera się na komórkach HeLa P4 wyposażonych w receptory CD4, CCR5 i CXCR4 wymagane do zakażenia HIV. Gen dla β galaktozydazy jest pod kontrolą promotora LTR HIV-1 (Rysunek 20). Komórki (1,2×104/dołek) wyrażano przez noc w temperaturze 37 °C w 96-dołkowej płytce mikrotitracyjnej (podłoże 100 µL). Po jednym etapie mycia komórki zostały zakażone wirusem HIV-1 Lai (30 µL) i inkubowane z różnymi stężeniami substancji testowych w całkowitej objętości 100 µL przez 48 godzin. W celu przetworzenia komórki były myte i lizyzowane przez 10 min na lodzie przy użyciu buforu do zbioru [50 µL, przygotowany z glicerolu (2,5 mL), MES-Tris (1,25 mL), DTT (1 M, 25 µL), Triton X-100 (250 µL), H2O (wypełniony do 25 mL)]. 3 µl lizatu otrzymanego w procesie wirowania przeniesiono do płytki mikrotitracyjnej wypełnionej buforem reakcyjnym [33 mL składającym się z MgCl2 (1 M, 15 µL), NaH2PO4/Na2HPO4 (0,5 M, 3 mL), galaktonu (100×, 150 µL), H2O (do 15 mL)]. Pod wykluczeniem światła płytkę wstrząsano przez 45 min, a następnie amplifikowano [25 µL/basenik składający się z NaOH (80 µL), Emerald (10×, 400 µL), H2O (wypełniony do 4 mL)]. Ocena dotyczyła luminometryki (Lumistar Galaxy, BMG Labtechnologies).

11.4.2 Oznaczanie cytotoksyczności (HeLa P4)[167]

Do badania cytotoksyczności użyto zestawu Vialight Plus Kit (Cambrex). Dzięki temu możliwe jest określenie ilości ATP żywych komórek w ujęciu luminometrycznym. Komórki HeLa P4 (1,5×104/dołek) inkubowano przez noc w podłożu [100 µL, na które składały się DMEM (10 % FCS), (L)-glutamina (2 %), penicylina/streptomycyna (1 %), genitycyna (500 µg/ml), piromycyna (1 µg/ml)]. Pożywkę wymieniono następnie na pożywkę zawierającą badaną substancję w różnych stężeniach i inkubowano przez 48 godzin. Komórki zostały umyte i polizane przy użyciu zestawu Vialight Plus. Ilość ekstrahowanego ATP można określić dodając "odczynnik obserwacyjny ATP" poprzez luminescencję za pomocą luminometru (Lumistar Galaxy, BMG Labtechnologies).

11.4.3 Eksperyment z hodowlą komórkową MT-4[5, 182]

Eksperymenty z hodowlą komórek MT-4 zostały przeprowadzone w grupie roboczej C. Pannecouque (Rega Institute for Medical Research, Leuven, Belgia). Doświadczenie przeprowadzono w płaskich 96-dołkowych płytkach mikrotitrowych zawierających 50 µl roztworu wykładniczo rosnących komórek MT-4[276] o początkowym stężeniu 6 × ^{105} komórek/ml i podłożu hodowli komórkowej. Do niektórych komórek dodano roztwór podstawowy (50 µL) HIV-1 (IIIB)[277] z 100-300 CCID50 (50-procentowa dawka zakażenia kultury komórkowej). Niezakażone komórki wykorzystano do sprawdzenia cytotoksycznych właściwości badanych związków. Ogólnie rzecz biorąc, doświadczenia z hodowlą komórek MT-4 były badane w dwóch seriach, każda w trzech egzemplarzach. Jedna seria składała się z automatycznego dodawania (Biomek 3000 robot, Beckman Instruments, Fullerton, CA, USA) 25 µl badanej substancji w pięciu różnych rozcieńczeniach. Komórki MT-4 mają tę właściwość, że umierają, jeśli zakażenie HIV się powiedzie. Aktywność inhibitora można określić na podstawie liczby żywych komórek. Po pięciu dniach inkubacji komórki były badane spektroskopowo metodą MTT. Próba opiera się na redukcji bromku 3-(4,5-dimetylotiatolu-2-yl)-2,5-difenyloetrazolu (MTT) w drodze dehydrogenazy mitochondrialnej do niebiesko-fioletowego formazanu. Ponieważ ten proces metaboliczny jest możliwy tylko w żywych komórkach, liczba żywych komórek może być określona poprzez spektroskopowy pomiar formazanu. Absorpcję mierzono za pomocą ośmiokanałowego, sterowanego komputerowo fotometru (Multiscan Ascent Reader, Labsystems, Helsinki, Finlandia) przy dwóch różnych długościach fal (540 i 690 nm). Dane obliczono na podstawie średniej gęstości optycznej (OD) z poszczególnych pomiarów trzech dołków. Stężenie substancji badanej, przy którym przeżyło 50 % komórek MT-4 zakażonych wirusem HIV, zostało określone jako EC50.

11.4.4 test cytotoksyczności (MT-4)[5, 182]

Test cytotoksyczności wykonano na komórkach MT-4, które nie były zakażone szczepem HIV-1 (IIIB), a jedynie różnymi stężeniami badanej substancji. Wartość CC50 (50 % stężenia cytotoksycznego) definiuje się jako stężenie, przy którym liczba niezakażonych komórek MT-4 zmniejsza się o 50 %. Pomiar wykonano tak jak w wyżej wspomnianym eksperymencie hodowli komórkowej MT-4, ale tylko przy długości fali 540 nm.

11.5 Badania przeciwdrobnoustrojowe

11.5.1 Transkrypcja bezkomórkowa/oznaczanie translacji (test CFTT)[278]

Bezkomórkowy test transkrypcji/przetłumaczenia (CFTT) został przeprowadzony w grupie roboczej Karas (Instytut Chemii Farmaceutycznej, Uniwersytet we Frankfurcie nad Menem) przez M. Weidlicha. 25 µl objętości reakcji zawierało 3,5 mM tris acetatu (pH 8,2), 220 mM KOAc, 13 mM $Mg(OAc)_2$, 100 mM HEPES-KOH (pH 8,0), 0,7 mM EDTA, 0,2 mM kwasu folinowego, 2 mM DTT, 2 % glikolu polietylenowego 8000, 1.2 mM ATP i 0,8 mM NTP, 20 mM fosforan acetylu (sól litowopotasowa), 20 mM fosforenolopirogronian (sól trisodowa), 0,05 % NaN3 (Sigma-Aldrich Chemie GmbH, Schnelldorf), 500 mg/L *E.* mieszanina *coli* tRNA, 40 mg/l kinazy pirogronianu, 1 tabletka/10 ml kompletnego inhibitora proteazy (Roche Diagnostics, Mannheim), 0,3 U/µL inhibitora RNAsin RNase (Promega GmbH, Mannheim), 3 U/µL T7 polimerazy RNA (GE Healthcare Europe GmbH, Monachium) oraz kompletnej mieszaniny aminokwasów (końcowe stężenie 0,75-1,0 mM). 40-60 ng/µL plazmidu pIVEX2.3-GFP i 30 % *E. coli* A19 S30 zostały dodane rozpuszczone w wodzie MilliQTM (Millipore Corp.). Mieszanina reakcyjna była następnie mieszana z różnymi stężeniami badanej substancji i inkubowana w temperaturze 30 °C przez pięć godzin. Ilość produkowanego GFP oznaczano za pomocą spektrometru fluorescencyjnego (Hitachi F-4500, λ_{ex} = 395 nm, λ_{em} = 509 nm). Interferingiem dla testu są substancje testowe z samofluorescencją w zakresie 480-520 nm i absorpcją przy 395 nm.

11.5.2 Określenie aktywności w stosunku do zarazków modelowych *Bacillus subtilis*[278].

Oznaczenie minimalnego stężenia hamującego (MIC) dla *B. subtilis* metodą mikrorozcieńczenia bulionu zostało przeprowadzone przez D. Urbanka i M. Weidlicha w grupie roboczej Karas (Instytut Chemii Farmaceutycznej, Uniwersytet we Frankfurcie nad Menem). Nocne podłoże hodowlane *B. subtilis zostało* rozcieńczone do ^{105} komórek/ml, a 5 µl rozcieńczenia zmieszano z substancją badaną do całkowitej objętości 100 µl. Inkubację prowadzono w temperaturze 37 °C przez noc w 96 dołkowych płytkach mikrotitrowych do gęstości optycznej (OD) 1,0, którą oznaczono fotometrycznie przy 600 nm. Następnie oznaczono wzrost komórek za pomocą czytnika mikropłytkowego (Anthos LabTech Instruments GmbH, Wals) przy absorpcji około 620 nm. Jako kontrolę negatywną, niektóre studzienki bez substancji badanej były inkubowane z hodowlą 5 µL bakterii. Kontrolę pozytywną przeprowadzono z użyciem streptomycyny (**18**) w celu wykluczenia błędów metodologicznych. W przypadku stosowania DMSO jako rozpuszczalnika, czysty DMSO scharakteryzowano dodatkowo jako substancję badaną. MIC zdefiniowano jako stężenie, przy którym nie wykryto wzrostu komórek.

11.5.3 Oznaczanie aktywności wobec mikroorganizmów chorobotwórczych[279].

Określenie minimalnego stężenia hamującego (MIC) wobec mikroorganizmów chorobotwórczych wykonano w grupie roboczej T. Wichelhaus (Instytut Mikrobiologii Medycznej i Higieny Szpitalnej, Szpital Uniwersytecki we Frankfurcie nad Menem). Oznaczenie substancji badanych wykonano przy użyciu następujących szczepów kontrolnych: *Staphylococcus aureus* (ATCC 29213), *Escherichia coli* (ATCC 25922) i *Enterococcus faecalis* (ATCC 29212), *Enterococcus faecalis* (VRE) i *Staphylococcus aureus* (MRSA). Oznaczanie aktywności mikroorganizmów chorobotwórczych jest w zasadzie porównywalne z procedurą dla modelu zarodka *B. subtilis*. Pożywka hodowlana (podłoże Muellera-Hintona) została standaryzowana do ^{107} CFU/mL w rozcieńczeniu z użyciem NaCl [0,9% (w/v)]. Studzienki były wyposażone w podłoże hodowlane (100 µL) i różne stężenia substancji badanej (100 µL). Każdy dołek był następnie zmieszany z 5 µL zawiesiną bakteryjną, tak że otrzymano około 5×104 CFU/basenik jako liczbę komórek wyjściowych. Jako kontrolę negatywną, studnia została inkubowana bez substancji badanej. Inkubację przeprowadzono w temperaturze 37 °C przez noc. Stężenie, przy którym wzrokowy wzrost komórek nie był już wykrywalny, zostało zdefiniowane jako minimalne stężenie hamujące (MIC).

12. WYROSTEK ROBACZKOWY

12.1 skróty

AIDS	Zespół nabytego niedoboru odporności
Równie dobrze.	odpowiedniki
br	szeroki (NMR)
miseczki	*tert-butoksykarbonylu*
Boc-ON	2-(*tert-butoksykarbonylooksyimino*)-2-fenyloacetonitryl
BSA	albumina surowicy bydlęcej
CC	Stężenie cytotoksyczne
CCID	Hodowla komórkowa Dawka zakażeń Dawka zakażeń
CFTTT	Transkrypcja/przetłumaczenie bezkomórkowe
d	Duplikat (NMR)
DC	chromatogram cienkowarstwowy
DCC	N,N'-dicykloheksylokarbodiimid N,N'-dicykloheksylokarbodiimid
DCM	dichlorometan
DEPC	dietylowo-piwęglan sodu
dd	Duplikat Dubletów (NMR)
DIC	diizopropylokarbodiimid kwasu diizopropylowego
DIPEA	Diizopropyloetyloamina (baza Hüniga)
DMAP	N,N-dimetyloaminopirydyna
DMF	N,N-dimetyloformamid
DMSO	sulfotlenek dimetylu
DNA	kwas dezoksyrybonukleinowy
dp	3-dimetyloamino-1-propylaminy
EA	analiza elementarna
EDC	N-etylo-N`-(3-dimetyloaminopropylo)-karbodiimid
EDT	etandithiol
ESI	jonizacja natryskowa elektronów
EtOAc	Octan etylu, ester kwasu etylowo-octowego
EtOH	etanol
Fmoc	fluorenylmetoksykarbonylu
FPPS	Synteza peptydów w fazie stałej
FRET	Transfer energii rezonansu flourescencji (Flourescence Resonance Energy Transfer)

FT-IR	Spektroskopia w podczerwieni z transformatą Fouriera
CFP	Zielone białko fluorescencyjne
GPCR	Odbiorniki sprzężone z białkiem G-Protein
HBTU	2-(1H-Benzotriazol-1-ylo-)-1,1,3,3-tetrametylouronium heksafluorofosforany
czarownica	*n-heksan*
HIV	Wirus niedoboru odporności u ludzi
Hobt	hydroksybenzotriazol
HPLC	Wysoce wydajna chromatografia cieczowa
IC50	Stężenie półzahamowania
IR	Podczerwień
CFU	Jednostka tworząca kolonie
LDA	diizopropyloamid litu
oświetlony	literatura
LTR	Długie powtórzenia terminala
m	Wielokrotny (NMR); średni (IR)
MALDI	Desorpcja/jonizacja laserowa wspomagana matrycą
MeOH	metanol
min	Protokół (protokoły)
MIC	Minimalne stężenie hamujące
MS	spektrometria masowa
mtr	4-metoksy-2,3,6-trietylo-benzenosulfonylowy
NBS	N-bromosukcynid N-bromosukcynid
NMP	N-metylopirolidon
NMR	Magnetyczny rezonans jądrowy
OD	Gęstość optyczna
PhOH	fenol
PhSMe	tioanizola
q	Kwartet (NMR)
qn	Kwintet (NMR)
RFU	Względne jednostki fluorescencyjne
RT	Temperatura pokojowa, odwrotna transkrypcja
s	Pojedynczy (NMR), silny (IR)
Sdp	temperatura wrzenia
konopie	temperatura topnienia
sx	Sekstet (NMR)

t	Triplet (NMR)
TAR	Region reagujący w zakresie transaktywacji (Trans-Activation Responsive Region)
TARwt	Dziki typ TAR RNA (Rysunek 38)
TARbl	Bezwybłędne TAR RNA (Rysunek 39)
TARl	TAR RNA bez pętli (Rysunek 40)
TEA	trietyloamina
TFA	kwas trifluorooctowy
THF	tetrahydrofuran
TritonX	glikol polietylenowy alkilofenylenowy
UV	nadfiolet
w	słaby (IR)

12.2 bibliografia

[1] M. G. Sarngadharan, M. Popovic, L. Bruch, J. Schüpbach, R. C. Gallo, *Science* **1984**, *224*, 506.

[2] F. Barré-Sinoussi, J. C. Chermann, F. Rey, M. T. Nugeyre, S. Chamaret, J. Gruest, C. Dauguet, C. Axler-Blin, F. Vézinet-Brun, C. Rouzioux, W. Rozenbaum, L. Montagnier, *Science* **1983**, *220*, 868.

[3]http://nobelprize.org/nobel_prizes/medicine/laureates/2008/adv.pdf

4]http://www.unaids.org/en/KnowledgeCentre/HIVData/EpiUpdate/EpiUpdArchive/2007/default.asp.

[5] R. Pauwels, J. Balarini, M. Baba, R. Snoeck, D. Schols, P. Red Wine, J. Desmyter, E. D. Clercq, *J. Virol. Metody* **1988**, *20*, 309.

6] B. Davis, M. Afshar, G. Varani, A. I. H. Murchie, J. Karn, G. Lentzen, M. Drysdale, J. Bower, A. J. Potter, I. D. Starkey, T. Swarbrick, F. Aboul-ela, *J. Mol. Biol.* **2004**, *336*, 343.

7] J.D. Puglisi, R. Tan, B.J. Calnan, A.D. Frankel, J.R. Williamson, *Science* **1992**, *257*, 76.

[8] J.D. Puglisi, L. Chen, A.D. Frankel, J.R. Williamson, *Proc. Natl. Acad. USA* **1993**, *90*, 3680.

[9] F. Aboul-ela, J. Karn, G. Varani, *J. Mol. Biol.* **1995**, *253*, 313.

[10] F. Aboul-ela, J. Karn, G. Varani, *Nucleic Acids Res.* **1996**, *24*, 3974.

[11] F. Aboul-ela, J. Karn, G. Varani, *Nucleic Acids Res.* **1996**, *24*, 4598.

[12] C. S. Chow, F. M. Bogdan, *Chem. Rev.* **1997**, *97*, 1489.

[13] D. Voet, J. G. Voet, *Biochemistry, Vol. 2*, John Wiley & Sons, Inc., New York, 1995.

14] J. M. Berg, J. L. Tymoczko, B. L. Stryer, Spektrum Verlag, Heidelberg, 1996, *Stryer Biochemie, Vol. 6*, Spektrum Verlag Heidelberg, **2007**.

[15] R. Knippers, *Molecular Genetics, Vol. 8*, Georg Thieme Verlag, Stuttgart, **2001**.

[16] T. Biesinger, M. T. Y. Kimata, J. T. Kimata, *Virology* **2008**, *370*, 184.

[17] T. Dragic, V. Litwin, G.P. Allaway, S.A. Martin, Y. Huang, K.A. Nagashima, C. Cayanan, P.J. Maddon, D.A. Koup, J.P. Moore, W.A. Paxton, *Nature* **1996**, *381*, 667.

[18] S. N. Richter, G. Palù, *Curr. Med. Chem.* **2006**, *13*, 1305.

B. Berkhout, R. l.-l. Silverman, K.-T. Jeang, *Cell* **1989**, *59*, 273.

[20]I. Huq, Y.-H. Ping, N. Tamilarasu, T. M. Rana, *Biochemia* **1999**, *38*, 5172.

[21]D. H. Price, *Cell. Biol.* **2000** *20*, 2629.

[22] S. J. Madore, B. R. Cullen, *J. Virol.* **1993**, *67*, 3703.

[23] M. Kuppuswamy, T. Subramanian, A. Srinivasan, G. Chinnadurai, *Nucleic Acids Res.* **1989**, *17*, 3551.

[24] Y. Tor, *ChemBioChem* **2003**, *4*, 998.

[25] <font color="#ffff00">Sync by honeybunny <font color="#ffff00">http://www.hivandhepatitis.com/hiv_and_aids/hiv_treat.html

[26] F. J. Palella, K. M. Delaney, A. C. Moorman, M. O. Bez miłości, J. Fuhrer, G. A. Satten, D. J. Aschman, S. D. Holmberg, *N. Engl. J. Med.* **1998**, *338*, 853.

[27] N. J. Schönbrunner, E. H. Fiss, O. Budker, S. Stoffel, C. L. Sigua, D. H. Gelfand, T. W. Myers, *Biochemia* **2006**, *45*, 12786.

[28] M. Emerman, M.H. Malim, *Science* **1998**, *280*, 1880.

29] B. J. Calnan, B. Tidor, S. Biancalana, D. Hudson, A. D. Frankel, *Science* **1991**, *252*, 1167.

[30] F. Kashanchi, M. R. Sadaie, J. N. Brady, *Virology* **1997**, *227*, 431.

[31] R. V. Duyne, J. Cardenas, R. Easley, W. Wu, K. Kehn-Hall, Z. Klase, S. Mendez, C. Zeng, H. Chen, M. Saifuddin, F. Kashanchi, *Virology* **2008**, *376*, 308.

I. Choudhury, J. Wang, S. Stein, A. Rabson, M. J. Leibowitz, *J. Gen. Virol.* **1999**, *80*, 777.

[33] C. Fraisier, D. Abraham, M. v. Oijen, V. Cunliffe, A. Irvine, R. Craig, E. Dzierzak, *Gene Ther.* **1998**, *5*, 946.
[34] Y. F. Melekhovets, S. Joshi, *Nucleic Acids Res.* **1996**, *24*, 1908.
[35] F. Hamy, E. R. Felder, G. Heizmann, J. Lazdins, F. Aboul-ela, G. Varani, J. Karn, T. Klimkait, *Proc. Natl. Acad. Sci. USA* **1997**, *94*, 3548.
[36] H. M. Al-Hashimi, N.G. Walter, *Curr. Opinie. Struct. Biol.* **2008**, *18*, 321.
[37] S. Hwang, N. Tamilarasu, K. Kibler, H. Cao, A. Ali, Y.-H. Ping, K.-T. Jeang, T.M. Rana, *J. Biol. Chem.* **2003**, *278*, 39092.
[38] M. A. Gelman, S. Richter, H. Cao, N. Umezawa, S. H. Gellman, T. M. Rana, *Org. Lett.* **2003**, *5*, 3563.
[39] N. Tamilarasu, I. Huq, T. M. Rana, *Bioorg.* **2001**, *11*, 505.
[40] P. R. Bohjanen, Y. Liu, M. A. Garcia-Blanco, *Nucleic Acids Res.* **1997**, *25*, 4481.
[41]E. Puerta-Fernández, A. B.-d. Jezus, C. Romero-López, N. Tapia, M. A. Martínez, A. Berzal-Herranz, *AIDS* **2005**, *19*, 863.
[42] A. Arzumanov, A. P. Walsh, V. K. Rajwansh, R. Kumar, J. Wengel, M. J. Gait, *Biochemia* **2001**, *40*, 14645.
[43] T. Hamma, A. Saleh, I. Huq, T. M. Ranab, P. S. Millera, *Bioorg.* **2003**, *13*, 1845.
[44] F. Darfeuille, A. Arzumanov, S. Gryaznov, M. J. Gait, C. D. Primo, J.-J. Toulmeś, *Proc. Natl. Acad. Sci. USA* **2002**, *99*, 9709.
[45] M. J. Gait, *Cell. Mol. Life Sci.* **2003**, *60*, 844.
46] M.-J. Li, G. Bauer, A. Michienzi, J.-K. Yee, N.-S. Lee, J. Kim, S. Li, D. Castanotto, J. Zaia, J. J. Rossi, *Mol.* **2003**, *8*, 196.
47] J.-M. Jacque, K. Triques, M. Stevenson, *Nature* **2002**, *418*, 435.
[48] V. Peytou, R. Condom, N. Patino, R. Guedj, A.-M. Aubertin, N. Gelus, C. Bailly, R. Terreux, D. Cabrol-Bass, *J. Med. Chem.* **1999** *42*, 4042.
[49] A. Litovchick, A. Lapidot, M. Eisenstein, A. Kalinkovich, G. Borkow, *Biochemia* **2001**, *40*, 15612.
J.A. Loo, D.E. DeJohn, P. Du, T.I. Stevenson, R.R.O. Loo, *Med. Res. Rev.* **1999**, *19*, 307.
[51] A. Krebs, V. Ludwig, O. Boden, M. W. Göbel, *ChemBioChem* **2003**, *4*, 972.
[52] M. J. Churcher, C. Lamont, F. Hamy, C. Dingwall, S. M. Green, A. D. Lowe, P. J. G. Butler, M. J. Gait, J. Karn, *J. Mol. Biol.* **1993**, *230*, 90.
[53] K. S. Long, D. M. Crothers, *Biochemistry* **1995**, *34*, 8885.
[54] A. S. Brodsky, J. R. Williamson, *J. Mol. Biol.* **1997**, *267*, 624.
[55] R. Nifosì, C. M. Reyes, P. A. Kollman, *Nucleic Acids Res.* **2000**, *28*, 4944.
[56] A. I. H. Murchie, B. Davis, C. Isel, M. Afshar, M. J. Drysdale, J. Bower, A. J. Potter, I. D. Starkey, T. M. Swarbrick, S. Mirza, C. D. Prescott, P. Vaglio, F. Aboul-ela, J. Karn, *J. Mol. Biol.* **2004**, *336*, 625.
[57] C. Parolin, B. Gatto, C. D. Vecchio, T. Pecere, E. Tramontano, V. Cecchetti, A. Fravolini, S. Masiero, M. Palumbo, G. Palu, *Antimicrob. Agenci Chemother.* **2003**, *47* 889.
[58] C. Bailly, P. Colson, C. Houssier, F. Hamy, *Nucleic Acids Res.* **1996**, *24*, 1460.
[59] L. Dassonneville, F. Hamy, P. Colson, C. Houssier, C. Bailly, *Nucleic Acids Res.* **1997**, *25*, 4487.
H.-Y. Mei, D.P. Mack, A.A. Galan, N.S. Halim, A. Heldsinger, J.A. Loo, D.W. Moreland, K.A. Sannes-Lowery, L. Sharmeen, H.N. Truong, A.W. Czarnik, *Bioorg. Med. Chem.* **1997**, *5*, 1173.
[61] F. Hamy, V. Brondani, A. Flörsheimer, W. Stark, M. J. J. Blommers, T. Klimkait, *Biochemistry* **1998**, *37*, 5086.
[62] A. V. Filikov, V. Mohan, T. A. Vickers, R. H. Griffey, P. D. Cook, R. A. Abagyan, T. L. James, *J. Comput.-Aided Mol. Des.* **2000**, *14*, 593.
[63] K. E. Lind, Z. Du, K. Fujinaga, B. M. Peterlin, T. L. James, *Chem. Biol.* **2002**, *9*, 185.
[64] S. W. Pitt, Q. Zhang, D. J. Patel, H. M. Al-Hashimi, *Angew. Chem. Int. Ed.* **2005**, *44*, 3412.

65] S. Renner, V. Ludwig, O. Boden, U. Scheffer, M. Göbel, G. Schneider, *ChemBioChem* **2005**, *6*, 1119.
[66] Z. Xiao, N. Zhang, Y. Lin, G. B. Jones, I. H. Goldberg, *Chem. Commun.* **2006**, 4431.
[67] M. Rusnati, C. Urbinati, A. Caputo, L. Possati, H. Lortat-Jacobi, M. Giacca, D. Ribatti, M. Presta, *J. Biol. Chem. Vol.* **2001**, *276*, 22420.
[68] M. Rusnati, G. Tulipano, C. Urbinati, E. Tanghetti, R. Giuliani, M. Giacca, M. Ciomei, A. Corallini, M. Prestai, *J. Biol. Chem. Vol.* **1998**, *273*, 16027.
[69] F. Hamy, N. Gelus, M. Zeller, J. L. Lazdins, C. Bailly, T. Klimkait, *Chem. Biol.* **2000**, *7*, 669.
[70] T. C. Rodman, J. D. Lutton, S. Jiang, H. B. Al-Kouatly, R. Winston, *Exp. Hematol.* **2001**, *29*, 1004.
[71] W. F. Michne, J. D. Schroeder, T. R. Bailey, D. C. Young, J. V. Hughes, F. J. Dutko, *J. Med. Chem.* **1993**, *36*, 2701.
72] M.-C. Hsu, A.D. Schutt, M. Holly, L.W. Slice, Michael I. Sherman, D.D. Richman, M.J. Potash, D.J. Volsky, *Science* **1991**, *254*, 1799.
73] S.-H. Chao, K. Fujinaga, J. E. Marion, R. Taube, E. A. Sausville, A. M. Senderowicz, B. M. Peterlin, D. H. Price, *J. Biol. Chem.* **2000**, *275*, 28345.
[74] K. Fujinaga, R. Taube, J. Wimmer, T. P. Cujec, B. M. Peterlin, *Proc. Natl. Acad. USA* **1999**, *96*, 1285.
[75] G. L. Olsen, T. E. Edwards, P. Deka, G. Varani, S. T. Sigurdsson, G. P. Drobny, *Nucleic Acids Res.* **2005**, *33*, 3447.
S. Richter, Y.-H. Ping, T.M. Rana, *Proc. Natl. Acad. Sci. USA* **2002**, *99*, 7928.
[77] A. L. Hopkins, C.R. Groom, *Nature Reviews Drug Disc.* **2002**, *1*, 727.
[78] S. Fox, S. Farr-Jones, L. Sopchak, A. Boggs, J. Comley, *J. Biomol. Ekran* **2004**, *9*, 354.
[79] http://www.isispharm.com/vitravene.html.
[80] G. J. R. Zaman, P. J. A. Michiels, C. A. A. A. v. Boeckel, *Drug. Discov. Dzisiaj* **2003**, *8*, 297.
[81] V. M. Shelton, T. R. Sosnick, T. Pan, *Biochemistry* **1999**, *38*, 16831.
[82] K. M. Weeks, D. M. Crothers, *Science* **1993**, *261*, 1574.
[83] T. Hermann, D.J. Patel, *J. Mol. Biol.* **1999**, *294,* 829.
[84] K. Chin, K.A. Sharp, B. Honey, A.M. Pyle, *Nat. Struct. Biol.* **1999**, *6*, 1055.
[85] C. B. Carlson, O. M. Stephens, P. A. Beal, *Biopolymers* **2003**, *70*, 86.
[86]D. P. Arya, L. Xue, B. Willis, *J. Am. Chem. Soc.* **2003**, *125*, 10148.
[87]S. Yoshizawa, D. Fourmy, J. D. Puglisi, *Science* **1999**, *285*, 1722.
88] B. Bozdogan, P.C. Appelbaum, *J. Antimicrob. Agenci* **2004**, *23*, 113.
[89] A. P. Carter, W. M. Clemons, D. E. Brodersen, R. J. Morgan-Warren, B. T. Wimberly, V. Ramakrishnan, *Nature* **2000**, *407*, 340.
90] J. M. Ogle, D. E. Brodersen, W. M. C. Jr., M. J. Tarry, A. P. Carter, V. Ramakrishnan, *Science* **2001**, *292*, 897.
[91] A. H. Lin, R. W. Murray, T. J. Vidamar, K. R. Marotti, *Antimicrob. Agenci Chermther.* **1997**, *41* 2127.
[92]E. V. Bobkova, Y. P. Yan, D. B. Jordan, M. G. Kurilla, D. L. Pompliano, *J. Biol. Chem.* **2003**, *278*, 9802.
[93] M. Ibba, D. Söll, *Annu. Rev. Biochem.* **2000**, *69*, 617.
[94] N. E. Mikkelsen, K. Johansson, A. Virtanen, L. A. Kirsebom, *Nat. Struct. Biol.* **2001**, *8*, 510.
[95] T. M. Henkin, B. L. Glass, F. J. Grundy, *J. Bacteriol.* **1992**, *174*, 1299.
[96] F. J. Grundy, T. R. Moir, M. T. Haldeman, T. M. Henkin, *Nucleic Acids Res.* **2002**, *30*, 1646.
J.A. Means, J.V. Hines, *Bioorg. Med. Chem. Lett.* **2005**, *15*, 2169.
[98] N. W. Luedtke, Y. Tor, *Biopolymers* **2003**, *70*, 103.
[99] K. A. Lacourciere, J. T. Stivers, J. P. Marino, *Biochemia* **2000**, *39*, 5630.
[100] S. Nanduri, B. W. Carpick, Y. Yang, B. R.G. Williams, J. Qin, *EMBO J.* **1998**, *17*, 5458.

[101] M. Zhao, L. Janda, J. Ncuyen, L. Strekowski, W. D. Wilson, *Biopolimers* **1994**, *34*, 61.
[102] M. Zhao, L. Ratmeyer, R. G. Peloquin, S. Yao, A. Kumar, J. Spychala, D. W. Boykin, W. D. Wilson, *Bioorg. Med. Chem.* **1995**, *3*, 785.
[103] C. B. Carlson, M. Vuyisich, B. D. Gooch, P. A. Beal, *Chem. Biol.* **2003**, *10*, 663.
[104] R. J. M. Russell, J. B. Murray, G. Lentzen, J. Haddad, S. Mobashery, *J. Am. Chem. Soc.* **2003**, *125*, 3410.
105] B. Francois, J. Szychowski, S. S. Adhikari, K. Pachamuthu, E. E. Swayze, R. H. Griffey, M. T. Migawa, E. Westhof, S. Hanessian, *Angew. Chem. Int. Ed.* **2004**, *43*, 6735
[106] K. B. Simonsen, B. K. Ayida, D. Vourloumis, G. C. Winters, M. Takahashi, S. Shandrick, Q. Zhao, T. Hermann, *ChemBioChem* **2003**, *4*, 886.
[107] L. Yu, T. K. Oost, J. M. Schkeryantz, J. Yang, D. Janowick, S. W. Fesik, *J. Am. Chem. Soc.* **2003**, *125*, 4444.
[108] Y. Hej, J. Yang, B. Wu, D. Robinson, K. Sprankle, P.-P. Kung, K. Lowery, V. Mohan, S. Hofstadler, E. E. Swayze, R. Griffey, *Bioorg.* **2004**, *14*, 695.
[109] J. A. Means, S. Katz, A. Nayek, R. Anupam, J. V. Hines, S. C. Bergmeier, *Bioorg. Med. Chem. Lett.* **2006**, *16*, 3600.
[110] J.D. Tibodeau, P.M. Fox, P.A. Ropp, E.C. Theil, H.H. Thorp, *Proc. Natl. Acad. Sci. USA* **2006**, *103*, 253.
[111] A. Y. Gayle, A. M. Baranger, *Bioorg. Med. Chem. Lat.* **2002**, *12*, 2839.
[112] Z. Yan, S. Sikri, D. L. Beveridge, A. M. Baranger, *J. Med. Chem.* **2007**, *50*, 4096.
J. R. Thomas, X. Liu, P. J. Hergenrother, *J. Am. Chem. Soc.* **2005**, *127*, 12434.
[114] P. E. Nielsen, M. Egholm, R. H. Berg, O. Buchardt, *Science* **1991**, *254*, 1497.
[115] M. Egholm, P. E. Nielsen, O. Buchardt, R. H. Berg, *J. Am. Chem. Soc.* **1992**, *114*, 9677.
[116] E. Uhlmann, A. Peyman, G. Breipohl, D. W. Will, *Angew. Chem. Int. Ed.* **1998**, *37,* 2796.
[117] C. D. Giorgio, S. Palrot, C. Schwergold, N. Patino, R. Condom, A. F.-D. Giorgio, R. Guedj, *Tetrahedron* **1999**, *55*, 1937.
[118] S. A. Thomson, J. A. Josey, R. Cadilla, M. D. Gaul, C. F. Hassman, M. J. Luzzio, A. J. Pipe, K. L. Reed, D. J. Ricca, R. W. Wiethe, S. A. Noble, *Tetrahedron* **1995**, *51*, 6179.
[119] G. Breipohl, D. W. Will, A. Peyman, E. Uhlmann, *Tetrahedron* **1997**, *53*, 14671.
[120]D. A. Stetsenko, E. N. Lubyako, V. K. Potapov, T. L. Azliikina, E. D. Sverdlov, *Tetrahedron Lett.* **1996**, *37*, 3571.
[121] P. J. Finn, N.J. Gibson, R. Fallon, A. Hamilton, T. Brown, *Nucleic Acids Res.* **1996**, *24*, 3357.
[122] G. Breipohl, J. Knolle, D. Langner, G. O'Malley, E. Uhlmann, *Bioorg. Med. Chem. Lat.* **1996**, *6*, 665.
[123]D. W. Will, G. Breipohl, D. Langner, J. Knolle, E. Uhlmann, *Tetrahedron* **1995**, *5 I*, 12069.
[124] K. L. Dueholm, M. Egholm, C. Behrens, L. Christensen, H. F. Hansen, T. Vulpius, K. H. Petersen, R. H. Berg, P. E. Nielsen, O. Buchardt, *J. Org. Chem.* **1994**, *59*, 5767.
[125] L. Kospkina, W. Wang, T. C. Liaag, *Tetrahedron Lett.* **1994**, *35*, 5173.
126] B. Hyrup, M. Egholm, O. Buchardt, P.E. Nielsen, *Bioorg.* **1996**, *6*, 1083.
[127] L. Kosynkina, W. Wang, T. C. Liang, *Tetrahedron Latviavian.* **1994**, *35*, 5173.
[128]G. Haaima, A. Lohse, O. Buchardt, P. E. Nielsen, *Angew. Chem. Int. Ed.* **1996**, *35*, 1939.
[129] K. H. Petersen, O. Buchardt, P. E. Nielsen, *Bioorg. Med. Chem. Lat.* **1996**, *6*, 793.
[130] S. Jordan, C. Schwemler, W. Kosch, A. Kretschmer, E. Schwenner, U. Stropp, B. Mielke, *Bioorg.* **1997**, *7*, 681.
[131] P. Lagriffoule, P. Wittung, M. Eriksson, K. K. K. Jensen, B. Nordén, O. Buchardt, P. E. Nielsen, *Chem. Eur. J.* **1997**, *3*, 912.
[132] M. Cantin, R. Schütz, C. J. Leumann, *Tetrahedron Lett.* **1997**, *38*, 4211.
[133] L. Christensen, R. Fitzpatrick, B. Gildea, K. H. Petersen, H. F. Hansen, T. Koch, M. Egholm, O. Buchardt, P. E. Nielsen, J. Coull, R. H. Berg, *J. Pept. Sci.* **1995**, *3*, 175.

[134] M. A. Bonham, S. Brown, A. L. Boyd, P. H. Brown, D. A. Bruckenstein, J. C. Hanvey, S. A. Thomson, A. Pipe, F. Hassman, J. E. Bisi, B. C. Froehler, M. D. Matteucci, R. W. Wagner, S. A. Noble, L. E. Babiss, *Nukleic Acids Res.* **1995**, *23*, 1197.
[135] H. Knudsen, P. E. Nielsen, *Nucleic Acids Res.* **1996** *24*, 494.
136] J. C. Hanvey, N. J. Peffer, J. E. Bisi, S. A. Thomson, R. Cadilla, J. A. Josey, D. J. Ricca, C. F. Hassman, M. A. Bonham, K. G. Au, S. G. Carter, D. A. Bruckenstein, A. L. Boyd, S. A. Noble, L. E. Babiss, *Science* **1992**, *258*, 1481.
[137] V. V. Demidov, V. N. Potaman, Frank-Kamenetskii, M. Egholm, O. Buchard, P. E. Nielsen, *Biochem. Pharmacol.* **1994**, *48*, 1310.
[138] T. Shiraishi, N. Bendifallah, P. E. Nielsen, *Bioconjugate Chem.* **2006**, *17*, 189.
[139] N. Bendifallah, F. W. Rasmussen, V. Zachar, P. Ebbesen, P. E. Nielsen, U. Koppelhus, *Bioconjugate Chem.* **2006**, *17*, 750.
[140] K. Albertshofer, A.M. Siwkowski, E.V. Wancewicz, C.C. Esau, T. Watanabe, K.C. Nishihara, G.A. Kinberger, L. Malik, A.B. Eldrup, M. Manoharan, R. S. Geary, B. P. Monia, E. E. Swayze, R. H. Griffey, C. F. Bennett, M. A. Maier, *J. Med. Chem.* **2005**, *48*, 6741.
[141] Y. Wolf, S. Pritz, S. Abes, M. Bienert, B. Lebleu, J. Oehlke, *Biochemia* **2006**, *45*, 14944.
[142]P. E. Nielsen, M. Egholm, O. Buchardt, *Genes* **1994**, *149*, 139.
[143] R. Lee, N. Kaushik, M. J. Modak, R. Vinayak, V. N. Pandey, *Biochemistry* **1998**, *37*, 900.
[144] N. E. Mollegaard, O. Buchardt, M. Egholm, P. E. Nielsen, *Proc. Natl. Acad. Sci. USA* **1994**, *91,* 3892.
[145] N. Kaushik, A. Basu, V. N. Pandey, *Antiviral Res.* **2002**, *56*, 13.
[146]E. Riguet, S. Tripathi, B. Chaubey, J. Désiré, V. N. Pandey, J. -L. Décout, *J. Med. Chem.* **2004**, *47*, 4806.
147] S. Tripathi, B. Chaubey, S. Ganguly, D. Harris, R. A. Casale, V. N. Pandey, *Nucleic Acid Res.* **2005**, *33*, 4345.
[148]J. J. Turner, G. D. Ivanova, B. Verbeure, D. Williams, A. A. Arzumanov, S. Abes, B. Lebleu, M. J. Gait, *Nucleic Acids Res.* **2005**, *33*, 6837.
149] B. Chaubey, S. Tripathi, S. Ganguly, D. Harris, R. A. Casale, V. N. Pandey, *Virology* **2005**, *331*, 418.
[150] G. Depecker, N. Patino, C. D. Giorgio, R. Terreux, D. Cabrol-Bass, C. Bailly, A.-M. Aubertin, R. Condom, *Org. Biomol. Chem.* **2004**, *2*, 74.
[151]G. Upert, M. Mehiri, A. D. Giorgio, R. Condom, N. Patino, *Bioorg. Med. Chem. Lat.* **2007**, *17*, 6026.
[152]T. Hermann, *Biochemia* **2002**, *84*, 869.
[153] Z. Yan, A. M. Baranger, *Bioorg.* **2004**, *14*, 5889.
[154]T. D. Bradrick, J.P. Marino, *RNA* **2004**, *10*, 1459.
155] C.-H. Wong, M. Hendrix, E. S. Priestley, W. A. Greenberg, *Chem. Biol.* **1998**, *5*, 397.
B. Llano-Sotelo, C.S. Chow, *Bioorg. Med. Chem. Lat.* **1999**, *9*, 213.
157] J. Haddad, L. P. Kotra, B. Llano-Sotelo, C. Kim, J. Eduardo F. Azucena, M. Liu, S. B. Vakulenko, C. S. Chow, S. Mobashery, *J. Am. Chem. Soc.* **2002**, *124*, 3229.
[158] K. F. Blount, Y. Tor, *Nucleic Acid Res.* **2003**, *31*, 5490.
[159] K. Hamasaki, R.R. Rando, *Anal. Biochem.* **1998**, *261*, 183.
J. B.-H. Tok, J. Cho, R. R. Rando, *Biochemistry* **1999**, *38*, 199.
S. R. Kirk, N. W. Luedtke, Y. Tor, *J. Am. Chem. Soc.* **2000**, *122*, 980.
[162] Y. Wang, K. Hamasaki, R. R. R. Rando, *Biochemistry* **1997**, *36*, 768.
[163]C. Matsumoto, K. Hamasaki, H. Mihara, A. Ueno, *Bioorg. Med. Chem. Lat.* **2000**, *10*, 1857.
[164] D. Klostermeier, D.P. Millar, *Methods* **2001**, *23*, 240.
[165] H. Haken, H.C. Wolf, *Molecular Physics and Quantum Chemistry, Vol. 4*, Springer Verlag, Heidelberg, **2002**.
[166] M. P. Latham, D. J. Brown, S. A. McCallum, A. Pardi, *ChemBioChem* **2005**, *6*, 1492.

[167] V. Ludwig, A. Krebs, M. Stoll, U. Dietrich, J. Ferner, H. Schwalbe, U. Scheffer, G. Dürner, M. W. Göbel, *ChemBioChem* **2007**, *8*, 1850.
J. Buck, B. Fürtig, J. Noeske, J. Wöhnert, H. Schwalbe, *Proc. Natl. Acad. Sci. USA* **2007**, *104*, 15699.
[169]E. C. Johnson, V. A. Feher, J. W. Peng, J. M. Moore, J. R. Williamson, *J. Am. Chem. Soc.* **2003**, *125*, 15724.
[170] C. Dalvit, G.P. Fogliatto, A. Stewart, M. Veronesi, B. Stockman, *J. Biomol. NMR* **2001**, *21*, 349.
[171] P. Z. Qin, T. Dieckmann, *Curr. Opinie. Struct. Biol.* **2004**, *14*, 350.
[172] L. Zídek, R. Štefl, V. Sklenár, *Curr. Opinie. Struct. Biol.* **2001**, *11*, 275.
[173]C. Kreutz, H. Kählig, R. Konrat, R. Micura, *Angew. Chem. Int. Ed.* **2006**, *45*, 3450
[174] S. A. Hofstadler, R. H. Griffey, *Chem. Rev.* **2001**, *101*, 377.
[175] K. A. Sannes-Lowery, R. H. Griffey, S. A. Hofstadler, *Anal. Biochem.* **2000**, *280*, 264.
[176]D. S. Pilch, M. Kaul, C. M. Barbieri, J. E. Kerrigan, *Biopolymers* **2003**, *70*, 58.
[177] K. Tanaka, H. Waki, Y. Ido, S. Akita, Y. Yoshida, T. Yoshida, *Rapid Commun. Mass Spectrom.* **1988**, *2*, 151.
[178] N. Morgner, H. D. Barth, T. L. Schmidt, A. Heckel, U. Scheffer, M. W. Göbel, P. Fucini, B. Brutschy, *Z. Phys. Chem.* **2007**, *221*, 689.
[179] N. W. Luedtke, Q. Liu, Y. Tor, *Biochemia* **2003**, *42*, 11391.
J. Cho, R. R. R. Rando, *Biochemia* **1999**, *38*, 8548.
[181]C. K. Nandi, P. P. Parui, B. Brutschy, U. Scheffer, M. Göbel, *Biopolymers* **2007**, *89*, 17.
[182]C. Pannecouque, D. Daelemans, E. D. Clercq, *protokoły przyrodnicze* **2008**, *3*, 427.
[183]S. Udenfried, L. Gerber, N. Nelson, *Anal. Biochem.* **1987**, *161*, 494.
[184] G. MacBeath, A. N. Koehler, S. L. Schreiber, *J. Am. Chem. Soc.* **1999**, *121*, 7967.
J. L. Duffner, P. A. Clemons, A. N. Koehler, *Curr. Opinie. Chem. Biol.* **2007**, *11*, 74.
[186] P. J. Hergenrother, K. M. Depew, S. L. Schreiber, *J. Am. Chem. Soc.* **2000**, *122*, 7849.
[187] F. G. Kuruvilla, A. F. Shamji, S. M. Sternson, P. J. Hergenrother, S. L. Schreiber, *Nature* **2002**, *416*, 653.
[188] M. D. Disney, P. H. Seeberger, *Chem. Eur. J.* **2004**, *10*, 3308.
[189] M. Hendrix, E.S. Priestley, G.F. Joyce, C.-H. Wong, *J. Am. Chem. Soc.* **1997**, *119*, 3641.
[190] Y. Zhou, V. E. Gregor, Z. Sun, B. K. Ayida, G. C. Winters, D. Murphy, K. B. Simonsen, D. Vourloumis, S. Fish, J. M. Froelich, D. Wall, T. Hermann, *Antimicrob. Agenci Chemother.* **2005**, *49*, 4942.
[191] Z. Yan, S. R. Ramisetty, P. H. Bolton, A. M. Baranger, *ChemBioChem* **2007**, *8*, 1658.
[192] W. Winkler, A. Nahvi, R. R. R. Breaker, *Nature* **2002**, *419*, 952.
[193] A. Nahvi, N. Sudarsan, M. S. Ebert, X. Zou, K. L. Brown, R. R. Breaker, *Chem. Biol.* **2002**, *9*, 1043.
[194] G. A. Soukup, E. C. DeRose, M. Koizumi, R. R. Breaker, *RNA* **2001**, *7*, 524.
[195] T. E. Edwards, S. T. Sigurdsson, *Biochemia* **2002**, *41*, 14843.
[196] W. C. Chan, P. D. White, *Fmoc Solid Phase Peptides Synthesis A Practical Approach, Vol. 1*, Oxford University Press, Oxford, **2000**.
[197] R. B. Merrifield, *Angew. Chem.* **1985**, *97*, 801.
[198] R. B. Merrifield, *J. Am. Chem. Soc.* **1963**, *85*, 2149.
[199] E. Atherton, H. Fox, D. Harkiss, R. C. Sheppard, *J. Chem. Soc. Chem. Komunikacja.* **1978**, 539.
[200] E. Atherton, H. Fox, D. Harkiss, C.J. Logan, R.C. Sheppard, B.J. Williams, *J. Chem. Soc. Chem. Komunikacja.* **1978**, 537.
[201] F. Guillier, D. Orain, M. Bradley, *Chem. Rev.* **2000**, *100*, 2091.
[202]C. P. Holmes, D. G. Jones, *J. Org. Chem.* **1995**, *60*, 2318.

J. Klose, M. Bienert, C. Mollenkopf, D. Wehle, C.-w. Zhang, L.A. Carpino, P. Henklein, *Chem, Commun.* **1999**, 1847.
[204] G.-s. Lu, S. Mojsov, J. P. Tam, R. B. Merrifield, *J. Org. Chem.* **1981**, *46*, 3433.
[205] R. Brückner, *Reaction Mechanisms, Vol. 1*, Spektrum Verlag, Heidelberg, **1996**.
[206] M. Suhartono, *praca dyplomowa* **2004**, *Uniwersytet Johanna-Wolfganga Goethego we Frankfurcie nad Menem*
[207] T. Rothenbücher, *praca dyplomowa* **2003**, *Uniwersytet Johanna-Wolfganga Goethego we Frankfurcie nad Menem*
[208] M. Suhartono, *Dissertation* **2008**, *Uniwersytet Johanna-Wolfganga Goethego we Frankfurcie nad Menem.*
[209] V. Ludwig, *Dissertation* **2005**, *Johann-Wolfgang Goethe University Frankfurt am Main.*
[210] A. Rak, *rozprawa doktorska* **2004**, *Uniwersytet Johanna-Wolfganga Goethego we Frankfurcie nad Menem.*
[211] F. Effenberger, W. Hartmann, *Chem. Ber.* **1969**, *102*, 3260.
[212] F. Effenberger, W. Hartmann, *Angew. Chem.* **1964**, *176*, 188.
[213] P. Friedlaender, J.K. Lazarus, *Justus Liebig's Ann. Chem.* **1885**, 233.
[214]G. M. Bennett, P. C. Crofts, D. H. Hej, *J. Chem. Soc.* **1949**, 227.
[215] O. Fischer, Guthmann, *J. Prakt. Chem.* **1916**, 386.
[216] A. E. Chitchibabin, *Chem. Ber.* **1923**, 1880.
[217] A. Farèse, N. Patino, R. Condom, S. Dalleu, R. Guedj, *Tetrahedron Lett.* **1996**, *37*, 1413.
[218] L. Bialy, J. J. Días-Mochón, E. Specker, L. Keinicke, M. Bradley, *Tetrahedron* **2005**, *61*, 8295.
[219]G. Byk, C. Gilon, *J. Org. Chem.* **1992**, *57*, 5687.
[220]E. P. Heimer, H. E. Gallo-Torres, A. M. Felix, M. Ahmad, T. J. Lambros, F. Scheidl, J. Meienhofer, *Int. J. Peptide Protein Res.* **1984**, *23*, 203.
[221] R. H. E. Hudson, Y. Liu, F. Wojciechowski, *Can. J. Chem.* **2007**, *85*, 302.
[222]G. Breipohl, E. Uhlmann, J. Knolle, *Vol. EP 0672701 A1* (red.: zgłoszenie patentowe E.), Höchst AG, Niemcy **1995**.
[223] S. Breitung, *praca dyplomowa* **2004**, *Uniwersytet Johanna-Wolfganga Goethego we Frankfurcie nad Menem*
[224] K. C. Nicolaou, A. A. Estrada, M. Zak, S. H. Lee, B. S. Safina, *Angew. Chem.* **2005**, *117*, 1402.
[225] D. Akalay, G. Dürner, J. W. Bats, M. Bolte, M. W. Göbel, *J. Org. Chem.* **2007**, *72*, 5618.
[226] S. M. McElvain, J. P. Schroeder, *J. Am. Chem. Soc.* **1949**, *71*, 40.
J. A. Settepani, J. B. Stokes, *J. Org. Chem.* **1968**, 2606.
[228]E. Diez-Barra, A. d. l. Hoz, Andrés Moreno Prado Sánchez-Verdú J. Chem. Soc. Perkin Trans. *J. Chem. Soc. Perkin Trans. 1* **1991**, 2589.
[229]D. E. Ames, O. Ribeiro, *J. Chem. Soc. Perkin Trans. 1* **1976**, 1073.
230] J. H. Short, *United States Patent, Vol. US 4470977*, Adria Laboratories, Inc., Columbus, Ohio, USA, **1984**.
J. Barbet, M. Minjat, A.-F. Petavy, J. Paris, *Eur. J. Med. Chem. Chim.* **1986**, *21*, 359.
[232] P. Cohen-Fernandes, C.L. Habraken, *J. Org. Chem.* **1971**, *36*, 3084.
Kakefuda, *J. Med. Chem.* **2002**, *45*, 2594.
[234] G. Seifert, *Dissertation* **2007**, *Johann-Wolfgang Goethe University Frankfurt am Main.*
235] Abdulla, Fuhr, *J. Heterocykliczny Chem.* **1976**, *13*, 427.
[236]Y. M. Elkholy, *Molekuły* **2007**, *12*, 361.
[237] T. Ozturk, E. Ertas, O. Mert, *Chem. Rev.* **2007**, *107*, 5210.
[238]A. Rutar, D. Kikelj, *Synthetic Communications* **1998**, *28*, 2737.
[239]H. Bartsch, T. Erker, G. Neubauer, *Monthly Bulletins for Chemistry* **1988**, *119*, 1439.
[240] A. Schüller, M. Suhartono, U. Fechner, Y. Tanrikulu, S. Breitung, U. Scheffer, M. W. Göbel, G. Schneider, *J. Comput. Pomagał Molowi. Des.* **2008**, *22*, 59.
J. P. Saighi, R. A. Singer, S. L. Buchwald, *J. Am. Chem. Soc.* **1998**, *120*, 4960.

[242]T. Wang, D.R. Magnin, L.G. Hamann, *Org. Lett.* **2003**, *5*, 897.
[243] W. D. Brown, A. H. Gouliaev, *Synthesis* **2002**, *1*, 83.
[244] A. I. Tochilkin, I. R. Kovel`man, E. P. Prokofev, I. N. Gracheva, M. V. Levinskii, *Chemia związków heterocyklicznych (Khimiya Geterotskiklicheskikh Soedinenii)* **1988**, *8*, 1084.
[245] G. Seifert, *praca dyplomowa* **2002**, *Uniwersytet Johanna-Wolfganga Goethego we Frankfurcie nad Menem.*
[246] N. Morgner, H.-D. Barth, B. Brutschy, U. Scheffer, S. Breitung, M. Göbel, *J. Am. Soc. Masa. Spectrom.* **2008**, *19*, 1600.
[247] M. Zeiger, *praca dyplomowa* **2007**, *Uniwersytet Johanna-Wolfganga Goethego we Frankfurcie nad Menem.*
[248]F. Fernández, X. Garcia-Mera, M. Morales, J. E. Rodriguez-Borges, *Synthesis* **2001**, *2*, 239.
[249] P. Friedlaender, A. Weinberg, *Chem. Ber.* **1882**, 2103.
[250] A. E. Chitchibabin, D. P. Witkowski, M. I. Lapshin, *J. Russ. Fizyka. Chem. Soc.* **1925**, *58*, 803.
[251]L. Heinisch, S. Wittmann, T. Stoiber, A. Berg, D. Ankel-Fuchs, U. Möllmann, *J. Med. Chem.* **2002**, *45*, 3032.
[252]T. Stafforst, U. Diederichsen, *Eur. J. Org. Chem.* **2007**, *4*, 681.
[253] K. Hartke, H.-G. Mueller, *Arch. Pharm.* **1988**, *321*.
S. Scheithauer, R. Mayer, *Chem. Ber.* **1967**, *100*, 1413.
[255] S. M. McElvain, J. P. Schroeder, *J. Amer. Chem. Soc.* , *71*, 40.
B. Krug, K. Hartke, *Arch. Pharm.* **1984**, *317*, 883.
257] J. R. Rodriguez, A. Rumbo, L. Castedo, J. L. Mascarenas, *J. Org. Chem.* **1999**, *64*, 966.
[258] R. Sommer, W.P. Neumann, *Angew. Chem.* **1966**, *78*, 546.
[259] A. Hassner, J. K. Rasmussen, *J. Am. Chem. Soc.* **1975**, *97*, 1451.
[260] F. T. Oakes, N.J. Leonard, *J. Org. Chem.* **1985**, *50*, 4986.
[261] U. S. Patent, 4470977, USA, **1984**.
Froelicher, Cohen, *J. Chem. Soc.* **1922**, *121*, 1656.
Richtzzenhain, Nippus, *Chem. Ber.* **1949**, *82*, 408.
Letsinger, M. Cain, *J. Am. Chem. Soc.* **1969**, *91*, 6425.
[265] M. K. Ehlert, S.J. Rettig, A. Storr, R.C. Thompson, J. Trotter, *Can. J. Chem.* **1991**, *69*, 432.
Hut, *Justus Liebig's Ann. Chem.* **1955**, *593*, 199.
[267] V. P. Perevalov, Y. A. Manaev, M. A. Andreeva, B. I. Stepanov, *J. Gen. Chem. ZSRR* **1985**, *55*, 787.
Phillips, *J. Chem. Soc.* **1928**, 174.
[269] *J. Org. Chem. ZSRR* **1973**, *9*, 1506.
Gowenlock, *J. Chem. Soc.* **1945**, 622.
[271] A. Rutar, D. Kikelj, *Synthetic Communications* **1998**, *28*, 2737.
[272] H. Bartsch, T. Erker, G. Neubauer, *Monatsh. Chem.* **1988**, *119,* 1439.
[273] L. K. A. Rahman, R. M. Scrowston, *J. Chem. Soc. Perkin Trans. 1* **1984**, *3*, 385.
[274]D. L. Vivian, J. L. Hartwell, H. C. Waterman, *J. Org. Chem.* **1955**, *20*, 797.
[275] F. Gertson, E. Heilbronner, *Helv. Chim. Acta* **1996**, *6*, 42.
[276]I. Miyoshi, H. Taguchi, I. Kobonishi, S. Yoshimoto, Y. Ohtsuki, Y. Shiraishi, T. Akagi, *Gann. Monogr.* **1982**, *28*, 219.
[277] M. Popovic, M. G. Sarngadharan, E. Read, R. C. Gallo, *Science* **1984**, *224*, 497.
[278] M. Suhartono, M. Weidlich, T. Stein, M. Karas, G. Dürner, M. W. Göbel, *Eur. J. Org. Chem.* **2008**, 1608.
[279]Y. Tanrikulu, M. Nietert, U. Scheffer, E. Proschak, K. Grabowski, P. Schneider, M. Weidlich, M. Karas, M. Göbel, G. Schneider, *ChemBioChem* **2007**, *8*, 1932.

12.3 wykaz publikacji

1. Sven Breitung, Hans-Wolfram Lerner, Michael Bolte, *Acta. Crystal. E,* **2003**, 59, 445-446. "2,2,6,6,6-tetrametyl-4-oksopiperydynowy trifluorooctan".

2. Andreas Schüller, Marcel Suhartono, Uli Fechner, Yusuf Tanrikulu, Sven Breitung, Ute Scheffer, Michael W. Göbel, Gisbert Schneider, *J. Comput. Pomagał Molowi. Des.,* **2008**, 22, 59-68.
"Koncepcja szablonowego projektowania de novo z fragmentów molekularnych pochodzących z leków i jest stosowana w TAR RNA".

3. Nina Morgner, Hans-Dieter Barth, Bernhard Brutschy, Ute Scheffer, Sven Breitung, Michael W. Göbel, *JASMS,* **2008**, 19, 1600-1611.
"Wiążące strony wiralnego elementu RNA TAR i mutantów TAR dla różnych ligandów peptydowych, badane przy użyciu LILBID: nowa laserowa spektrometria mas".

4. Sven T. Breitung, Jakob J. Lopez, Gerd Dürner, Clemens Glaubitz, Michael W. Göbel, Marcel Suhartono, *Beilstein J. Org. Chem.* **2008**, *4*(35). doi:10.3762/bjoc.4.35.
"Praktyczna synteza ^{oznaczonego} tripeptydu N-Formyl-Met-Leu-Phe $^{13C/15N}$, przydatnego jako punkt odniesienia w spektroskopii NMR w stanie stałym".

5. Jan Ferner, Marcel Suhartono, Sven Breitung, Hendrik R. A. Jonker, Mirko Hennig, Jens Wöhnert, Michael Göbel, Harald Schwalbe, *ChemBioChem*, **2009**, *10*(9), 1490-1494
"Struktury HIV TAR RNA-Ligand Complexes Reveal Higher Binding Stoichiometries".

12.4 Wybrane wykłady naukowe

1. 2. posiedzenie w sprawie chemii kwasów nukleinowych, 22 września **2006 r.**, Getynga.
"Peptidomimetyczne bloki konstrukcyjne dla sztucznych ligandów RNA".

12.5 składki na plakaty

1. O. Boden, G. Seifert, S. Breitung, U. Scheffer, M.W. Göbel.
1. posiedzenie w sprawie chemii kwasów nukleinowych, 8 września **2004 r.**, Karlsruhe.
"Projekt heterocyklicznych ligandów dla TAR RNA z HIV-1."

2. O. Boden, G. Seifert, S. Breitung, U. Scheffer, M.W. Göbel.
ORCHEM 2004, 9-11 września **2004**, Bad Nauheim.
"Projekt heterocyklicznych ligandów dla TAR RNA z HIV-1."

3. M. Suhartono, S. T. Breitung, M. W. Göbel,
3rd Postgraduate Industry Study Tour, 21-25 May **2006**, Darmstadt/Manchester, GB.
"Synteza nienaturalnych aminokwasów α-aminokwasów jako elementów składowych ligandów RNA".

4. M. Suhartono, S. T. Breitung, M. W. Göbel,
ORCHEM 2006, 7-9 września **2006**, Bad Nauheim.
"Synteza sztucznych aminokwasów α-aminokwasów jako elementów składowych ligandów RNA".

5. S. T. Breitung, U. Scheffer, M. Suhartono, M. W. Göbel,
ORCHEM 2006, 7-9 września **2006**, Bad Nauheim.
"Peptidomimetyczne bloki konstrukcyjne dla sztucznych ligandów RNA".

6. M. Suhartono, S. T. Breitung, M. W. Göbel,
2. posiedzenie w sprawie chemii kwasów nukleinowych, 22 września **2006 r.**, Getynga.
"Synteza sztucznych aminokwasów α-aminokwasów jako elementów składowych ligandów RNA".

7. S. T. Breitung, U. Scheffer, M. Suhartono, M. W. Göbel,
2. posiedzenie w sprawie chemii kwasów nukleinowych, 22 września **2006 r.**, Getynga.
"Peptidomimetyczne bloki konstrukcyjne dla sztucznych ligandów RNA".

8. M. Suhartono, S. T. Breitung, M. W. Göbel,
GDCh Science Forum Chemistry 2007, 16-19 września **2007**, Ulm.
"Synteza nienaturalnych aminokwasów α-aminokwasów jako elementów składowych ligandów RNA".

9. S. T. Breitung, U. Scheffer, M. Suhartono, M. W. Göbel,
GDCh Science Forum Chemistry 2007, 16-19 września **2007**, Ulm.
"Peptidomimetyczne bloki konstrukcyjne dla sztucznych ligandów RNA".

10. M. Suhartono, S. T. Breitung, M. W. Göbel,
Międzynarodowe sympozjum "RNA-Ligand Interakcje", 27-29 września **2007 r.**, Frankfurt.
"Synteza nienaturalnych aminokwasów α-aminokwasów jako elementów składowych ligandów RNA".

11. S. T. Breitung, U. Scheffer, M. Suhartono, M. W. Göbel,
Międzynarodowe sympozjum "RNA-Ligand Interakcje", 27-29 września **2007 r.**, Frankfurt.
"Peptidomimetyczne bloki konstrukcyjne dla sztucznych ligandów RNA".

12. S. T. Breitung, M. Zeiger, G. Seifert, U. Scheffer, M. W. Göbel,
Spotkanie ekspertów "RNA-Ligand Interactions", 4-5 marca **2008 r.**, Frankfurt.
"Synteza i ocena heterocyklicznych ligandów TAR".

13. M. Suhartono, S. T. Breitung, U. Scheffer, M. W. Göbel,
Spotkanie ekspertów "RNA-Ligand Interactions", 4-5 marca **2008 r.**, Frankfurt.
"Nienaturalne aminokwasy i PNA jako bloki konstrukcyjne dla sztucznych ligandów RNA".

14. S. T. Breitung, U. Scheffer, M. Suhartono, M. W. Göbel,
10. sympozjum czworościanu, 23-26 czerwca **2009 r.**, Paryż, Francja.
"Peptidomimetyczne bloki konstrukcyjne dla sztucznych ligandów RNA".

Printed by Books on Demand GmbH, Norderstedt / Germany